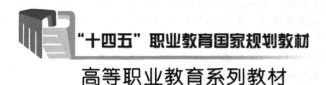

"十四五"职业教育国家规划教材

高等职业教育系列教材

现代电气控制系统

主　编　罗庚兴
副主编　易　铭　黄卫庭　杨元凯
参　编　肖剑兰　万学春　钟造胜　邱明海

机械工业出版社

本书遵循"以职业为基础，以生产为标准，以能力为导向，以学生为中心，以竞赛为参照"的职业教育理念，重构了现代电气控制系统的知识点，实现了教学过程与生产过程的对接，设计了10个学习型工作任务。前6个任务主要介绍了触摸屏、FX 的 N:N 通信、CC-Link 通信、变频器、步进电动机、伺服电动机的应用。后4个任务是从2018年全国职业院校技能大赛"现代电气控制系统安装与调试"赛项样题库中遴选出来的典型试题。

本书将传统的继电器控制技术、PLC 技术、传感器技术、变频器技术、伺服驱动技术、网络通信技术融于一体，并将触摸屏和组态软件应用到各种控制系统中，以 YL-158GA1 现代电气控制系统实训装置为载体，实现基于工作过程的项目化教学编排。

本书突出了工程实用性，操作方法简明，内容翔实，图文并茂，可作为高职高专院校电气自动化技术专业、机电一体化专业、工业机器人技术专业的教材。

本书配有电子课件和习题答案，需要的教师可登录 www.cmpedu.com 免费注册，审核通过后下载，或联系编辑索取（微信：15910938545，电话：010-88379739）。

图书在版编目（CIP）数据

现代电气控制系统/罗庚兴主编. —北京：机械工业出版社，2020.8（2024.8重印）

高等职业教育系列教材

ISBN 978-7-111-66088-0

Ⅰ.①现⋯ Ⅱ.①罗⋯ Ⅲ.①电气控制系统-安装-高等职业教育-教材②电气控制系统-调试方法-高等职业教育-教材 Ⅳ.①TM921.5

中国版本图书馆 CIP 数据核字（2020）第 122922 号

机械工业出版社（北京市百万庄大街22号 邮政编码100037）
策划编辑：李文轶 责任编辑：李文轶
责任校对：张晓蓉 责任印制：郜 敏
北京富资园科技发展有限公司印刷
2024年8月第1版第8次印刷
184mm×260mm · 20.25 印张 · 496 千字
标准书号：ISBN 978-7-111-66088-0
定价：66.00元

电话服务 网络服务
客服电话：010-88361066 机 工 官 网：www.cmpbook.com
　　　　　010-88379833 机 工 官 博：weibo.com/cmp1952
　　　　　010-68326294 金 书 网：www.golden-book.com
封底无防伪标均为盗版 机工教育服务网：www.cmpedu.com

关于"十四五"职业教育
国家规划教材的出版说明

为贯彻落实《中共中央关于认真学习宣传贯彻党的二十大精神的决定》《习近平新时代中国特色社会主义思想进课程教材指南》《职业院校教材管理办法》等文件精神，机械工业出版社与教材编写团队一道，认真执行思政内容进教材、进课堂、进头脑要求，尊重教育规律，遵循学科特点，对教材内容进行了更新，着力落实以下要求：

1. 提升教材铸魂育人功能，培育、践行社会主义核心价值观，教育引导学生树立共产主义远大理想和中国特色社会主义共同理想，坚定"四个自信"，厚植爱国主义情怀，把爱国情、强国志、报国行自觉融入建设社会主义现代化强国、实现中华民族伟大复兴的奋斗之中。同时，弘扬中华优秀传统文化，深入开展宪法法治教育。

2. 注重科学思维方法训练和科学伦理教育，培养学生探索未知、追求真理、勇攀科学高峰的责任感和使命感；强化学生工程伦理教育，培养学生精益求精的大国工匠精神，激发学生科技报国的家国情怀和使命担当。加快构建中国特色哲学社会科学学科体系、学术体系、话语体系。帮助学生了解相关专业和行业领域的国家战略、法律法规和相关政策，引导学生深入社会实践、关注现实问题，培育学生经世济民、诚信服务、德法兼修的职业素养。

3. 教育引导学生深刻理解并自觉实践各行业的职业精神、职业规范，增强职业责任感，培养遵纪守法、爱岗敬业、无私奉献、诚实守信、公道办事、开拓创新的职业品格和行为习惯。

在此基础上，及时更新教材知识内容，体现产业发展的新技术、新工艺、新规范、新标准。加强教材数字化建设，丰富配套资源，形成可听、可视、可练、可互动的融媒体教材。

教材建设需要各方的共同努力，也欢迎相关教材使用院校的师生及时反馈意见和建议，我们将认真组织力量进行研究，在后续重印及再版时吸纳改进，不断推动高质量教材出版。

机械工业出版社

前　言

随着产业升级需求和科学技术的发展，在现代化工业、现代化农业、现代化物流业和现代化制造服务业等领域，都离不开电气控制技术。目前，电气控制技术已发展到了一定的高度，传统电气控制技术的内容发生了很大的变化。

现代电气控制技术集传统的继电器控制技术、PLC 技术、传感器技术、变频器技术、伺服驱动技术、网络通信技术于一体，并将触摸屏和组态软件应用到各种控制系统中。本书所对应的"现代电气控制系统"是一门以电气控制系统为载体的基于工作过程的项目化课程。

本书遵照高职人才的培养要求，遵循"以职业为基础，以生产为标准，以能力为导向，以学生为中心，以竞赛为参照"的高职教育理念。从企业岗位职业能力中提炼出课程目标和要求，以三菱 Q 系列 PLC 的组网通信为主线，介绍了 MCGS 触摸屏、FX 的 N:N 通信、CC-Link 通信，以及变频器、步进电动机、伺服电动机的应用。

本书由学校老师和企业工程师共同讨论和设计，包括 10 个学习型工作任务，重构了现代电气控制系统的知识点，实现了教学过程与生产过程的对接。每个任务都是一个完整的工作过程。前 6 个任务是从"GZ-2018047 现代电气控制系统安装与调试"赛项试题中提炼出来的，按工控设备分类提炼出知识点和技能点。后 4 个任务是从 2018 年全国职业院校技能大赛"现代电气控制系统安装与调试"赛项样题中遴选出来的，从任务分析、设计、接线、安装和调试等工程步骤方面进行了比较详细的说明。

二十大报告指出，科技是第一生产力、人才是第一资源、创新是第一动力。要把大国工匠和高技能人才作为人才强国战备的重要组成部分。本书通过工学结合、理实一体化模式，对以 PLC、工业网络、位置控制和组态监控技术为核心的现代电气控制系统进行工艺分析、硬件设计、硬件安装、软件设计、组态设计和运行调试，不仅介绍现代电气控制系统的基础知识，而且为系统培养工控领域高技能人才服务，为中国式现代化建设提供人力和技术的服务。

本书由佛山职业技术学院罗庚兴主编，易铭、黄卫庭、杨元凯担任副主编。肖剑兰、万学春、钟造胜、邱明海也参加了编写工作。本书的二维码微课视频、动画等由易铭、黄卫庭和钟造胜完成。佛山市墨白智控技术有限公司黄柏裳工程师承担了任务 7~任务 10 中程序的设计及调试，佛山市通润热能科技有限公司吴子明工程师承担了任务 3~任务 10 中硬件的安装与调试，广州市景泰科技有限公司毛瑞兴技术员承担了任务 3~任务 6 中程序的设计及调试，在此表示衷心的感谢。

由于编者水平有限，书中不妥之处在所难免，敬请兄弟院校的师生给予批评和指正。

罗庚兴

目　录

前言

第1篇　常用工控设备的基本使用

任务1　触摸屏监控双速电动机 ·· 2
 1.1　知识准备 ·· 2
  1.1.1　YL-158GA1 现代电气控制系统 ··· 2
  1.1.2　双速电动机 ·· 8
  1.1.3　触摸屏简介 ·· 10
  1.1.4　MCGS 组态软件 ·· 13
 1.2　任务实施：触摸屏监控双速电动机 ·· 15

任务2　实现 FX_{3U} 之间的 N:N 通信 ······································ 29
 2.1　知识准备 ·· 29
  2.1.1　三菱 FX_{3U} 系列 PLC 之间 N:N 通信硬件设置 ···································· 29
  2.1.2　FX 系列 PLC 的通信设定 ·· 31
  2.1.3　三菱 FX_{3U} 系列 PLC 之间 N:N 通信软件设置 ···································· 36
 2.2　任务实施：基于 N:N 通信的混料罐控制系统 ·· 39

任务3　实现 Q00U 与 FX_{3U} 之间的 CC-Link 通信 ················· 48
 3.1　知识准备 ·· 48
  3.1.1　CC-Link 通信概述 ·· 48
  3.1.2　CC-Link 专用电缆 ·· 52
  3.1.3　CC-Link 模块介绍 ·· 53
  3.1.4　主站与从站之间的 CC-Link 通信 ··· 58
  3.1.5　FROM 和 TO 指令 ··· 61
  3.1.6　主站与远程设备站通信实例 ·· 62
 3.2　任务实施：灌装贴标系统调试模式 ·· 67

任务4　实现变频电动机的 PLC 控制 ··· 86
 4.1　知识准备 ·· 86
  4.1.1　变频电动机 ·· 86
  4.1.2　FR-E740 变频器 ··· 87
  4.1.3　Q 系列 PLC 的硬件介绍 ·· 98
  4.1.4　模拟量模块 ·· 101
 4.2　任务实施 ·· 105
  4.2.1　灌装贴标系统传送带控制模式1 ·· 105
  4.2.2　灌装贴标系统传送带控制模式2 ·· 118

任务 5 实现步进电动机的 PLC 控制 ··· 128
5.1 知识准备 ··· 128
5.1.1 步进电动机概述 ··· 128
5.1.2 步进驱动器 ··· 130
5.1.3 脉冲输出指令 ··· 132
5.2 任务实施：伺服灌装系统 Y 轴灌装步进电动机调试 ························· 134

任务 6 实现伺服电动机的 PLC 控制 ··· 143
6.1 知识准备 ··· 143
6.1.1 伺服电动机概述 ··· 143
6.1.2 交流伺服电动机的控制 ··· 144
6.1.3 编码器 ··· 155
6.1.4 伺服控制应用举例 ··· 157
6.2 任务实施：伺服灌装系统 X 轴跟随伺服电动机调试 ························· 160

第 2 篇 综合控制系统的安装与调试

任务 7 混料罐控制系统的安装与调试 ··· 173
7.1 混料罐控制系统工艺 ··· 173
7.1.1 混料罐控制系统的工艺要求 ··· 173
7.1.2 混料罐控制系统的工艺流程 ··· 178
7.2 混料罐控制系统的设计 ··· 179
7.2.1 混料罐控制系统的硬件设计 ··· 179
7.2.2 混料罐控制系统的参数计算与设置 ····································· 189
7.2.3 混料罐控制系统的程序设计 ··· 195
7.2.4 混料罐控制系统的组态设计 ··· 208
7.3 混料罐控制系统的安装与调试 ··· 218
7.3.1 混料罐控制系统的安装与接线 ··· 218
7.3.2 混料罐控制系统的运行调试 ··· 220

任务 8 立体仓库控制系统的安装与调试 ··· 223
8.1 立体仓库控制系统工艺 ··· 223
8.1.1 立体仓库控制系统的工艺要求 ··· 223
8.1.2 立体仓库控制系统的工艺流程 ··· 229
8.2 立体仓库控制系统的设计 ··· 231
8.2.1 立体仓库控制系统的硬件设计 ··· 231
8.2.2 立体仓库控制系统的参数计算与设置 ··································· 247
8.2.3 立体仓库控制系统的程序设计 ··· 248
8.2.4 立体仓库控制系统的组态设计 ··· 260
8.3 立体仓库控制系统的安装与调试 ··· 265
8.3.1 立体仓库控制系统的安装与接线 ······································· 265
8.3.2 立体仓库控制系统的运行调试 ··· 266

任务9　自动涂装控制系统的安装与调试 268
　9.1　自动涂装控制系统工艺 268
　　9.1.1　自动涂装控制系统的工艺要求 268
　　9.1.2　自动涂装控制系统的工艺流程 275
　9.2　自动涂装控制系统的设计 278
　　9.2.1　自动涂装控制系统的硬件设计 278
　　9.2.2　自动涂装控制系统的参数计算 281
　　9.2.3　自动涂装控制系统的程序设计 282
　　9.2.4　自动涂装控制系统的组态设计 294
　9.3　自动涂装控制系统的安装与调试 300
　　9.3.1　自动涂装控制系统的安装与接线 300
　　9.3.2　自动涂装控制系统的运行调试 300

任务10　仓库分拣控制系统的安装与调试 301
　10.1　仓库分拣控制系统的控制工艺 301
　　10.1.1　仓库分拣控制系统的工艺要求 301
　　10.1.2　仓库分拣控制系统的工艺流程 307
　10.2　仓库分拣控制系统的设计 309
　　10.2.1　仓库分拣控制系统的硬件设计 309
　　10.2.2　仓库分拣控制系统的参数计算 312
　　10.2.3　仓库分拣控制系统的程序设计和组态设计 313
　10.3　仓库分拣控制系统的安装与调试 313
　　10.3.1　仓库分拣控制系统的安装与接线 313
　　10.3.2　仓库分拣控制系统的运行调试 313

参考文献 314

第1篇

常用工控设备的基本使用

任务1　触摸屏监控双速电动机

触摸屏技术的发展和组态软件的应用，使电气控制技术更加广泛地应用于我们的生产和生活。本任务中我们将学习一款国产的高性能的嵌入式一体化 TPC7062Ti 触摸屏以及 MCGS 组态软件，相信通过国内技术人员的努力，会有更多好的国产设备和产品涌现。注意：任务操作中涉及强电控制，我们要始终将岗位安全的学习摆在首位！

知识目标：
- 了解 YL-158GA1 现代电气控制系统；
- 熟悉双速电动机的工作原理及应用；
- 熟悉 HMI 触摸屏的基本使用方法；
- 熟悉 MCGS 组态及与 FX 系列 PLC 通信。

能力目标：
- 能编写双速电动机的 PLC 控制程序；
- 会连接和测试 PLC 通信编程电缆；
- 会组态双速电动机控制 HMI 监控界面；
- 会分析及处理常见通信故障和组态故障。

1.1　知识准备

1.1.1　YL-158GA1 现代电气控制系统

1. 现代电气控制技术

随着产业升级需求和科学技术的发展，在现代化工业领域、现代化农业、现代化物流业、现代化服务业等领域，都离不开电气控制技术。党的二十大报告提出，建设现代化产业体系，推进新型工业化。现代电气控制技术对制造业高端化、智能化有着很大的推动作用。

现代电气控制技术集传统的继电器控制技术、PLC 技术、传感器技术、变频器技术、伺服、步进驱动技术、网络通信技术于一体，并将触摸屏和组态软件应用到各种控制系统中。本教材所对应的"现代电气控制技术"是一门以电气控制系统为载体的基于工作过程的项目化课程。

2. YL-158GA1 简介

YL-158GA1 现代电气控制系统实训装置是一套集中了中小型 PLC、变频器、触摸屏、伺服驱动、步进驱动、传感器和工业网络等先进控制器件的综合实训设备，如图 1-1 所示。

本实训装置主要分为如下 5 个部分。

二维码 1-1　YL-158GA1 现代电气控制系统

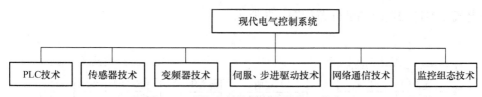

图1-1 现代电气控制系统的核心技术

（1）操作面板（正门、后门）

操作面板有正门和后门两个单元，面板上布置有主令电器和仪表等器件，包括进线电源启动与保护、多功能仪表、触摸屏、电源总开关及保护、主令电器、AC 220V 指示灯和温控仪等，如图 1-2 所示。操作面板单元起着向系统中的其他单元提供控制信号的作用。

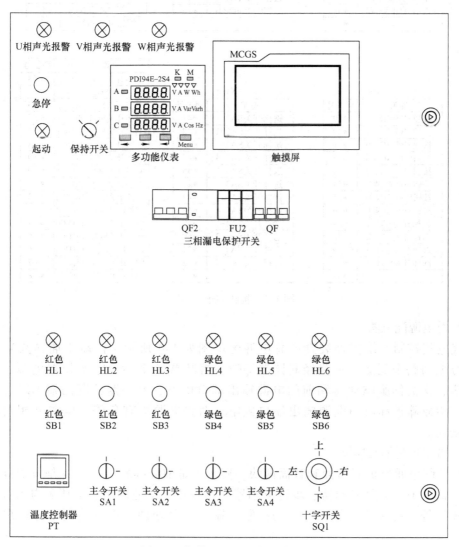

图1-2 操作面板（正门）布置图

（2）面板端子分布

操作面板的电源、主令电器和 AC 220V 指示灯等接线端子都引到了面板背面的端子排上，各电气元器件的接线端子分布如图1-3所示。

-X1-1

说明	端子号
电源U相	●U
电源V相	●V
电源W相	●W
电源中线	●N
电源地线	●PE
指示灯HL1-X1	●1
指示灯HL1-X2	●2
指示灯HL2-X1	●3
指示灯HL2-X2	●4
指示灯HL3-X1	●5
指示灯HL3-X2	●6
	●

-X1-2

说明	端子号
指示灯HL4-X1	●7
指示灯HL4-X2	●8
指示灯HL5-X1	●9
指示灯HL5-X2	●10
指示灯HL6-X1	●11
指示灯HL6-X2	●12
按钮SB1-1(NC)	●13
按钮SB1-2(NC)	●14
按钮SB1-3(NO)	●15
按钮SB1-4(NO)	●16
	●

-X1-3

说明	端子号
按钮SB2-1(NC)	●17
按钮SB2-2(NC)	●18
按钮SB2-3(NO)	●19
按钮SB2-4(NO)	●20
按钮SB3-1(NC)	●21
按钮SB3-2(NC)	●22
按钮SB3-3(NO)	●23
按钮SB3-4(NO)	●24
按钮SB4-1(NC)	●25
按钮SB4-2(NC)	●26
按钮SB4-3(NO)	●27
按钮SB4-4(NO)	●28

-X1-4

说明	端子号
按钮SB5-1(NC)	●29
按钮SB5-2(NC)	●30
按钮SB5-3(NO)	●31
按钮SB5-4(NO)	●32
按钮SB6-1(NC)	●33
按钮SB6-2(NC)	●34
按钮SB6-3(NO)	●35
按钮SB6-4(NO)	●36
选择开关SA1-1	●37
选择开关SA1-2	●38
选择开关SA1-3	●39
选择开关SA1-4	●40

-X1-5

说明	端子号
选择开关SA2-1	●41
选择开关SA2-2	●42
选择开关SA2-3	●43
选择开关SA2-4	●44
选择开关SA3-1	●45
选择开关SA3-2	●46
选择开关SA3-3	●47
选择开关SA3-4	●48
选择开关SA4-1	●49
选择开关SA4-2	●50
选择开关SA4-3	●51
选择开关SA4-4	●52

-X1-6

说明	端子号
十字开关SQ1-1(LC)	●53
十字开关SQ1-2(LC)	●54
十字开关SQ1-3(LO)	●55
十字开关SQ1-4(LO)	●56
十字开关SQ1-5(UC)	●57
十字开关SQ1-6(UC)	●58
十字开关SQ1-7(UO)	●59
十字开关SQ1-8(UO)	●60
十字开关SQ1-9(RC)	●61
十字开关SQ1-10(RC)	●62
十字开关SQ1-11(RO)	●63
十字开关SQ1-12(RO)	●64
十字开关SQ1-13(DC)	●65
十字开关SQ1-14(DC)	●66
十字开关SQ1-15(DO)	●67
十字开关SQ1-16(DO)	●68

图1-3 接线端子分布图

(3) 总电源配电图

现代电气控制系统实训装置的总电源配电图如1-4所示。由航空插（头）引入的总电源分成两路来配送，一路经断路器QF2、熔断器FU2后，给触摸屏电源、多功能电力仪表、交流伺服驱动器和前门电源输出端口供电；另一路经断路器QF1、熔断器FU1后，给故障板和后门电源输出端口供电。两路电源均有急停、电源分相指示和短路保护功能。

(4) PLC控制单元挂板

PLC控制单元挂板有前面和背面两块，图1-5是前面挂板，图1-6是背面挂板。共有三台主流PLC、伺服驱动器、步进驱动器、变频器、工业网络、电压和电流表、电压源和电流源等。起着PLC控制、运动控制、输入信号处理和电气控制信号输出等重要作用。

三菱Q系列、FX系列PLC和变频器等主要部件的清单见表1-1。

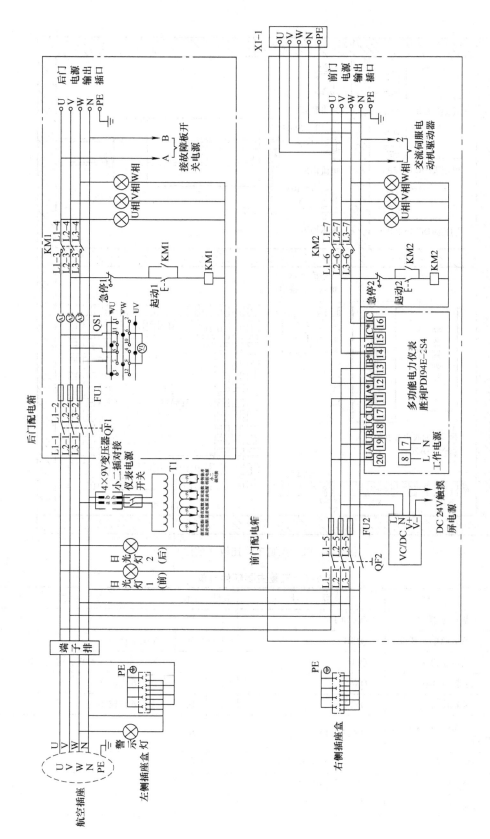

图 1-4 总电源配电图

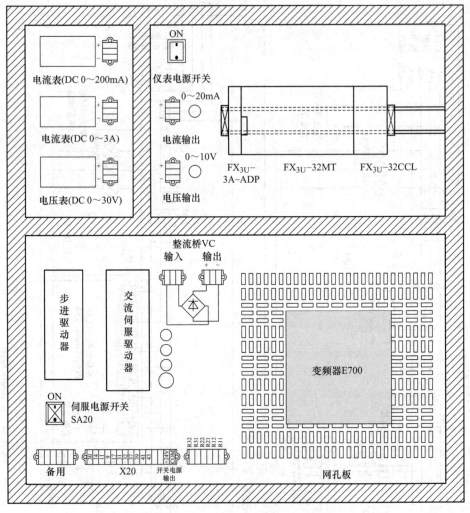

图 1-5 PLC 控制单元挂板（前面）

表 1-1 三菱主要部件清单

序号	名 称	型 号	数量	单位	备 注
1	三菱 CPU 模块	Q00UCPU	1	块	
2	三菱电源单元基板	Q35B	1	条	5 位基板
3	三菱电源模块	Q61P	1	块	输入 AC 100～200V、输出 DC5V\6A
4	三菱输入模块	QX40	1	块	DC 16 点输入
5	三菱输出模块	QY10	1	块	AC 16 点输出
6	三菱 CC-Link 通信模块	QJ61BT11N	1	块	
7	数据下载线	USB-Q Mini B 型	1	条	
8	三菱 PLC	FX_{3U}-32MR/ES-A	1	个	
9	三菱 PLC	FX_{3U}-32MT/ES-A	1	个	

(续)

序号	名称	型号	数量	单位	备注
10	三菱模拟量模块	FX_{3U}-3A-ADP	1	块	
11	三菱CC-Link通信模块	FX_{2N}-32CCL	2	块	
12	FX系列下载线	USB-SC09-FX	1	条	
13	RS-485通信模块	FX_{3U}-485-BD	2	个	
14	触摸屏	TPC7062Ti	1	块	
15	三菱变频器	FR-E740-0.75K-CH	1	台	

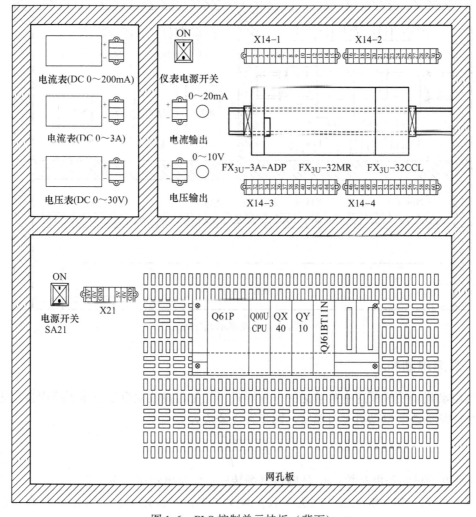

图1-6 PLC控制单元挂板（背面）

（5）电控制单元挂板

电控制单元挂板如图1-7所示。包含有AC 220V接触器、时间继电器、行程开关、丝杠小车、3台交流异步电动机、1台双速电动机、1台伺服电动机和1台步进电动机等。本单元具有对PLC控制信号进行放大和执行的作用。

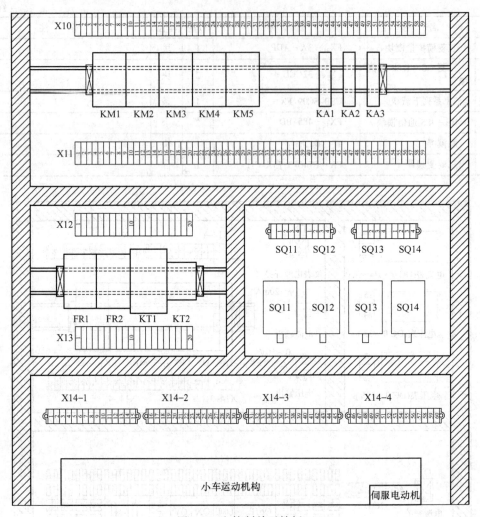

图 1-7 电控制单元挂板

1.1.2 双速电动机

双速电动机是变极调速中最常见的一种形式，它是通过改变电动机定子绕组接线来改变磁极对数，从而改变电动机运行速度。同步转速公式为

$$n_1 = \frac{60f_1}{p} \tag{1-1}$$

式中，p 是电动机的磁极对数；n_1 是旋转磁场转速；f_1 是电动机电源频率。

由式(1-1)可知，如果电动机的磁极对数 p 减少一半，旋转磁场的转速 n_1 便提高一倍，转子的转速 n 差不多也提高一倍。

改变 p 的方法是把定子每相绕组分成两半，然后进行两种接法，如图 1-8 所示。一种是绕组从三角形改成双星形，如图 1-8a 所示的连接方式改成图 1-8c 所示的接法；另一种是绕组从单星形改成双星形，如图 1-8b 所示的连接方式转换成图 1-8c 所示的接法。图 1-8a 或图 1-8b 所示的连接方式，每相绕组中两个线圈串联，形成四个极，电动机为低速模式。图 1-8c 的接法，绕组为双星形，每相绕组中两个线圈并联，形成两个极，电动机为高速模式。

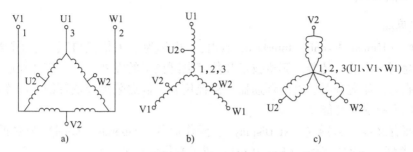

图 1-8 双速电动机定子绕组的接线图
a）三角形联结 b）单星形联结 c）双星形联结

图 1-9 是双速电动机三角形变双星形的控制电路图，当按下起动按钮 SB2，主电路接触器 KM1 的主触头闭合，电动机三角形联结，以低速运转；同时 KA 的常开触头闭合使时间继电器线圈得电，经过一段时间（时间继电器的整定时间），KM1 的主触头断开，KM2、KM3 的主触头闭合，电动机的定子绕组由三角形变双星形，以高速运转。

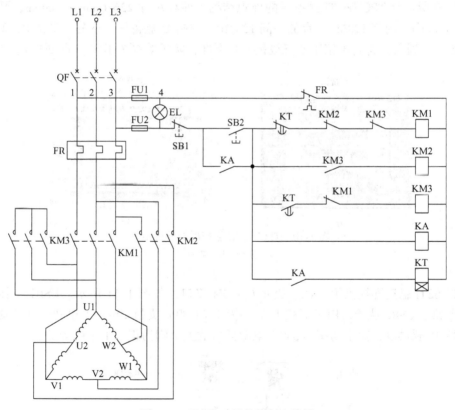

图 1-9 双速电动机的控制电路图

变极调速的优点是设备简单，运行可靠，既可适用于恒转矩调速（Y/YY），也可适用于近似恒功率调速（△/YY）。其缺点是转速只能成倍变化，为有极调速。Y/YY变极调速应用于起重电动葫芦、运输传送带等；△/YY变极调速应用于各种机床的粗加工和精加工。

1.1.3 触摸屏简介

1. 人机界面

人机界面（Human Machine Interface，HMI），也称为"人机接口"，是为了解决 PLC 的人机交互问题而产生的。随着计算机技术和数字电路技术的发展，很多工业控制设备都具备了串口通信能力，如变频器、直流调速器、温控仪表、数据采集模块等都可以连接人机界面产品，来实现人机交互功能。

人机界面有文本显示器（Text Display）、操作面板（Operator Panel）和触摸屏（Touch Panel）三种类型。按键式面板（Key Panel）属于操作面板的一种。

HMI 的接口种类很多，有 RS-232 串口、RS-485 串口和 RJ45 网线接口等。

2. TPC7062Ti 触摸屏

TPC7062Ti 是北京昆仑通泰自动化软件科技有限公司生产的一款高性能嵌入式一体化触摸屏。该产品采用了 7in 高亮度 TFT 液晶显示屏（分辨率为 800 像素×480 像素），四线电阻式触摸屏，预装了 MCGS 嵌入式组态软件（运行版），具备强大的图像显示和数据处理功能。

图 1-10 所示是 TPC7062Ti 触摸屏的外观结构。面板尺寸 226.6mm×163mm，开孔尺寸 215mm×152mm，内存 128MB，存储空间 128MB，支持 U 盘备份、恢复，支持 RS-232/RS-485/RJ45 接口通信。符合国家工业三级抗干扰标准，防护等级为 IP65（前面板）。

a) b)

图 1-10　TPC7062Ti 触摸屏的外观结构

a) 正面　b) 背面

TPC7062Ti 触摸屏提供了 LAN、USB 及 COM 接口，如图 1-11 所示。USB1 主接口兼容 USB1.1 标准，USB2 从接口用于下载工程，串口（DB9）支持 RS-232 和 RS-485 通信。采用 DC 24V 电源供电，额定功率为 5W。电源插口的上引脚为正，下引脚为负。

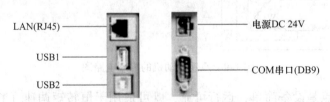

图 1-11　TPC7062Ti 触摸屏的接口

3. 触摸屏的通信连接

（1）触摸屏与PC（个人计算机）连接

TPC与PC的连接采用USB连接方式，如图1-12所示。

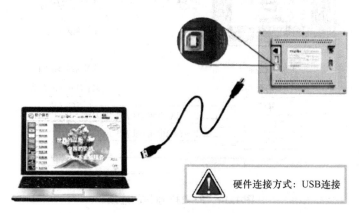

图1-12 TPC与PC连接

（2）触摸屏与PLC连接

TPC7062Ti触摸屏的COM接口引脚定义如图1-13所示。有两种通信方式：一种是RS-232通信，一种是RS-485通信。

接口引脚定义

接口	PIN	引脚定义
COM1	2	RS-232 RXD
	3	RS-232 TXD
	5	GND
COM2	7	RS-485 +
	8	RS-485 -

图1-13 触摸屏接口引脚定义

两种通信方式的区别有：

1）传输方式不同。RS-232采取不平衡传输方式，即所谓单端通信；而RS-485则采用平衡传输，即差分传输方式。

2）传输距离不同。RS-232适合本地设备之间的通信，传输距离一般不超过20m。而RS-485的传输距离为几十米到上千米。

3）RS-232只允许一对一通信，而RS-485接口在总线上允许连接多达128个收发器。

TPC触摸屏与三菱FX系列PLC采用RS-232通信时，电缆选用RS-232（DP9）/RS-422（MD8），连接方式如图1-14所示。协议的串口为COM1，采用FX编程口专有协议。

TPC触摸屏与三菱FX系列PLC采用RS-485通信时，电缆选用RS-485（DP9），连接方式如图1-15所示。协议的串口为COM2，采用FX串口专有协议。

4. 触摸屏启用

（1）触摸屏的启动

TPC的启动。使用DC 24V给TPC供电，将TPC与PC连接后，即可开机运行。启动后屏幕出现"正在启动"提示进度条，此时无须任何操作，系统即可自动进入启动界面。

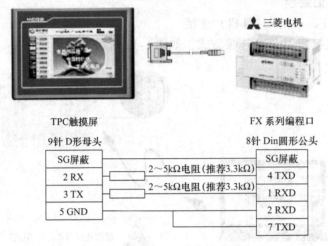

图 1-14 RS-232 通信的连接

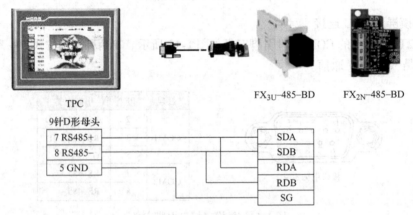

图 1-15 RS-485 通信连接

(2) 查看 TPC 的 IP 地址

TPC 上电，单击启动进度条，打开启动属性对话框，在系统信息中可以查看 IP 地址，还可查看产品配置、产品编号、软件版本。

(3) 对 TPC 进行触摸校准

TPC 上电，单击启动进度条，进入启动属性对话框，不要进行任何操作，30s 后系统自动进入触摸屏校准程序。根据提示进行相应的操作。

(4) 确定 PC 与 TPC 连接是否正常

参照图 1-12，确认 USB 接线可靠。执行 PC 中 Windows 平台"开始"→"运行"，输入"CMD"按 <回车> 键，在 DOS 环境中输入"ping IP 地址"按 <回车> 键。如果 LOST =0%，说明网络连接正常；否则说明数据包有丢失，或网络连接断开。

二维码 1-2 触摸屏的应用

(5) 下载工程失败的处理

在 MCGS 组态完毕后，USB 通信测试与下载组态界面时出现问题，如图 1-16 所示。

第一种情况。首先确认 USB 通信线是否连接。TPC 上电，单击启动进度条，打开启动

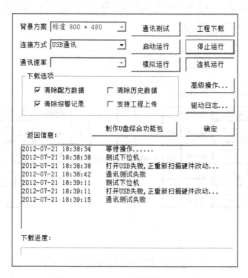

图 1-16　USB 通信测试失败

属性对话框，执行"系统维护"→"恢复出厂设置"→"是"→"确认"命令，重新启动 TPC。

第二种情况。右击"我的电脑"，执行"属性"→"设备管理器"→"移动设备"命令，查看驱动是否是"MCGSTpc Device"，若不是，则需要更新驱动。

第三种情况。执行"组态运行环境"快捷方式 中的"属性"→"兼容性"命令，如果"以兼容模式运行这个程序"复选框是选中状态，那么组态的程序则无法通过 USB 下载至触摸屏了，即出现通信测试失败的故障。一旦去掉上述复选框中的"√"后，又能重新通过 USB 下载程序至触摸屏了。

1.1.4　MCGS 组态软件

1. MCGS 组态软件简介

MCGS（Monitor and Control Generated System）是一套基于 Windows 平台的、用于快速构造和生成上位机监控系统的组态软件系统。MCGS 能够完成现场数据采集、实时和历史数据处理、报警和安全机制、流程控制、动画显示、趋势曲线和报表输出以及企业监控网络等功能。MCGS 具有操作简便、可视性好、可维护性强、高性能、高可靠性等突出特点。

MCGS 组态软件有通用版、嵌入版和网络版三个版本。本书主要介绍嵌入版。MCGS 嵌入版是在 MCGS 通用版的基础上开发的，专门应用于嵌入式计算机监控系统的组态软件。

二维码 1-3　MCGS 软件的下载及安装

2. MCGS 嵌入版组态软件的整体结构

MCGS 嵌入式体系结构分为组态环境和运行环境两部分。其关系和功能如图 1-17 所示。

组态环境相当于一套完整的工具软件，可以在 PC 上运行。用户可根据实际需要裁减其中内容。它帮助用户设计和构造自己的组态工程并进行功能测试。

运行环境是一个独立的运行系统，它按照组态工程中用户指定的方式进行各种处理，完成用户组态设计的目标和功能。运行环境本身没有任何意义，必须与用户的组态工程一起作为一个整体，才能构成用户应用系统。

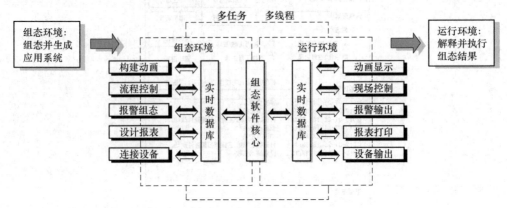

图1-17　组态环境与运行环境的关系和功能

用户在MCGS组态环境中完成动画设计、设备连接、编写控制流程和编制工程打印报表等全部组态工作后，生成默认名为"新建工程X.MCE"的工程文件，又称为组态结果数据库，默认存放于目录"MCGSE\WORK"中。它与MCGS运行环境一起，构成了用户应用系统，统称为"工程"。创建一个工程就是创建一个新的用户应用系统。

3. MCGS嵌入版组态软件的组成部分

MCGS组态软件所建立的工程由主控窗口、设备窗口、用户窗口、实时数据库和运行策略五部分构成，如图1-18所示。每一部分分别应用于组态操作，完成不同的工作，具有不同的特性。

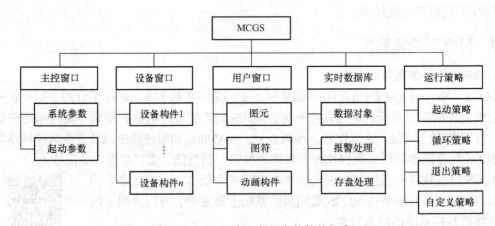

图1-18　MCGS嵌入版组态软件的组成

在MCGS嵌入版中，每个应用系统只能有一个主控窗口和一个设备窗口，但可以有多个用户窗口和多个运行策略，实时数据库中也可以有多个数据对象。

1）主控窗口。主控窗口确定了工业控制中工程作业的总体轮廓，以及运行流程、特性参数和启动特性等内容，是应用系统的主框架。

2）设备窗口。设备窗口是MCGS嵌入版系统与外部设备联系的媒介。设备窗口专门用来放置不同类型和功能的设备构件,实现对外部设备的操作和控制。设备窗口通过设备构件把外部设备的数据采集进来,送入实时数据库,或把实时数据库中的数据输出到外部设备。一个应用系统只有一个设备窗口。

二维码1-4 MCGS触摸屏常用元素介绍

3)用户窗口。用户窗口实现了数据和流程的"可视化"。用户窗口中可以放置三种不同类型的图形对象:图元、图符和动画构件。组态工程中的用户窗口最多可定义512个。

4)实时数据库。实时数据库是MCGS嵌入版系统的核心。实时数据库相当于一个数据处理中心,同时也起到公用数据交换区的作用。实时数据库采用面向对象的技术,为其他部分提供服务,提供了系统各个功能部件的数据共享。

5)运行策略。运行策略本身是系统提供的一个框架,其里面放置有策略条件构件和策略构件组成的"策略行",通过对运行策略的定义,使系统能够按照设定的顺序和条件操作实时数据库、控制用户窗口的打开、关闭,并确定设备构件的工作状态等,从而实现对外部设备工作过程的精确控制。一个应用系统有三个固定的运行策略:启动策略、循环策略和退出策略,同时允许用户创建或定义最多512个用户策略。

1.2 任务实施:触摸屏监控双速电动机

1. 任务要求

(1) 功能要求

某混料泵由一台5.5kW的双速电动机M4拖动,有过载和互锁保护,用触摸屏监控双速电动机的运行状态。

(2) 控制要求

1)调试模式。按下调试起动按钮SB1,电动机M4以低速运行4s后停止;再次按下起动按钮SB1后,电动机高速运行6s;电动机M4调试结束。电动机M4调试过程中,调试灯HL2以亮2s灭1s的周期闪烁。

2)混料模式。按下混料起动按钮SB3,电动机M4先低速运行4s,再高速运行6s,然后停止4s。重复运行n次后,电动机M4自动运行结束。按下混料停止按钮SB4,完成本次运行后自动暂停。再次按下起动按钮SB3,继续自动运行。混料运行过程中,混料灯HL3以1Hz频率闪烁。

3)停止状态。停止时,停止灯HL1点亮。过载时,停止灯HL1闪烁。

4)触摸屏可以实现工作模式的切换和模式指示、低速和高速指示、运行次数n(≤ 9)的设置和显示。

5)当电动机M4出现过载时,系统停止运行,并在触摸屏自动弹出"报警画面,设备过载"报警信息,解除报警后,系统需要重新起动。

2. 确定地址分配

(1) I/O地址分配

系统输入信号有4个,输出信号有5个,均是开关量信号,可选择FX_{3U}-32MR/ES-A型PLC。I/O地址分配见表1-2。

表1-2 任务1的I/O地址分配表

输入地址	输入信号	功能说明	输出地址	输出信号	功能说明
X1	SB1	调试起动	Y1	HL1	停止灯/报警灯
X2	SB2	备用	Y2	HL2	调试灯
X3	SB3	混料起动	Y3	HL3	混料灯
X4	SB4	混料停止	Y6	KM3	M4低速接触器
X5	SB5	备用	Y7	KM4	M4高速接触器
X6	FR1	热继电器常开保护触点			

（2）内部标识和数据交换地址分配

PLC内部标识、触摸屏与PLC的数据交换地址分配见表1-3。

表1-3 内部标识和数据交换地址分配表

内部地址	功能说明	备注	内部地址	功能说明	备注
Y6	M4低速接触器	数据交换	T40	调试低速运行4s定时器	
Y7	M4高速接触器	数据交换	T41	调试高速运行6s定时器	
M0	模式按钮	数据交换	T42	调试闪烁3s周期定时器	
M1	调试模式标识	数据交换	T70	混料低速运行4s定时器	
M2	混料模式标识	数据交换	T71	混料高速运行6s定时器	
M6	过载标识	数据交换	T72	混料暂停4s定时器	
M40	调试中标识		D0	模式选择寄存器	
M70	混料中标识		D40	M4低速运行寄存器	
M72	混料次数不足标识		D41	M4高速运行寄存器	
M100	混料暂停标识		D200	设定循环次数（掉电保持）	数据交换
			D202	当前循环次数（掉电保持）	数据交换

3. 硬件设计

（1）主电路设计

混料泵主电路如图1-19所示。三相总电源从前门配电箱的接线端子排X1-1引出，给混料泵电动机供三相电，给PLC供单相电。混料泵电动机用接触器KM3的主触点接通低速运行，用接触器KM4的主触点和辅助触点接通高速运行。注意，高/低速切换时，双速电动机绕组需要换相序。动力线选用2.5mm²的多股铜导线，U、V、W三相分别选用黄、绿、红色导线，N线用浅蓝色，PE线用黄绿色。

（2）通信电路设计

通信电路如图1-20所示。上位机（PC）通过USB下载线与昆仑通泰触摸屏TPC通信，通过USB-SC09-FX下载线与PLC通信。触摸屏通过串口COM2，经RS-485（DP9）电缆，连接到FX_{3U}-485-BD接口，与PLC通信。这种通信模式，PLC可以同时与上位机（PC）、触摸屏进行通信。

（3）PLC I/O电路设计

1）PLC的输入接线电路图。PLC的输入接线电路如图1-21所示。DC 24V电源选用

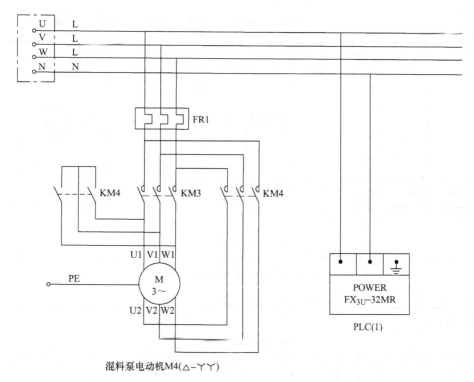

图 1-19　混料泵主电路

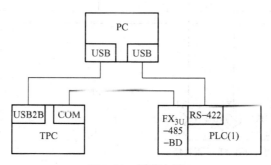

图 1-20　通信电路

0.75mm² 的棕色和蓝色软铜导线，弱电信号线用 0.5mm² 或 0.75mm² 的黑色或者白色软铜导线。

2）PLC 的输出接线电路图。PLC 的输出接线电路如图 1-22 所示。AC 220V 接触器型号为 CJX2-12，线圈吸合功率 70VA、功率 18～27W，可控 5.5kW 三相电动机。电源 AC 220V 选用 1mm² 的红色和浅蓝色软铜导线。为了避免相线短路或电弧短路事故，接触器 KM3 和 KM4 线圈之间必须保留触点互锁。

4. 软件设计

（1）程序设计

双击桌面图标，启动 GX Works2 软件，创建一个新工程。选择工程类型为"简单工程"，PLC 系列为"FXCPU"，PLC 类型为"FX3U/FX3UC"，程序语言为"梯形图"，设置工程名称为"任务 1 双速电动机控制"。

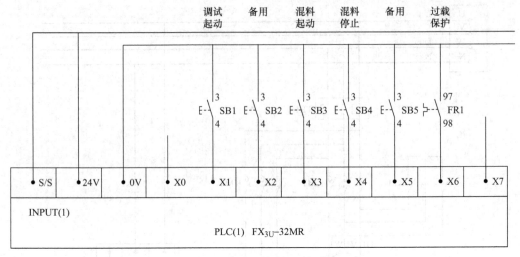

图 1-21 PLC 输入接线电路图

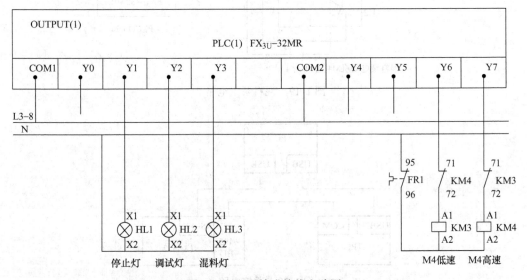

图 1-22 PLC 输出接线电路图

双速电动机控制程序如图 1-23~图 1-25 所示。图 1-23 是公共程序和模式选择程序、图 1-24 是调试模式控制程序、图 1-25 是混料模式控制程序。其中一些步的说明如下：

第 0 步，PLC 上电、过载时，清除标识位（M10~M100）和数据寄存器（D0~D99）。

第 14 步，模式切换时，清除标识位（M3~M100）和数据寄存器（D1~D99）。

第 30 步，过载信号存放到标识位 M6 中。

第 32 步，混料模式起动前，清除循环次数寄存器 D202。

第 40 步，模式切换。非调试状态和非混料状态下，允许通过触摸屏的按钮 M0 进行模式切换。

第 49 步，调试模式判断，D0 = 1，M1 = ON。

第 55 步，混料模式判断，D0 = 2，M2 = ON。

第61步，模式循环切换控制。

第71步，双速电动机低速运行输出。第77步，双速电动机高速运行输出。

第83步，停止指示，或者过载时停止灯闪烁。

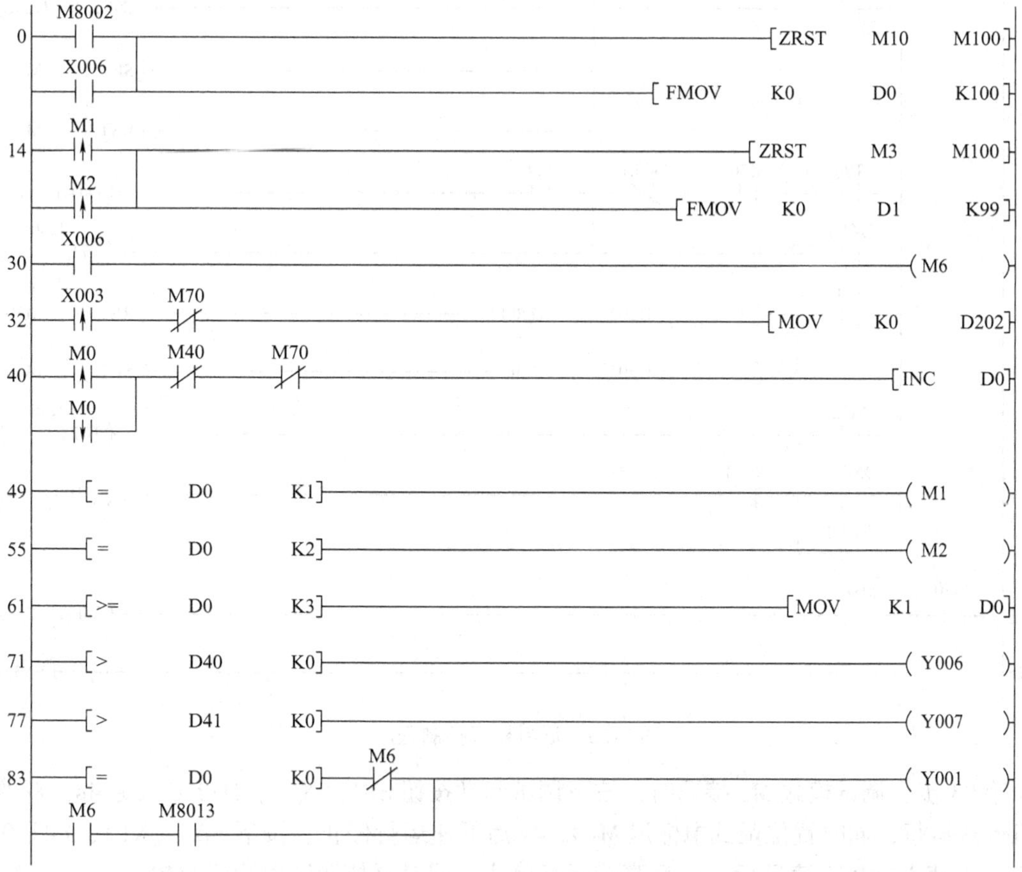

图1-23 公共程序和模式选择程序

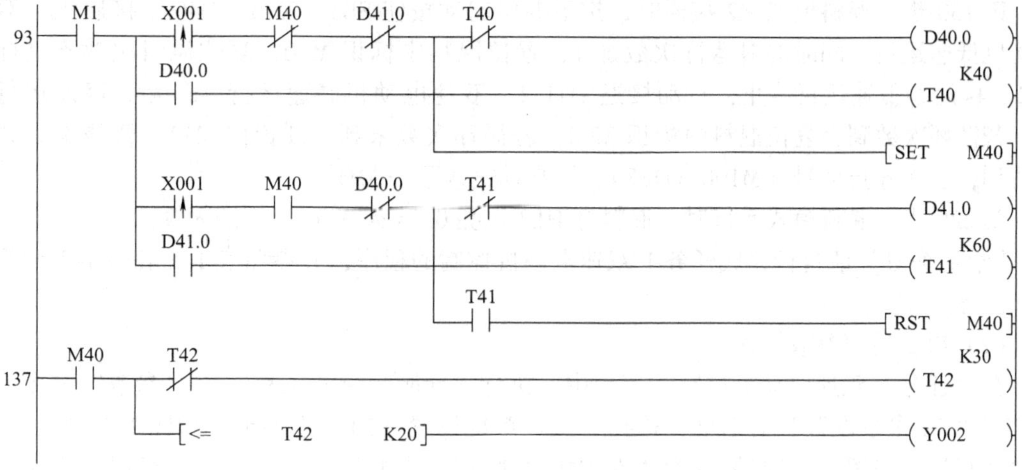

图1-24 调试模式控制程序

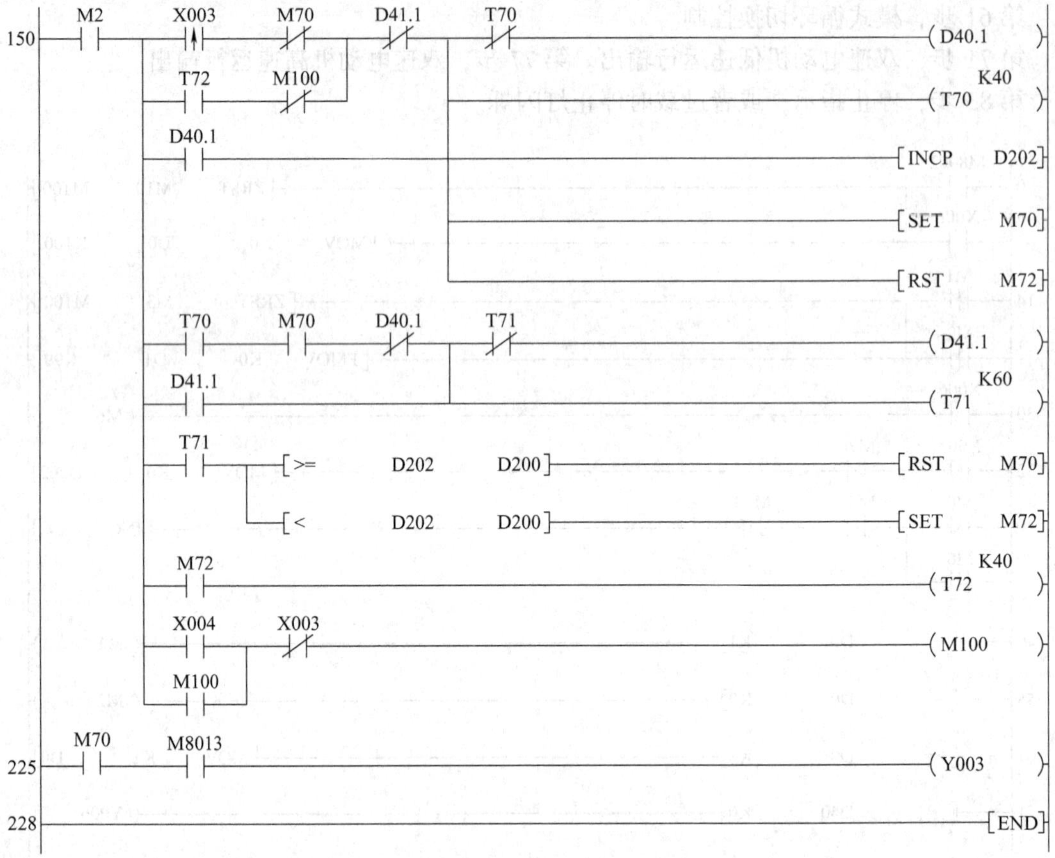

图 1-25 混料模式控制程序

第 93 步，调试模式 M1 接通时，按下调试起动按钮 SB1（X1），D40.0 接通 4s，双速电动机低速运行，同时置位调试中标识 M40。4s 后低速运行停止，按下 SB1（X1），D41.0 接通 6s，双速电动机高速运行。6s 后高速运行停止，同时复位调试中标识 M40。

第 137 步，调试模式运行时，调试灯 HL2 以亮 2s 灭 1s 的周期闪烁。

第 150 步，混料模式 M2 接通时，按下混料起动按钮 SB3（X3），D40.1 接通 4s，双速电动机低速运行，同时混料运行次数加 1，置位混料中标识 M70，复位混料次数不足标识 M72。4s 后，低速运行停止，自动接通 D41.1，双速电动机高速运行。6s 后，高速运行停止，若循环次数到，复位混料中标识 M70；若循环次数未到，则置位 M72，暂停 4s。暂停时间到，且无停止信号（M100=OFF），则自动进入下一循环。

第 225 步，混料模式运行时，混料灯 HL3 以亮 0.5s 灭 0.5s 的周期闪烁。

[学生练习] 请自行完成任务 1 双速电动机控制的程序，并参照表 1-2 和表 1-3 给程序添加注释。

(2) PLC 通信参数设置

在 "任务 1 双速电动机控制" 工程中，执行 "导航"→"工程"→"参数" 命令，打开 PLC "FX 参数设置" 对话框，选择 "PLC 系统设置 (2)" 选项卡，如图 1-26 所示。勾选 "进行通信设置"；选择协议为 "专用协议通信"，数据长度为 "7bit"、奇偶校验为 "偶数"、停止位为 "1bit"、传输速度为 "9600bps"、H/W 类型为 "RS-485"、勾选 "和校验"、"传送控制步骤"为"格式1","站号设置"默认为"00H",设置结束。

注:下载PLC程序和PLC参数后,PLC需要断电重起。

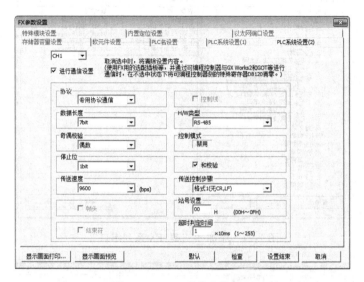

图1-26 PLC通信参数设置

5. 监控组态设计

(1) 创建新工程

打开MCGS组态环境。选择TPC类型为TPC7062Ti,其余参数采用默认设置。

(2) 命名新建工程

打开"保存为"窗口。将当前的"新建工程x"取名为"任务1 触摸屏监控双速电动机",保存在默认路径下(D:\MCGSE\WorK)。

(3) 设备组态

1) 添加FX系列PLC串口。执行"设备窗口"→"设备工具箱"→"设备管理"命令。打开"设备管理"对话框,执行"PLC"→"三菱"→"三菱_FX系列串口"命令,添加"三菱_FX系列串口"到选定设备区,如图1-27所示。

2) 添加触摸屏与PLC的RS-485串口连接设备。返回"设备窗口",先添加根目录"通用串口父设备0--[通用串口父设备]",再添加子目录"设备0--[三菱_FX系列串口]",如图1-28所示。

3) 设置通用串口父设备参数。双击"通用串口父设备0--[通用串口父设备]",打开"通用串口设备属性编辑"对话框。选择"串口端口号"为"COM2""通信波特率"为"9600""数据位位数"为"7位""停止位位数"为"1位""数据校验方式"为"偶校验",如图1-29所示。确认后退出。

二维码1-5 在MCGS软件中建立通道

4) 设置FX系列串口参数。双击"设备0—[三菱_FX系列串口]",打开"设备编辑窗口",设置设备属性值如下。"协议格式"为"协议1""是否校验"为"求检验""PLC类型"为"FX2N",如图1-30中左框所示。

二维码1-6 双速电动机触摸屏下载

图1-27 添加"三菱_FX系列串口"

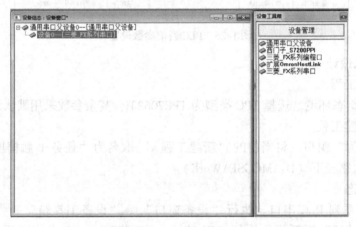

图1-28 添加触摸屏与PLC的RS-485串口连接设备

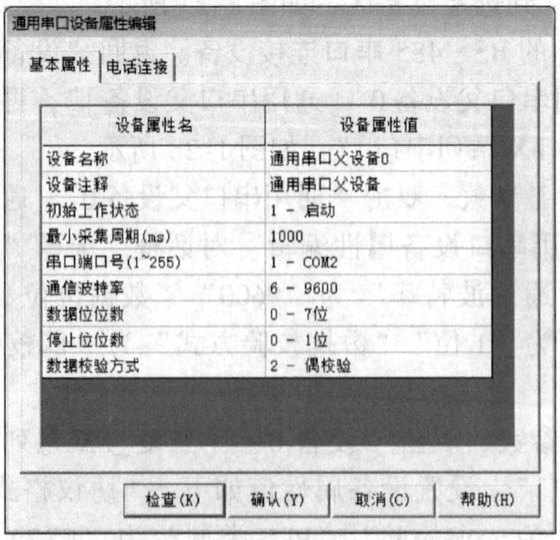

图1-29 设置通用串口父设备参数

图 1-30 设置 FX 系列串口参数和通道连接变量

5)添加通道连接变量。"增加设备通道"为"读写 Y0001~Y0007",设置其"快速连接变量"为 Y1~Y7;"增加设备通道"为"读写 M0000~M0002""读写 M0006""读写 M0040""读写 M0070",设置其"快速连接变量"为 M0~M2、M6、M40、M70;增加"设备通道"为"读写 DWUB0200""读写 DWUB0202",设置其"快速连接变量"为 D200、D202,如图 1-30 中右框所示。确认后退出。

二维码 1-7 在 MCGS 软件中建立变量

(4)组态混料电动机控制界面

执行"用户窗口"→"新建窗口"命令,新建窗口 0。在窗口 0 中,组态混料电动机控制界面,组态结果如图 1-31 所示。各控件组态参数如下。

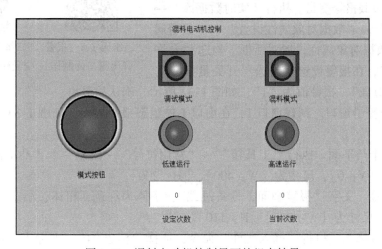

图 1-31 混料电动机控制界面的组态结果

1）标题栏。坐标为［H：0］、［V：0］，尺寸为［W：800］、［H：45］，静态填充为"灰色"，边线为"黑色"，文本内容为"混料电动机控制"，其格式为对齐均居中。

2）模式按钮。执行"插入元件"→"按钮82"命令。坐标为［H：90］、［V：160］，尺寸为［W：150］、［H：150］。执行"按钮输入"→"连接表达式"命令，选择"M0"，执行"按钮动作"→"数据对象值操作"命令，选择"取反"。添加文本"模式按钮"。

3）调试模式指示。执行"插入元件"→"指示灯2"命令。坐标为［H：320］、［V：70］，尺寸为［W：80］、［H：80］。执行"动画连接"→"第一个三维圆球"→"可见度"→"连接表达式"命令，选择"M1"，执行"当表达式非零时"命令，选择"对应图符可见"。执行"动画连接"→"第二个三维圆球"→"可见度"→"连接表达式"命令，选择"M1"，执行"当表达式非零时"命令，选择"对应图符不可见"。添加文本"调试模式"。

4）混料模式指示。复制调试模式指示的控件，修改坐标为［H：560］、［V：70］，连接表达式为"M2"，文本名称为"混料模式"，其余参数不变。

5）低速运行指示。执行"插入元件"→"指示灯3"命令。坐标为［H：320］、［V：215］，尺寸为［W：80］、［H：80］。执行"动画连接"→"第一个组合符号"→"可见度"→"连接表达式"命令，选择"Y6"，执行"当表达式非零时"命令，选择"对应图符不可见"。执行"第二个组合符号"→"可见度"→"连接表达式"命令，选择"Y6"，执行"当表达式非零时"命令，选择"对应图符可见"。添加文本"低速运行"。

6）高速运行指示。复制低速运行指示的控件，修改坐标为［H：560］、［V：215］，连接表达式为"Y7"，文本名称为"高速运行"，其余参数不变。

7）设定次数输入框。插入工具"输入框"。坐标为［H：300］、［V：360］，尺寸为［W：120］、［H：60］。执行"操作属性"→"对应数据对象的名称"命令，选择"D200"。添加文本"设定次数"。

8）设定当前次数输入框。坐标为［H：540］、［V：360］，尺寸为［W：120］、［H：60］。执行"操作属性"→"对应数据对象的名称"命令，选择"D202"。添加文本"当前次数"。

（5）组态报警界面

1）设M6过载报警变量。执行"实时数据库"→双击变量"M6"→"数据对象属性设置"→"报警属性"命令。在数据对象属性设置对话框，勾选"允许进行报警处理"，在报警设置栏勾选"开关量报警"，报警注释为"过载"，报警值为"1"，如图1-32所示。确认后退出。

二维码1-8　报警弹出窗口的制作　　二维码1-9　报警变量建立——开关量

2）组态报警子窗口。新建窗口1，在窗口1中组态报警界面，如图1-33所示。组态过程如下。

① 绘制一个凸平面。执行"工具箱"→"常用符号"→绘制一个"凸平面"命令。坐标为［H：0］、［V：0］，尺寸为［W：400］、［H：200］。

② 添加标签。文字"报警画面，设备过载"，字体为红色、粗体、小二。坐标为［H：95］［V：55］，尺寸为［W：295］［H：110］。

③ 插入警告标志。执行"插入元件"命令，选择"标志24"。坐标为［H：13］、［V：76］，尺寸为［W：60］、［H：60］。

图1-32 设置报警对象属性

图1-33 报警子窗口

3)组态报警启动策略。

① 执行"运行策略"→"新建策略"→"报警策略"命令,建立策略1。双击图标 ,打开"策略属性设置"对话框,设置策略属性。策略名称为"报警启动",对应数据对象为"M6",对应报警状态选择"报警产生时,执行一次",如图1-34所示。确认后退出。

② 在策略组态窗口(图1-36),右击弹出对话框,单击新增策略行增加一条策略。双击图标 ,打开"表达式条件"对话框,设置表达式为"M6",条件设置为"表达式的值非0时条件成立",如图1-35所示,确认后退出。

图1-34 报警策略属性

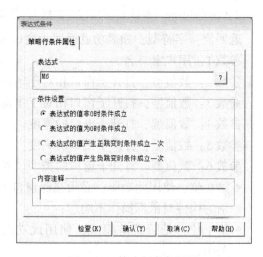

图1-35 策略行条件属性

③ 在策略组态窗口(图1-36),双击图标 ,打开"脚本程序"窗口,执行"用户窗口"→"窗口0"→"方法"命令,选择函数"OpenSubWnd"命令。编辑函数:"用户窗口.窗口0.OpenSubWnd(窗口1,200,140,400,200,17)",单击"确认"后退出。

报警启动策略组态界面如图1-36所示。

4)组态报警结束策略。

① 执行"运行策略"→"新建策略"→"报警策略"命令。建立名称为"报警结束"的策略，对应数据对象为"M6"，对应报警状态选择"报警结束时，执行一次"，确认后退出。

二维码 1-10　报警变量建立——模拟量

② 新增策略行。双击图标 ，打开"表达式条件"对话框，设置表达式为"M6"，条件设置为"表达式的值为 0 时条件成立"，确认后退出。

③ 双击图标 ，打开"脚本程序"窗口，执行"用户窗口"→"窗口 0"→"方法"命令，选择函数"CloseAllSubWnd"。编辑函数："用户窗口.窗口 0.CloseAllSubWnd（ ）"，单击"确认"后退出。

报警策略组态结果如图 1-37 所示。

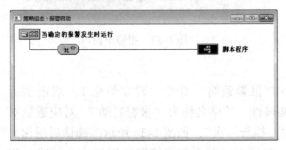

图 1-36　策略组态：报警启动

图 1-37　报警策略组态结果

5）弹出子窗口函数说明。

！OpenSubWnd（参数 1，参数 2，参数 3，参数 4，参数 5，参数 6）

返回值：字符型，如成功就返回子窗口 n，n 表示打开的第 n 个子窗口。

参数 1：用户窗口名。

参数 2：数值型，打开子窗口相对于本窗口的 X 坐标。

参数 3：数值型，打开子窗口相对于本窗口的 Y 坐标。

参数 4：数值型，打开子窗口的宽度。

参数 5：数值型，打开子窗口的高度。

参数 6：数值型，打开子窗口的类型。参数 6 是一个 32 位的二进制数。其中：

- 第 0 位：使用此功能，必须在此窗口中使用 CloseSubWnd 来关闭该子窗口，子窗口外别的构件对鼠标操作不响应；
- 第 1 位：是否菜单模式，使用此功能时，一旦在子窗口之外按下按钮，则子窗口关闭；
- 第 2 位：是否显示水平滚动条，使用此功能可以显示水平滚动条；
- 第 3 位：是否垂直显示滚动条，使用此功能可以显示垂直滚动条；
- 第 4 位：是否显示边框，选择此功能时，在子窗口周围显示细黑线边框；
- 第 5 位：是否自动跟踪显示子窗口，选择此功能时，在当前鼠标位置上显示子窗口。此功能适用于鼠标打开的子窗口，选用此功能则忽略 iLeft 和 iTop 的值，如果此时鼠标位于窗口之外，则在窗口对中处显示子窗口；

- 第6位：是否自动调整子窗口的宽度和高度为默认值，使用此功能则忽略 iWidth 和 iHeight 的值。

6. 下载

（1）PLC 程序下载

在"任务1 双速电动机控制"工程中，执行"导航窗口"→"连接目标"→"所有连接目标"命令，打开"连接目标设置 Connection1"对话框，双击图标 ，打开"计算机侧 I/F 串行详细设置"对话框，设置 COM 端口，如图 1-38 所示。

COM 端口的选择要与 PLC 的 USB 下载线在 PC 上的端口编号一致。USB 下载线的 PC 端口编号，通过 PC 的设备管理器查询，如图 1-39 所示。

图 1-38　设置 PLC 下载端口

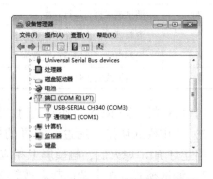

图 1-39　查看 PLC 下载线端口编号

PLC 与 PC 通信成功后，单击 GX Works 的图标 ，将工程"任务1 双速电动机控制"写入 PLC 中。

（2）MCGS 组态程序下载

打开 MCGS 组态工程"任务1 触摸屏监控双速电动机"，确定组态设置正确，没有错误后，单击图标 ，打开"下载配置"对话框，选择"连机运行"，连接方式选择"USB 通信"，在"下载选项"栏目勾选"清除配方数据""清除报警记录"和"清除历史数据"，单击"工程下载"，如图 1-40 所示。

7. 运行调试

（1）调试准备工作

1）进行电气安全方面的初步检测，确认控制系统没有短路、导线裸露、接头松动和有杂物等安全隐患。

2）确认 PLC 的各项指示灯是否正常。

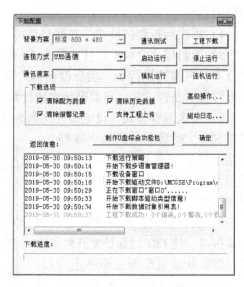

图 1-40　组态下载配置

3）确认触摸屏显示是否正常。

4）打点确认 PLC 各输入接线是否正常。

5）打点确认 PLC 各输出接线是否正常。

6）确认 RS-485 通信指示是否正常，RD 灯和 SD 灯是否均闪烁。

27

(2) 运行调试

[学生练习] 按照表 1-4 所列的项目和顺序进行检查调试。检查正确的项目，请在结果栏记"√"；出现异常的项目，在结果栏记"×"，记录故障现象，小组讨论分析，找到解决办法，并排除故障。

表 1-4 任务 1 运行调试小卡片

序 号	检查调试项目	结 果	故 障 现 象	解 决 措 施
1	各检测信号显示、触摸屏指示均正常			
2	工作模式切换			
3	调试模式运行一次			
4	调试模式再次运行一次			
5	混料模式，设定循环次数为 3			
6	混料模式，设定循环次数为 2			
7	混料模式时，过载			

1) PLC 投入到 RUN 工作方式时，系统的停止指示灯 HL1 亮。

2) 工作模式切换。通过触摸屏的模式按钮，可以在调试模式和混料模式之间来回切换。停止灯 HL1 熄灭后，触摸屏上相应的模式指示灯亮。

3) 调试模式。按下调试起动按钮 SB1，观察触摸屏低速运行指示灯是否点亮，PLC 的 Y6 灯是否点亮，接触器 KM3 是否吸合，电动机是否低速运行 4s 后停止。再次按下 SB1，观察触摸屏高速运行指示灯是否点亮，PLC 的 Y7 灯是否点亮，接触器 KM4 是否吸合，电动机是否高速运行 6s 后停止。对电动机 M4 调试过程中，调试灯 HL2 是否以亮 2s 灭 1s 的周期闪烁。

4) 再次运行调试模式，观察是否可正常运行。

5) 混料模式。设定循环次数为 3，按下混料起动按钮 SB3，观察电动机 M4 是否先低速运行 4s，再高速运行 6s，然后停止 4s。重复运行 3 次后，电动机 M4 自动运行结束。观察各信号灯指示是否正常，当前循环次数计数是否准确。

6) 再次混料模式。设定循环次数为 2，按下 SB3 后，电动机进入低速运行，按下停止按钮 SB4，观察电动机是立即停止，还是运行完当前流程后停止。停止后，再次按下起动按钮 SB3，电动机能否继续运行。

7) 混料模式。按下热继电器的测试按钮，使 FR1 的保护常开触点闭合，观察电动机是否立即停止运行，触摸屏能否自动弹出"报警画面，设备过载"报警信息，如图 1-41 所示。解除报警后，报警界面能否自动消失，系统能否重新起动。

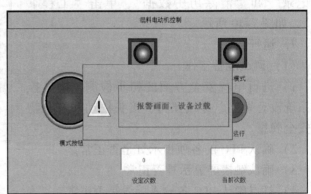

图 1-41 报警画面运行效果

任务 2　实现 FX$_{3U}$ 之间的 N:N 通信

PLC 之间的通信，就像人与人之间的"对话"，可以信息共享，可以相互协作，"团结就是胜利，合作才能共赢"。通信在遵循"通信协议"的基础上才能实现，因此要了解通信规范，养成操作规范、编程严谨、守正创新的职业素养。

知识目标：
- 熟悉 FX 系列 PLC 之间 N:N 通信硬件设置；
- 了解 FX 系列 PLC 的通信设定；
- 熟悉 PLC 之间 N:N 通信软件设置；
- 了解 N:N 通信设定用的软元件的功能；
- 了解 N:N 通信链接用的软元件的分配。

能力目标：
- 会安装 RS-485 通信扩展板；
- 会使用 RS-485 通信扩展板来组建 N:N 网络；
- 能实现 FX$_{3U}$ 系列 PLC 的 N:N 通信功能；
- 会分析及处理常见 N:N 通信故障。

2.1　知识准备

2.1.1　三菱 FX$_{3U}$ 系列 PLC 之间 N:N 通信硬件设置

1. N:N 网络功能

N:N 网络，就是在最多 8 台 FX 系列 PLC 之间，通过 RS-485 通信连接，进行软元件相互链接。根据要链接的点数，有 3 种刷新范围模式可以选择（FX$_{1S}$、FX$_{0N}$ 除外）；距离最大可达 500m（仅限于全部由 485ADP 构成的情况）。最大点数 N:N 网络系统如图 2-1 所示。

2. FX 系列 RS-485 通信设备

常用 FX 系列 RS-485 通信设备如图 2-2 所示，有通信板（BD）和通信适配器（ADP）两种。通信板可以内置在 PLC 中，所以安装面积不变，为集成型，但是通信距离最大为 50m。在 PLC 的基本单元上安装功能扩展板（FX$_{3U}$ 系列）或者连接特殊适配器用的板卡（FX$_{2N}$ 系列），然后在左侧安装通信适配器。对于 FX$_{3UC}$（D, DSS）系列、FX$_{2NC}$ 系列，通信适配器可以直接安装在基本单元的左侧。

二维码 2-1　FX 系列 RS-485 通信设备

3. 通信电缆的连接

RS-485 通信设备之间连接时，使用带屏蔽功能的双绞线电缆。如型号为 SPEV(SB)-MPC-0.2×3P 的三菱 RS-485 通信电缆（3 对），也可用型号为 10BASE-T（3 类线以上）带屏蔽功能的网线。处理电线末端时，请捻成没有线须后再使用，请勿对电线的末端上锡。

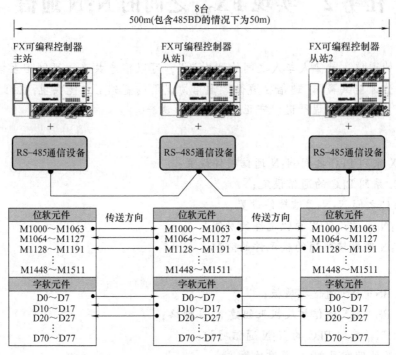

图 2-1 N:N 网络系统

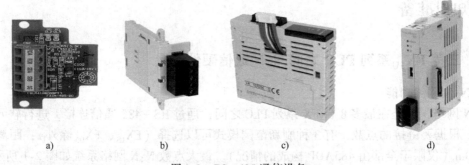

图 2-2 RS-485 通信设备

a) FN_{2N}-485-DB b) FX_{3U}-485-BD c) FX_{2N}-485ADP d) FX_{3U}-485ADP（-MB）

通信电缆的连接有两种方式。

使用一对接线方式连接时，在通信设备的 RDA-RDB 信号端间连接 110Ω 终端电阻。

使用二对接线方式连接时，在通信设备的 RDA-RDB 信号端间和 SDA-SDB 信号端间分别连接 330Ω 终端电阻。

图 2-3 是 N:N 网络一对接线方式接线图。FX_{3U}-485-DB、FX_{3U}-485ADP（-MB）中内置有终端电阻，可用终端电阻切换开关来设定相关参数。

二维码 2-2 N:N 通信硬件连接

采用 D 类接地，接地电阻在 100Ω 以下，接地线在 2mm² 以上。PLC 设备尽可能采用专用接地，允许共用接地，不允许共同接地（共接地线）。

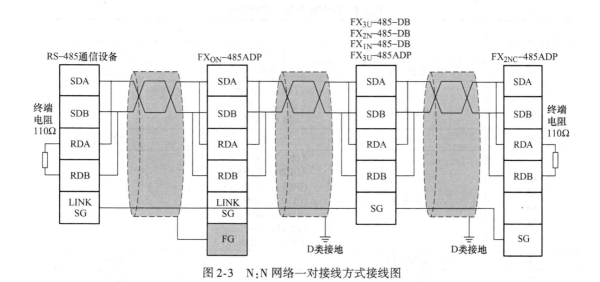

图 2-3 N:N 网络一对接线方式接线图

2.1.2 FX 系列 PLC 的通信设定

FX 系列 PLC 支持无协议的 RS-232 和 RS-485 专用通信协议两种通信方式。可通过编程软件 GX Works2，在"PLC 参数设置"对话框里进行通信设置；也可通过软件设置 D8120、D8121 两个通信参数来改变通信方式。使用通道 1 通信，需设置 D8120；使用通道 2 通信，需设置 D8420。

1. 用编程软件进行通信设定

打开 GX Works2 编程软件，执行"导航"→"工程"→"参数"命令，打开"PLC 参数设置"对话框，选择"PLC 系统设置（2）"选项卡，如图 1-26 所示。参数说明如下：

① "H/W 类型"：设置 RS-232 或 RS-485 通信方式，根据所用扩展通信模块进行相应选择；

② "和校验"：设置是否校验，选中此项表示校验，此项与驱动属性中"是否校验"项对应；

③ "传送控制步骤"：协议格式选择，此项与驱动属性中"协议类型"项对应；

④ "站号设置"：PLC 地址设置，与驱动属性中"设备地址"项对应。

2. 用通信参数进行通信设定

参数 D8121 用于设置 PLC 地址，D8120 用于设置 PLC 通信参数。D8120 字寄存器的 16 位的含义见表 2-1。

系统默认设置 D8120 = H0086，表示 9600、7、1、偶校验，无命令头和命令尾，整个命令不加校验和，无协议的通信方式。

选择 RS-485 专用通信协议时，建议设置成 9600、7、1、偶校验。此时 D8120 不同组合设置值见表 2-2。

二维码 2-3 FX 系列 PLC 的通信设定

表 2-1 D8120 字寄存器的含义

D8120 的位	说明	位状态	
		0 (OFF)	1 (ON)
b0	数据长度	7 位	8 位
b1 b2	校验 (b2 和 b1)	(00)：无校验 (01)：奇校验 (11)：偶校验	
b3	停止位	1 位	2 位
b4 b5 b6 b7	波特率	(0011)：300bit/s (0100)：600bit/s (0101)：1200bit/s (0110)：2400bit/s (0111)：4800bit/s (1000)：9600bit/s (1001)：19200bit/s	
b8	起始字符	无	D8124
b9	结束字符	无	D8125
b10 b11 b12	计算机链接	(000)：RS-485 (010)：RS-232	
b13	有无校验和	无校验和	有校验和
b14	协议（RS-232 或 RS-485）	无协议（RS-232）	专用协议（RS-485）
b15	传输控制协议	格式 1	格式 4

表 2-2 RS-485 通信协议时 D8120 的设置值

协议格式	是否加校验	D8120 设置值
协议 1	不加校验	H4086
	加校验	H6086
协议 4	不加校验	HC086
	加校验	HE086

若 RS-485 总线上挂有多个 PLC，则必须设置 D8121，系统默认的地址为 0。PLC 的地址设置可以用编程软件，或用通信参数 D8121 来设置。

注意：

1) 当在"PLC 参数"中进行通信设置并下载到 PLC 后，通过程序控制 D8120 可能会不起作用，此时一般以"PLC 参数"中设置的通信参数为准。如果用 D8120 和 D8121 进行设置，PLC 参数设置中"通信设置操作"不能勾选。

2) 设置后必须关掉 PLC 电源，再重新给 PLC 上电，以上设置才能生效。

3. 触摸屏与两台 PLC 通信的实例

用触摸屏监控两台 PLC 的输入和输出信号。PLC（0）实现 K1Y0 的 4 个输出指示灯每隔 1s 左移一位控制。PLC（4）实现 K1Y0 每隔 1s 加 1 操作，并输出十进制数到触摸屏上进行显示。

二维码 2-4 触摸屏与两台 PLC 通信的实例

（1）通信网络连接

触摸屏、PLC（0）和 PLC（4）之间通过 RS-485 专用通信协议通信，网络连接如

图 2-4 所示。

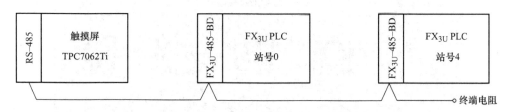

图 2-4　触摸屏与两台 PLC 之间 RS-485 通信网络

(2) 触摸屏组态设计

1) 设备组态，如图 2-5 所示。添加根目录"通用串口父设备 0--[通用串口父设备]"，添加子目录"设备 0--[三菱_FX 系列串口]"和"设备 1--[三菱_FX 系列串口]"。

① 设置通用串口父设备参数。串口端口号为"COM2"、通信波特率为"9600"、数据位为"7 位"、停止位为"1 位"、数据校验方式为"偶校验"。

② 设置设备 0—[三菱_FX 系列串口] 参数。设备地址为"0"，协议格式为"格式 1"、是否校验为"求检验"、PLC 类型为"FX_{2N}"。增加设备通道 X0000 ~ X0002，设置快速连接变量 X00 ~ X02；增加设备通道读写 Y0000 ~ Y0003，设置快速连接变量 Y00 ~ Y03。

③ 设置设备 1—[三菱_FX 系列串口] 参数。设备地址为"04H"，协议格式为"格式 1"、是否校验为"求检验"、PLC 类型为"FX_{2N}"，如图 2-6 所示。增加设备通道 X0000 ~ X0001，设置快速连接变量 X40 ~ X41；增加设备通道读写 Y0000 ~ Y0003，设置快速连接变量 Y40 ~ Y43；增加设备通道读写 DWUB0000，设置快速连接变量 D40。

为了避免混淆不同设备的相同地址，快速连接变量的名称不要重复。

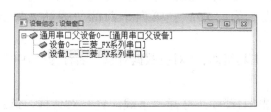

设备属性名	设备属性值
[内部属性]	设置设备内部属性
采集优化	1-优化
设备名称	设备1
设备注释	三菱_FX系列串口
初始工作状态	1 - 启动
最小采集周期(ms)	100
设备地址	04H
通信等待时间	200
快速采集次数	0
协议格式	0 - 协议1
是否校验	1 - 求校验
PLC类型	4 - FX_{2N}

图 2-5　设备组态图　　　　图 2-6　设备 PLC (4) 的串口参数设置

2) 用户窗口设计。新建窗口 0。在窗口 0 中，组态"RS-485 通信测试"界面，组态结果如图 2-7 所示。

界面组态过程如下。

① 组态 PLC (0) 的指示灯。执行"插入元件"→"指示灯 2"命令，标签为"Y3"。设置 Y3 指示灯属性：执行"动画连接"→"第一个三维圆球"→"可见度"→"连接表达式"命令，选择"Y03"，执行"当表达式非零时"→"对应图形符号可见"命令；执行"动画连接"→"第二个三维圆球"→"可见度"→"连接表达式"命令，选择"Y03"；执行"当表达式非零时"→"对应图形符号不可见"命令。其余指示灯设

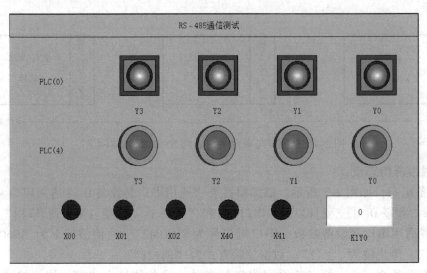

图 2-7 "RS-485 通信测试"界面

置为：Y2 指示灯"表达式"为"Y02"，Y1 指示灯"表达式"为"Y01"，Y0 指示灯"表达式"为"Y00"。

② 组态 PLC（4）的指示灯。执行"插入元件"→"指示灯3"命令，标签为"Y3"。设置 Y3 指示灯属性：执行"动画连接"→"第一个组合符号"→"可见度"→"连接表达式"命令，选择"Y43"；执行"当表达式非零时"→"对应图形符号不可见"命令；执行"第二个组合符号"→"可见度"→"连接表达式"命令，选择"Y43"，执行"当表达式非零时"→"对应图形符号可见"命令。其余指示灯设置为：Y2 指示灯"表达式"为"Y42"，Y1 指示灯"表达式"为"Y41"，Y0 指示灯"表达式"为"Y40"。

③ 组态输入指示。用工具箱"椭圆"工具绘制五个圆。执行"填充颜色"命令，"分段点0"对应棕色，"分段点1"对应绿色。第一个圆的"表达式"为"X00"，第二个圆的"表达式"为"X01"，第三个圆的"表达式"为"X02"，第四个圆的"表达式"为"X40"，第五个圆的"表达式"为"X41"。

④ 组态一个输入框。用工具箱"输入框"工具组态，"对应数据对象"名称为"D40"，标签为"K1Y0"。

3）确定组态设置正确，没有错误后，单击图标 ，打开"下载配置"对话框。选择"连机运行"，连接方式选择"USB 通信"，在"下载选项"栏目中勾选"清除配方数据""清除报警记录"和"清除历史数据"，单击"工程下载"按钮。

(3) PLC（0）程序设计

1）PLC 参数设置。

打开 GX Works2 编程软件，新建工程，命名为"任务2 站0"。在"FX 参数设置"对话框的"PLC 系统设置（2）"选项卡下，设置 PLC 参数如下：勾选"进行通信设置"，专用协议通信，数据长度为"7bit"，"奇偶校验"为"偶数"，停止位为"1bit"，传送速度为"9600bps"，H/W 类型为"RS485"，勾选"和校验"，传送控制步骤为"格式1"，站号设置为"00H"。

2) PLC 程序设计。

站号 0 的 PLC 程序设计如图 2-8 所示。

第 0 步，触点 X0 接通，置位 Y0~Y3，用于实现试灯功能；

第 6 步，用触点 X1 置位 M0，第 8 步，用触点 X2 复位 M0；

第 10 步，触点 X1 接通时，或者 Y3 断开时，Y0 为 ON，实现数据寄存器 K1Y0 赋初值和 Y3 到 Y0 的循环；第 19 步，启动后，每隔 1s 数据寄存器 K1Y0 左移一位。

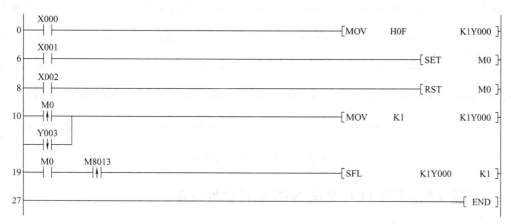

图 2-8 站号 0 的 PLC 程序

(4) PLC (4) 程序设计

1) PLC 参数设置。

打开 GX Works2 编程软件，新建工程，命名为"任务 2 站 4"。因为本站采用通信参数进行通信的设定，所以不用设置 PLC 参数。

2) PLC 程序设计。

站号 4 的 PLC 程序设计如图 2-9 所示。

① 第 0 步，通信参数寄存器 D8120 赋值 H6086，表示采用 RS-485 专用协议通信、数据长度 7bit、偶校验、停止位 1bit、传送速度"9600bit/s"、加校验、传送控制步骤为格式 1。通信地址寄存器 D8121 赋值 K4，表示设置站号为 04H。

② 第 11 步和 17 步，触点 X0 接通，数据寄存器 K1Y0 所有位置 1，用于实现试灯功能。

③ 第 24 步，触点 X1 接通后，数据寄存器 K1Y0 每秒加 1 操作。

④ 第 30 步，将数据 K1Y0 传送给 D0。

(5) 程序运行分析

[学生练习] 按以下步骤进行触摸屏与两台 PLC 通信的调试，观察系统是否满足控制要求。

1) 0 号站 PLC 测试。接通触点 X0，观察触摸屏上 PLC (0) 对应的输出 Y0~Y3 是否全点亮。接通触点 X1，观察触摸屏的 Y0~Y3 是否每隔 1s 依次点亮。接通触点 X2，Y0~Y3 是否保持当前状态。观察触摸屏的 X00、X01 和 X02 点亮状态与外部输入 X0、X1 和 X2 接通状态是否一致。

2) 4 号站 PLC 测试。接通触点 X0，观察触摸屏 PLC (4) 对应的输出 Y0~Y3 是否全点亮，断开触点 X0 后，输出 Y0~Y3 全熄灭。接通触点 X1，观察触摸屏的 Y3~Y0 是否每隔 1s 依次加 1 来显示。观察触摸屏的输入框显示的十进制数与 Y3～Y0 显示的二进制数是否一致。观察触摸屏的 X40 和 X41 点亮状态与外部输入 X0 和 X1 接通状态是否一致。

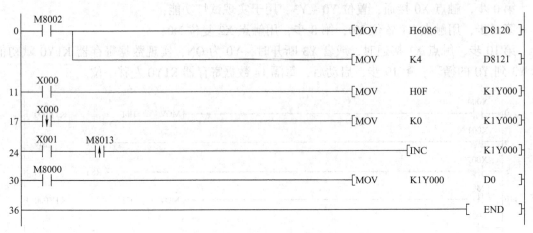

图 2-9 站号 4 的 PLC 程序

2.1.3 三菱 FX$_{3U}$ 系列 PLC 之间 N:N 通信软件设置

1. N:N 网络相关软元件

(1) N:N 网络设定用的软元件

使用 N:N 网络时，必须设定下列软元件，见表 2-3。

表 2-3 N:N 网络设定用的软元件

软元件	名称	内容	设定值
M8038	参数设定	通信参数设定的标识位。 也可作为有无 N:N 网络程序确认用的标识位。 在主程序中请勿置 ON	
M8179	通道设定	设定所使用的通信口通道，使用 FX$_{3U}$、FX$_{3UC}$ 时请在主控程序中设定。 无程序：用于通道 1；有 OUT M8179 的程序：用于通道 2[①]	
D8176	相应站号的设定	N:N 网络设定使用时的站号。 主站设定为 0，从站设定为 1～7，初始值：0	0～7
D8177	从站总数设定	设定从站站数。 从站中不需设定，初始值：7	1～7
D8178	刷新范围的设定	选择要相互进行通信的软元件点数的范围。 从站中不需设定，初始值：0。 当混合 FX$_{ON}$、FX$_{1S}$ 系列时，仅可以设定为模式 0	0～2
D8179	重试次数	重复指定次数的通信在没有响应的情况下，可以确认通信出错 从站中不需设定，初始值：3	0～10
D8180	监视时间	设定用于判断通信异常的时间（50～2550ms）。 以 10ms 为单位进行设定，从站中不需设定，初始值：5	5～255

① 如采用通道 2 进行通信，还必须在 M8038 后面输出一个 M8179。

（2）判断 N:N 网络出错的元件

用于判断 N:N 网络出错的软元件，FX_{1N}、FX_{2N}、FX_{3U}、FX_{1NC}、FX_{2NC}、FX_{3UC} 系列所使用的软元件见表 2-4，表中站号 1 用 M8184，站号 2 用 M8185，…，站号 7 用 M8190。最好将链接出错信号输出到外部，并在主程序的互锁等环节中使用。FX_{1S}、FX_{0N} 系列 PLC 所使用的软件不同。

表 2-4　N:N 网络出错用的软元件

软元件	名　　称	内　　容
M8183	主站的数据传送序列出错	当主站中发生数据传送序列出错时置 ON
M8184~M8190	从站的数据传送序列出错	当各从站中发生数据传送序列出错时置 ON
M8191	正在执行数据传送序列	执行 N:N 网络时置 ON

（3）链接软元件

链接软元件是用于发送/接收各 PLC 之间信息的软元件。设定的站号和设定的刷新范围模式不同，使用的软元件编号及点数也不同，见表 2-5。

二维码 2-5　N:N 相关软元件

表 2-5　链接软元件的分配

站　号		模式 0		模式 1		模式 2	
		位软元件（M）	字软元件（D）	位软元件（M）	字软元件（D）	位软元件（M）	字软元件（D）
		0 点	各 4 点	各 32 点	各 4 点	各 64 点	各 8 点
主站	站号 0	—	D0~D3	M1000~M1031	D0~D3	M1000~M1063	D0~D7
从站	站号 1	—	D10~D13	M1064~M1095	D10~D13	M1064~M1127	D10~D17
	站号 2	—	D20~D23	M1128~M1159	D20~D23	M1128~M1191	D20~D27
	站号 3	—	D30~D33	M1192~M1223	D30~D33	M1192~M1255	D30~D37
	站号 4	—	D40~D43	M1256~M1287	D40~D43	M1256~M1319	D40~D47
	站号 5	—	D50~D53	M1320~M1351	D50~D53	M1320~M1383	D50~D57
	站号 6	—	D60~D63	M1384~M1415	D60~D63	M1384~M1447	D60~D67
	站号 7	—	D70~D73	M1448~M1479	D70~D73	M1448~M1511	D70~D77

2. 主站（站号 0）程序的编写

主站程序主要是设置 N:N 网络设定对应的软元件，如图 2-10 所示。第一行 M8038 是 N:N 网络标识位，D8176=0，设定本站为主站。第二行 D8177=1，设定 1 个从站。第三行 D8178=2，设定刷新范围模式 2。第四行 D8179=3，设定通信不成功时重试的次数为 3。第五行 D8180=5，设置异常判定时间 50ms，通信的时候超过设定时间可设置异常报警。

3. 从站（站号 1）程序的编写

从站程序如图 2-11 所示。从站中除了 D8176 元件必须编程外，如果采用通道 2 通信的话还必须在 M8038 后面输出一个 M8179。

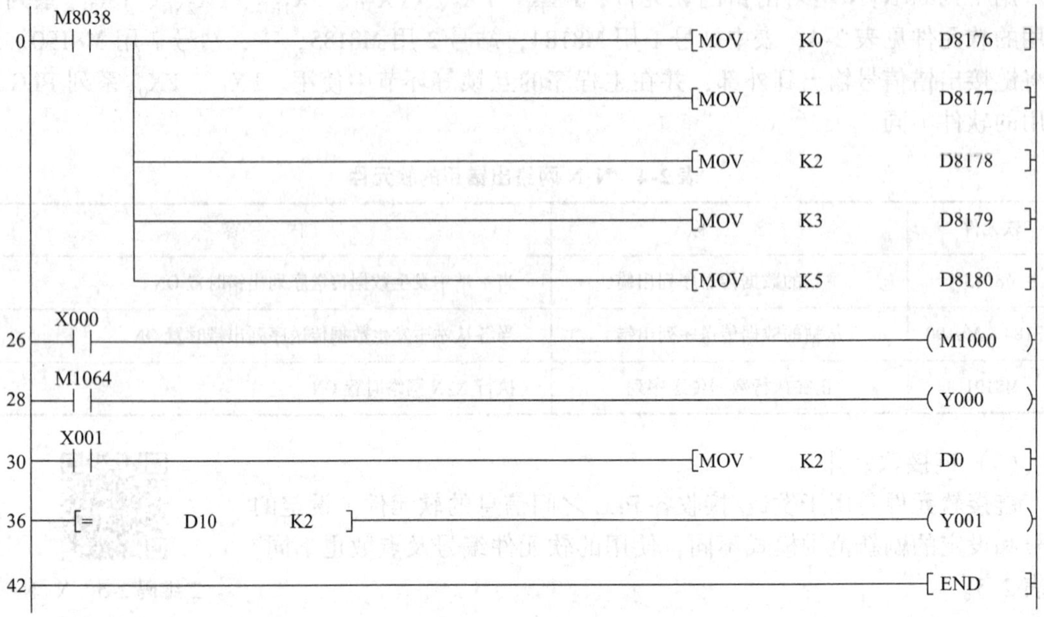

```
  M8038
0 ──┤├──────────────────────────────[MOV    K0    D8176]
     │
     ├──────────────────────────────[MOV    K1    D8177]
     │
     ├──────────────────────────────[MOV    K2    D8178]
     │
     ├──────────────────────────────[MOV    K3    D8179]
     │
     └──────────────────────────────[MOV    K5    D8180]

    X000
26 ──┤├──────────────────────────────────────────( M1000 )

    M1064
28 ──┤├──────────────────────────────────────────( Y000 )

    X001
30 ──┤├──────────────────────────[MOV    K2    D0]

36 ──[= D10  K2]─────────────────────────────────( Y001 )

42 ──────────────────────────────────────────────[ END ]
```

图 2-10 主站的 PLC 程序

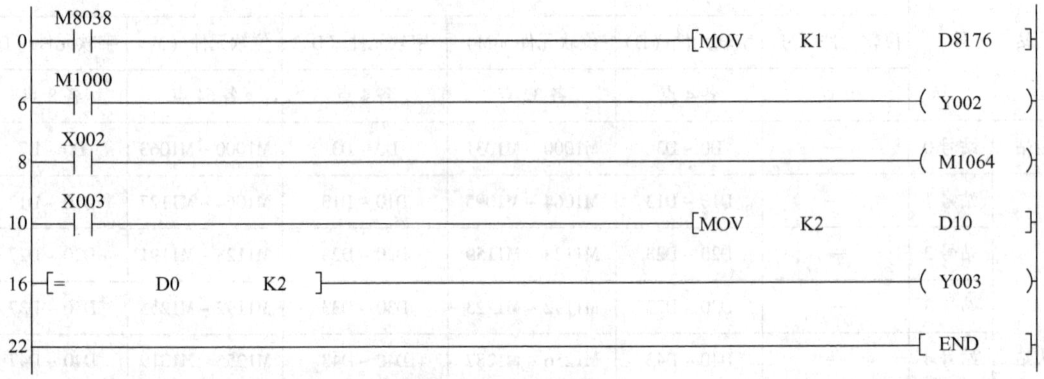

```
  M8038
0 ──┤├──────────────────────────────[MOV    K1    D8176]

    M1000
6 ──┤├──────────────────────────────────────────( Y002 )

    X002
8 ──┤├──────────────────────────────────────────( M1064 )

    X003
10 ──┤├──────────────────────────[MOV    K2    D10]

16 ──[= D0   K2]─────────────────────────────────( Y003 )

22 ──────────────────────────────────────────────[ END ]
```

图 2-11 从站的 PLC 程序

4. 程序运行分析

主站和从站的软元件参数设定好之后开机运行 PLC，查看通信扩展板的两个指示灯 RD 和 SD 有无闪烁，如果其中有一个不闪烁或者两个都不闪烁说明链接或者软元件参数设置有问题，需重新检查设置，如果都闪烁则通信成功。主站和从站运行后，操作相关的输入，主、从站的输出有如下几种情况：

① 操作主站时在 X0 输入 ON，则主站中 M1000 输出 ON，从站中 Y2 输出 ON。
② 操作主站时在 X1 输入 ON，则主站中传送数据 2 到 D0 中，从站中 Y3 输出 ON。
③ 操作从站时在 X2 输入 ON，则从站中 M1064 输出 ON，主站中 Y0 输出 ON。
④ 操作从站时在 X3 输入 ON，则从站中传送数据 2 到 D10 中，主站中 Y1 输出 ON。

2.2 任务实施：基于 N:N 通信的混料罐控制系统

1. 任务要求

（1）功能要求

某混料罐控制系统如图 2-12 所示。进料泵 1 由电动机 M1 驱动。进料泵 2 由电动机 M2 驱动。出料泵由电动机 M3 驱动。混料泵由电动机 M4 驱动。M1~M3 是 3kW 的三相异步电动机，M4 是 5.5kW 的双速电动机（需考虑过载）。SQ1、SQ2 和 SQ3 是液位传感器，当液体浸没时，传感器闭合，否则断开。

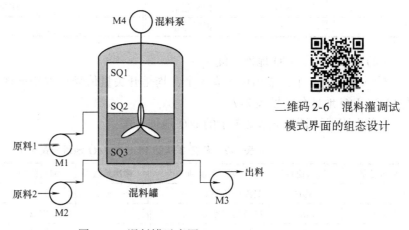

二维码 2-6　混料灌调试模式界面的组态设计

图 2-12　混料罐示意图

（2）控制要求

1）初始状态，混料罐是空的，电动机均停止，液位传感器 SQ1、SQ2、SQ3 均为 OFF。按下起动按钮 SB3，进料泵 M1 打开，液位增加。当 SQ2 检测到液体达到中液位时，进料泵 M1 关闭，进料泵 M2 打开，同时混料泵 M4 开始低速运行；当 SQ1 检测到液体达到高液位时，进料泵 M2 关闭，液位不再上升，同时混料泵 M4 开始高速运行；持续 5s 后，出料泵 M3 开始运行，液位开始下降；当 SQ2 检测到液体达到中液位时，混料泵 M4 停止；当 SQ3 检测到液体达到低液位时，出料泵 M3 停止。至此，混料罐完成一个周期的运行，自动进入下一周期。整个混料过程中，HL3 长亮。

2）按下停止按钮 SB4 后，如在混料过程中，HL3 闪烁。当前循环完成后，停止工作，回到初始状态，HL1 长亮。

3）当电动机 M4 过载时，HL2 闪烁，系统停止运行。解除报警后，系统需要重新起动。

4）液位传感器故障报警。当进料泵开起后，10s 内液位传感器 SQ2 不接通，则报警，此时 HL2 闪烁。报警解除后，系统接着运行。

5）当没有按下起动按钮时，任何一个液位传感器接通都不应该有执行机构动作。

6）用两台 PLC 来控制。主站用以连接主令信号和指示灯。从站通过接触器控制 4 台电动机，并采集现场检测信号。

二维码 2-7　混料罐控制系统的设计思路

2. 确定地址分配

（1）主站（0）I/O 地址分配

输入信号有 2 个，输出信号有 3 个，均是开关量信号，本任务选择 $FX_{3U}-32MT/ES-A$ 型 PLC。I/O 地址分配见表 2-6。

[学生练习] 请补充表 2-6 中的 I/O 地址分配。

表 2-6 任务 2 主站 PLC 的 I/O 地址分配表

输入地址	输入信号	功能说明	输出地址	输出信号	功能说明
	SB1	备用		HL1	停止灯
	SB2	备用		HL2	报警灯
	SB3	混料起动		HL3	混料灯
	SB4	混料停止			

（2）从站（1）I/O 地址分配

输入信号有 4 个，输出信号有 5 个，均是开关量信号，本任务选择 $FX_{3U}-32MR/ES-A$ 型 PLC。I/O 地址分配见表 2-7。

[学生练习] 请补充表 2-7 中的 I/O 地址分配。

表 2-7 任务 2 从站 PLC 的 I/O 地址分配表

输入地址	输入信号	功能说明	输出地址	输出信号	功能说明
	SQ1	高液位传感器		KM1	M1 进料泵正转
	SQ2	中液位传感器		KM2	M2 进料泵正转
	SQ3	低液位传感器		KM5	M3 出料泵正转
	FR1	热继电器常开保护触点		KM3	M4 低速接触器
				KM4	M4 高速接触器

（3）主、从站链接软元件

PLC 主站与从站链接软元件地址分配见表 2-8。

表 2-8 主、从站链接软元件地址分配表

主站 0 链接软元件	从站 1 链接软元件	功能说明
K2M1000		对应从站 1 输出地址 K2Y0
	K2M1070	对应从站 1 输入地址 K2X0

3. 硬件设计

（1）主电路设计

主电路如图 2-13 所示。三相总电源从前门配电箱的 X1-1 接线端子排引出，经 AC 220V 接触器 KM1 给进料泵 M1 供电，经 KM2 给进料泵 M2 供电，经 KM5 给出料泵 M3 供电。混料泵电动机用 KM3 主触点接通低速，用 KM4 的主触点和辅助触点接通高速。注意，高、低速切换时，双速电动机绕组需要换相序。L1 相电源还给两台 PLC 供电。动力线选用 $6mm^2$ 的多股铜导线（空载试验时可用 $2.5mm^2$），U、V、W 三相分别选用黄、绿、红色导线，N 线用浅蓝色，PE 线用黄绿色。

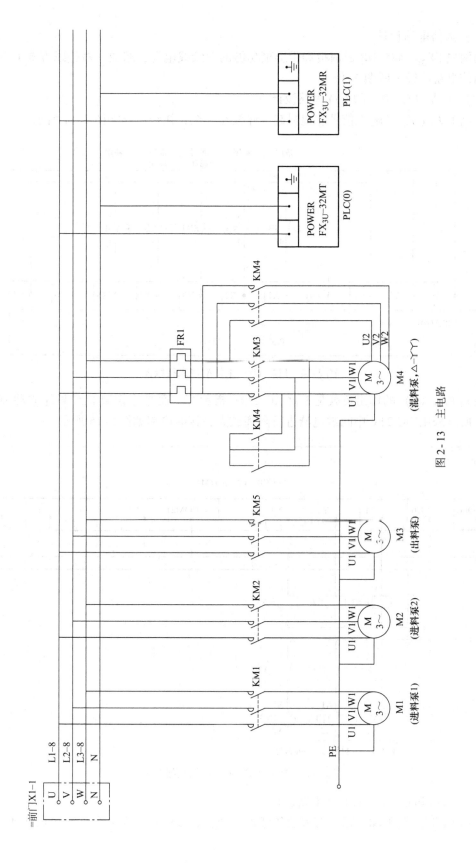

图2-13 主电路

（2）通信电路设计

用两块 FX_{3U}-485-DB 通信板和带屏蔽功能的双绞线电缆，组成一对接线方式的 N:N 网络，通信电路接线参照图 2-3。

（3）主站 PLC（0）的 I/O 电路设计

主站 PLC（0）的输入信号有混料起、停按钮 2 个，接线电路如图 2-14 所示。

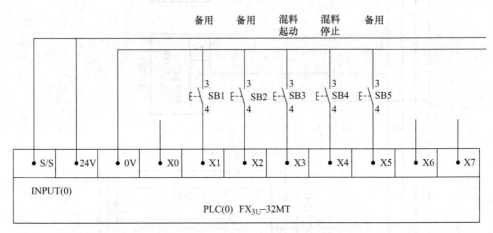

图 2-14 PLC（0）主站的输入接线图

主站 PLC（0）的输出负载是 3 盏 AC 220V 指示灯，而晶体管型 PLC 只能驱动 DC 24V 负载，所以采用 DC 24V 中间继电器进行隔离放大，接线电路如图 2-15 所示。

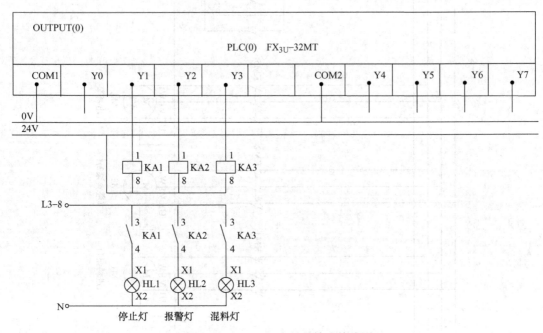

图 2-15 PLC（0）主站的输出接线图

（4）从站 PLC（1）的 I/O 电路设计

从站 PLC（1）的输入信号有液位传感器 3 个，过载保护触点 1 个，接线电路如图 2-16

所示。液位传感器是三线 NPN 型,棕色线 1 接 24V,蓝色线 3 接 0V,黑色线 4 接 PLC 输入端,PLC 的 S/S 端接 24V。如果选择 PNP 型传感器,则 PLC 的 S/S 端要接 0V。

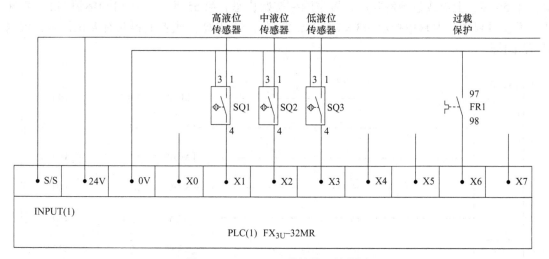

图 2-16　PLC（1）从站输入接线图

从站 PLC（1）的输出负载是 5 个 AC 220V 接触器。接触器型号为 CJX2-12,线圈吸合功率为 70VA、功率为 18~27W,可用于控制 5.5kW 的三相电动机。而继电器型 PLC 能直接驱动 AC 220V/80VA 感性负载,接线电路如图 2-17 所示。

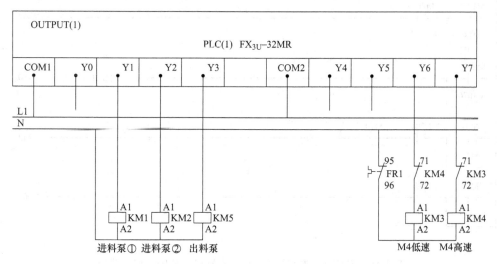

图 2-17　PLC（1）从站输出接线图

4. 软件设计

（1）主站程序设计

启动 GX Works2 软件,创建一个新工程。选择 PLC 类型为"FX_{3U}/FX_{3UC}",程序语言为"梯形图",设置工程名称为"任务 2 主站控制程序"。

主站 PLC（0）程序如图 2-18、图 2-19 所示。图 2-18 是通信参数设定和公共程序部分。第 0 步,N:N 网络通信功能设定,设定主站、从站数量、刷新范围模式、重试次数和监视时间。第 26 步，上电或过载时，复位顺控标识以及从站和主站的输出。第 43 步，停止状态，指示灯 Y1 点亮。第 46 步，过载（M1076）或传感器故障（M18）时，报警灯 Y2 闪烁。第 50 步，上电或过载解除后，置位顺控初始状态。第 55 步，系统启动标识 M2。第 60 步，系统混料中，混料中指示 M3 = ON 时，混料灯 Y3 点亮；或者混料时有停止信号，混料灯 Y3 闪烁。

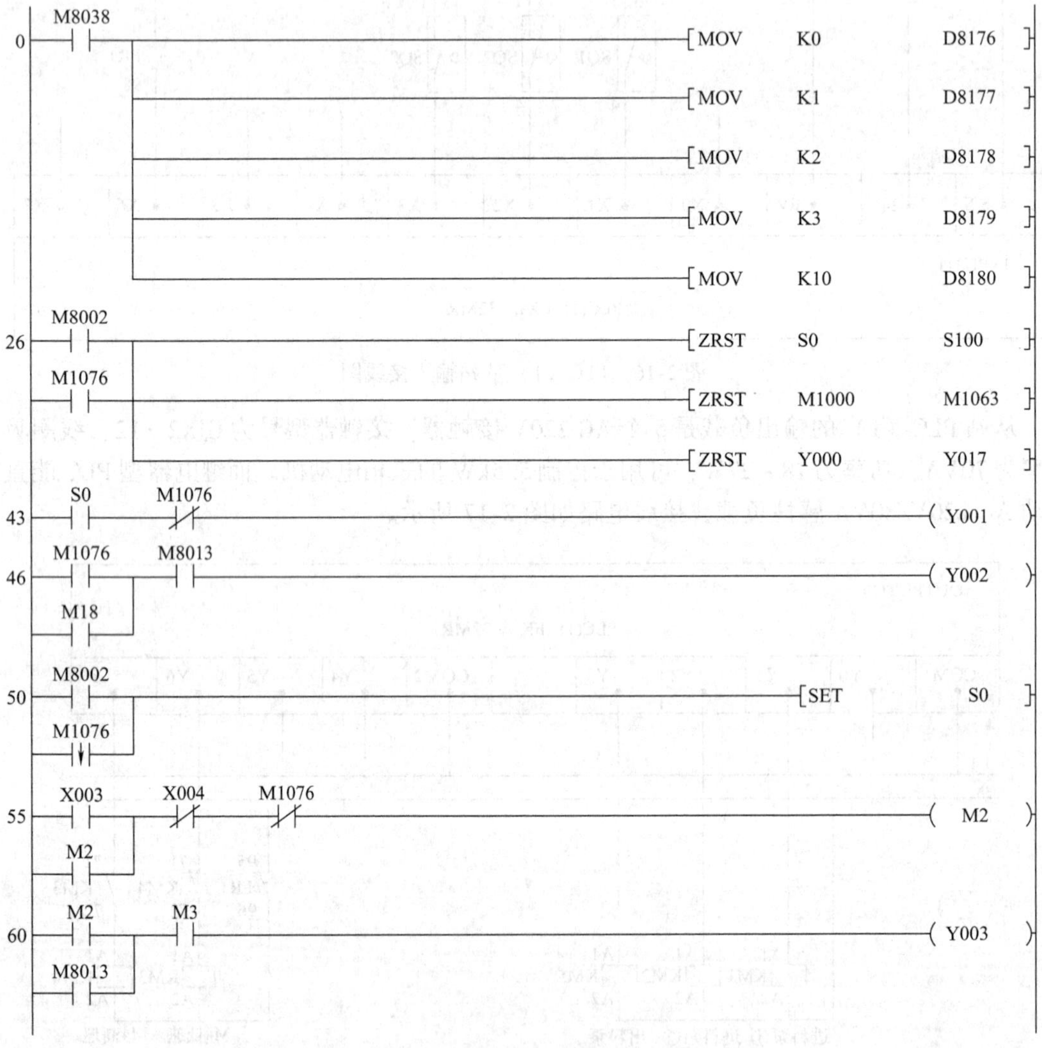

图 2-18 PLC(0) 主站程序：通信参数设定和公共程序部分

图 2-19 是混料顺控动作程序部分。第 64 步开始，在顺控初始状态步 S0，复位混料中标识 M3。第 66 步开始，有系统起动信号 M2，运行进料 1 状态步 S11，起动进料泵 1（M1001），置位混料中标识 M3，同时判断传感器 SQ2（M1072）是否有故障。第 81 步开始，中液位（M1072），运行进料 2 及低速混料状态步 S12，起动进料泵 2（M1002）和置位混料泵低速运行（M1006）。第 87 步开始，高液位（M1071），运行高速混料状态步 S13，置位混料泵为高速运行（M1007），并定时 5s。第 95 步开始，定时时间 T13 到，运行出料状态

步 S14，起动出料泵（M1003），液位下降到中液位（M1072）时，停止混料泵；液位继续下降到低液位（M1073），返回初始步状态 S0。第 108 步，结束顺控流程。

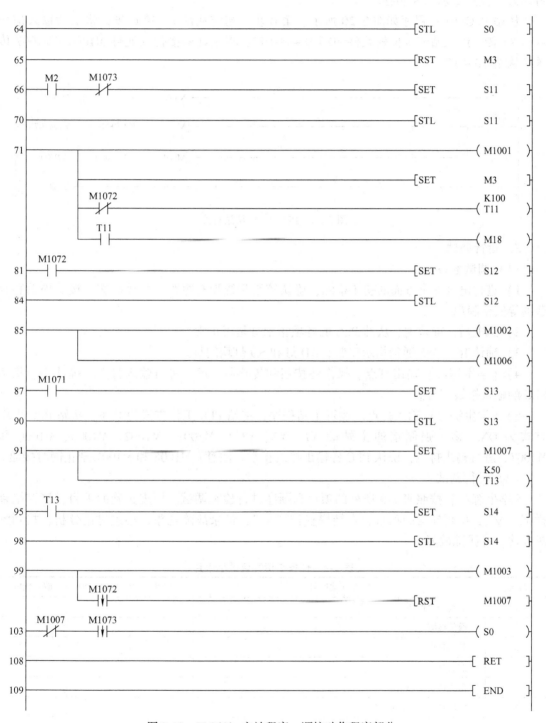

图 2-19　PLC(0) 主站程序：顺控动作程序部分

(2) 从站程序设计

创建一个新工程。选择PLC类型为"FX₃U/FX₃UC",程序语言为"梯形图",设置工程名称为"任务2 从站控制程序"。

从站PLC（1）程序如图2-20所示。第0步,指定从站1。第6步,将从站输入信号X0~X7传送给从站链接位软元件M1070~M1077,将主站链接位软元件M1000~M1007传送给从站Y0~Y7。

图2-20 PLC（1）从站程序

5. 运行调试

（1）调试准备工作

1）进行电气安全方面的初步检测,确认控制系统没有短路、导线裸露、接头松动和有杂物等安全隐患。

2）送电后,确认主、从站PLC的各项指示灯是否正常。

3）确认RS-485通信指示正常,RD灯和SD灯均闪烁。

4）[学生练习] 输出打点。操作各按钮和传感器,逐一进行输入打点,确认主、从站PLC的输入接线正常。

5）[学生练习] 输入打点。运行主站程序,主站PLC工作方式为OFF,从站PLC工作方式为ON。逐一强制接通主站的Y1、Y2、Y3和M1001、M1002、M1003、M1006和M1007,进行输出打点,确认PLC各输出接线正常。注意:M1006和M1007禁止同时接通。

（2）运行调试

[学生练习] 按照表2-9所列的项目和顺序进行检查调试。检查正确的项目,请在结果栏记"√";出现异常的项目,在结果栏记"×",记录故障现象,小组讨论分析,找到解决办法,并排除故障。

表2-9 任务2运行调试小卡片

序号	检查调试项目	结果	故障现象	解决措施
1	电气安全检测			
2	通信检测			
3	输入打点			
4	输出打点			
5	系统初始状态指示			
6	操作主站起动按钮SB3			
7	模拟液位上升和下降过程,并观察是否能循环混料			
8	操作主站停止按钮SB4			

(续)

序号	检查调试项目	结果	故障现象	解决措施
9	再次模拟液位上升和下降过程，并观察是否能循环混料			
10	进料泵1起动后，模拟传感器损坏故障（10s内液位传感器SQ2不动作），观察报警情况。故障消失后，能否继续运行			
11	模拟电动机过载故障，观察报警情况。观察故障消失后，能否继续运行			

1）系统初始状态，主站Y1灯亮，停止灯HL1亮。

2）操作主站起动按钮SB3后，主站Y3灯亮，混料灯HL3亮；从站Y1灯亮，进料泵M1正转运行。触动中液位传感器SQ2，从站Y2灯和Y6灯亮，进料泵M2正转运行，混料泵M4低速运行。触动高液位传感器SQ1，从站Y7灯亮，混料泵M4高速运行5s。5s后，从站Y3灯和Y7灯亮，出料泵M3正转运行，混料泵M4高速运行。中液位传感器SQ2断开后，从站Y7灯熄灭，Y3灯保持亮，出料泵M3保持正转运行。低液位传感器SQ3断开后，从站Y3灯熄灭，出料泵M3停止运行，从站Y1灯亮，进料泵M1正转运行。进入下一循环混料阶段。

3）操作主站起动按钮SB3后，起动进料泵M1。不触动中液位传感器SQ2，10s后主站Y2灯闪烁，报警灯HL2闪烁。触动中液位传感器SQ2后，报警消失，混料过程继续。

4）混料过程中，操作主站停止按钮SB4后，主站Y3灯和混料灯HL3闪烁。本次混料过程结束后，所有电动机均停止运行，混料灯HL3熄灭，停止灯HL1亮。

5）混料过程中，按下热继电器FR1的测试按钮，模拟混料泵M4过载。所有电动机停止运行，运行指示灯HL3熄灭，报警灯HL2闪烁。故障解除后，报警消失，停止灯HL1亮。可重新操作主站起动按钮SB3，进行混料。

任务 3　实现 Q00U 与 FX$_{3U}$ 之间的 CC‑Link 通信

CC‑Link 通信，是一种高速、大容量、长距离、可扩展的数据传送的现场网络，一旦设定好了"主站"，整个网络就有了"CPU"，实现主站、本地站、远程站和智能设备之间的数据共享。我们作为个人"站点"，可以努力学习，做好自己的本职工作，为整个社会的发展增砖添瓦！

知识目标：
- 了解 CC‑Link 通信的基本特点；
- 熟悉主站 CC‑Link 接口模块；
- 熟悉从站 CC‑Link 接口模块；
- 了解 FX$_{2N}$‑32CCL 缓冲存储器地址分配；
- 掌握 FROM/TO 控制指令；
- 了解通信模式的设置。

能力目标：
- 会安装和设置 CC‑Link 接口模块；
- 会连接 CC‑Link 远程设备站；
- 能实现 Q00U 与 FX$_{3U}$ 的 CC‑Link 通信；
- 会分析及调试 CC‑Link 通信程序。

3.1　知识准备

3.1.1　CC‑Link 通信概述

1. 工厂自动化网络构成

党的二十大报告提出，加快建设制造强国、……、网络强国、数字中国。截至 2022 年 10 月，我国有以宝钢、宁德时代、三一重工、海尔、美的等代表的"灯塔工厂"42 家，而工业互联网是灯塔工厂广泛采用的第四次工业革命新技术之一。

工厂自动化网络结构如图 3-1 所示，它主要包括现场设备层、车间监控层和工厂管理层 3 个层次的内容。

1）现场设备层。主要功能是连接现场设备，例如分布式 I/O、传感器、驱动器、执行机构和开关设备等，完成现场设备控制及设备间的联锁控制。一般来说，现场设备层的传输数据量较小，要求的响应时间为 10~100ms。主站（PLC、PC 或其他控制器）负责总线通信管理以及与子站的通信。总线上所有的生产工艺控制程序存储在主站中，并由主站执行。三菱的网络系统的现场设备层主要采用 CC‑Link（Control&Communication Link）通信总线来实现。

2）车间监控层。车间监控层又称为单元层，用来完成车间主要生产设备之间的连接，实现车间级设备的监控。车间级监控包括生产设备状态的在线监控、设备故障报警及维护等。通常还具有诸如生产统计、生产调度等车间级生产管理功能。车间级监控用 CC‑Link 或工业以太网将 PLC、PC 和 HMI 连接到一起。这一级对数据传输速率要求不高，要求的响

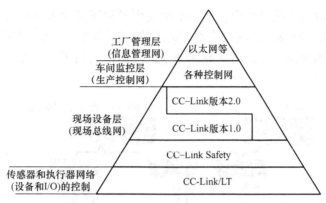

图 3-1 工厂自动化网络构成

应时间为 100ms ~ 1s,但是应能传送大量的信息。

3)工厂管理层。车间管理网作为工厂主网的一个子网,通过交换机、网桥或路由器等连接到厂区主干网,将车间数据集成到工厂管理层。管理层处理的是对于整个系统的运行有重要作用的高级别的任务。除了保存过程值以外,还包括优化和分析过程等功能。工厂管理层通常采用符合 IEEE 802.3 标准的以太网,即 TCP/IP 标准。

2. CC – Link 的特点

1)高速、大容量数据传送。CC – Link 具有业内最高的通信速度 10Mbit/s,是一种能够高速、大量传送 ON/OFF 信息等位数据和数值信息等字数据的 FA(Factory Automation)用的高性能现场网络。

2)轻松应对长距离扩展。CC – Link 的传送距离最大可达到 1.2km(156kbit/s 时),通过转发器、光转发器还能进一步延长传送距离。

几种常用现场总线的性能比较,见表 3-1。

表 3-1 几种现场总线的比较

现场总线名称	最大距离(通信速度)	最大数据长度	最大链接点数	实时扫描
CC – Link	1200m(156kbit/s)	主站向从站发送数据:150Byte 从站向主站发送数据:34Byte	2048 个 I/O 512Word	4ms(2048 个 I/O、10Mbit/s)
Profibus DP	1200m(9.6kbit/s)	32Byte	512 个 I/O	7ms(512 个 I/O、12Mbit/s)
DeviceNet	500m(125kbit/s)	8Byte	2048 个 I/O	7ms(63 个设备)
Modbus Plus	450m(38.4kbit/s)	无限制	无限制	无限制

3)通过控制器间通信实现分散控制。CC – Link 能够在控制器间(本地站、主站)进行 N:N 通信,实现不同控制系统的分散控制。

4)使用 CC – Link 可以实现高可靠性系统的构建。CC – Link 网络都具有 RAS 功能,即 Reliability(可靠性)、Availability(有效性)和适合性(Serviceability)。具体来说,就是以下几个功能。

① 备用主站。只要事先设定好备用主站(一般情况下为本地站),即使主站发生异常,本地站会代替行使主站的功能,继续维持数据链接,如图 3-2 所示。

二维码 3-1 CC – Link 的特点

② 子站隔离。数据链接过程中，某一子站发生异常而无法进行正常数据链接时，可将该问题子站隔离出去，继续进行其他正常子站间的数据链接，如图 3-3 所示。

③ 自动返回。因为发生异常而从数据链中被隔离出去的子站，在其正常恢复后，可以自动回到数据链接中。

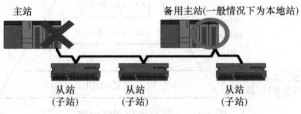

图 3-2 备用主站功能

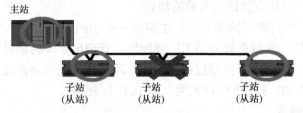

图 3-3 子站隔离功能

④ 诊断/链接状态检查。可以通过特殊继电器 SB、特殊寄存器 SW，在线监控 CC-Link 的数据链接状态。例如，SB006E——本站动作状态（OFF：链接执行中，ON：链接未执行）；SB0080——其他站数据链接状态（OFF：所有站正常，ON：出现异常站）。可以进行主站模块、本地站模块的"模块单独测试"，以及进行 CC-Link 电缆连接状态检查的"回路测试"。可以通过 GX works2 进行 CC-Link 诊断。例如，可以在线对本站/其他站进行监控、回路测试，或对 H/W 信息等进行监控、测试、设定。

3. CC-Link 的结构

CC-Link 系统可由主站、本地站、远程站和智能设备站这四种类型的站构成。图 3-4 是仅连接远程输入/输出（I/O）模块的系统，图 3-5 是连接了本地站模块、远程 I/O 站、远程设备站和智能设备站等的系统。

二维码 3-2 CC-Link 的结构

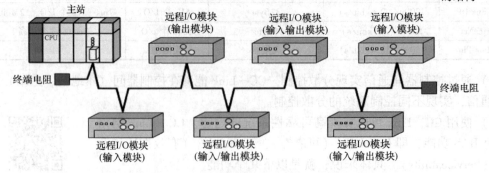

图 3-4 仅连接远程 I/O 模块的系统

1) 主站：是对数据链接系统进行管理、控制的站，带有网络控制信息（参数），1 个系统需要 1 个主站。

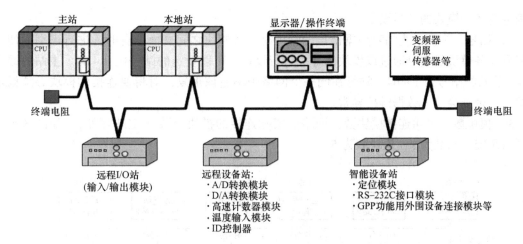

图 3-5　连接了本地站、远程 I/O 站、远程设备站和智能设备站等的系统

2）本地站：是带有 CPU，能够与主站或其他本地站进行通信的站；本地站的模块与主站相同，但站号设定以及参数设定与主站不同。

3）远程站：相当于输入/输出模块、特殊功能模块，是实际进行输入/输出的站。种类包括远程 I/O 站（处理位数据）和远程设备站（处理位数据、字数据）。

4）智能设备站：是可以进行循环传送、瞬时传送的站。在分类上，本地站也会被当作智能设备站处理。

本地站、远程 I/O 站、远程设备站、智能设备站统称为从站（子站）。1 个 CC-Link 系统必须有 1 个主站，最多 64 个从站。每个系统的远程输入点 RX 最多为 2048 点，远程输出点 RY 最多为 2048 点，远程读寄存器 RWr 最多为 256 个，远程写寄存器 RWw 最多为 256 个。每个从站 RX 最多为 32 点，RY 最多为 32 点，RWr 最多为 4 个，RWw 最多为 4 个。

4. CC-Link Ver1.1 与 CC-Link Ver2.0 的主要区别

CC-Link 两个版本的主要区别，见表 3-2。

表 3-2　CC-Link Ver1.1 与 CC-Link Ver2.0 的主要区别

项目		Ver2.0 规范	Ver1.1 规范	Ver2.0 相比于 Ver1.1
系统的最大链接点数（数据容量）		RX/RY：8192bit	RX/RY：2048bit	提升 4 倍
		RWw/RWr：2048word	RWw/RWr：256word	提升 8 倍
每个模块的最大链接点数	占用 1 个站时	RX/RY：32-128bit	RX/RY：32bit	提升 4 倍
		RWw/RWr：32word	RWw/RWr：4word	提升 8 倍
	占用 4 个站时	RX/RY：224-896bit	RX/RY：128bit	提升 7 倍
		RWw/RWr：32-128word	RWw/RWr：16word	提升 8 倍
每个模块可占用的站数		1~4		
扩展循环设置		1 倍，2 倍 4 倍，8 倍		

5. 占有站数、站号、模块数

1）占有站数，也叫站数。各从站处理的最大信息量所对应的站数。各从站必须占有与其处理的最大信息量相对应的站数，这叫作占有站数。不了解各个模块的占用站数，就无法正确进行各个模块的站号设定。

2）站号。为便于主站对数据链接的管理时和各模块之间交换信息时，进行识别而使用的编号。各模块的编号通过该模块的开关进行设定，可以设定的站号位 0～64。主站的站号为 0，从站的站号为 1～64。站号在同一个网络中不应该重复，对将要连接的模块必须设定预留站，否则会发生数据链接异常。

3）模块数。也叫连接模块数，网络中实际连接的模块个数（主站除外）。如图 3-6 所示网络系统，站数为 9，模块数为 5。

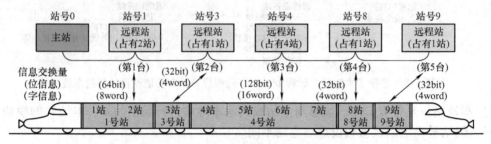

图 3-6　站数、站号和模块数的关系

3.1.2　CC‑Link 专用电缆

CC‑Link 三芯屏蔽双绞线电缆的外观如图 3-7 所示。成品外径 8.0mm 以下，导线截面积 0.5mm^2，载流量为 2A，最大电流为 2.3A。作为排扰线时有束线和多股线两种。

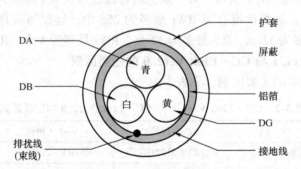

图 3-7　CC‑Link 三芯屏蔽双绞线电缆截面

CC‑Link 电缆通信速度和距离的关系，见表 3-3。

表 3-3　CC‑Link 电缆的长度

通信速度/bit/s	站间电缆长度/cm	电缆最大延长距离/m
156k		1200
625k		900
2.5M	20 以上	400
5M		160
10M		100

CC-Link 专用电缆的连接如图 3-8 所示。如使用 CC-Link 专用电缆，终端电阻为 110Ω（棕-棕-棕）；如使用 CC-Link 专用高性能电缆，终端电阻为 130Ω（棕-橙-棕）。

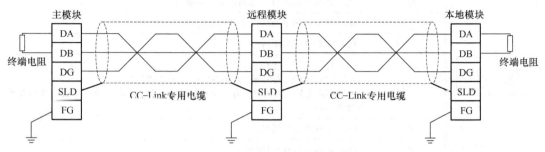

图 3-8　CC-Link 电缆的连接

3.1.3　CC-Link 模块介绍

1. 主模块 QJ61BT11

QJ61BT11 是用于控制和通信链接系统的主/本地模块，图 3-9 是主模块面板。该模块面板上的功能如下：

二维码 3-3　CC-Link 模块——主模块 QJ61BT11

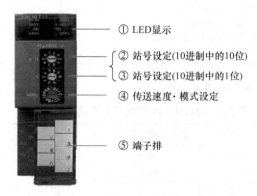

图 3-9　QJ61BT11 主模块面板

①LED 显示
②站号设定(10 进制中的 10 位)
③站号设定(10 进制中的 1 位)
④传送速度·模式设定
⑤端子排

1) LED 显示说明，见表 3-4。

表 3-4　QJ61BT11 模块 LED 指示灯显示说明

LED 显示	LED 名称	说明
	RUN	On：模块正常运行时； Off：警戒定时器出错时
QJ61BT11 RUN　L RUN MST　S MST SD　RD ERR.　L ERR.	ERR.	On：所有站有通信错误。 发生下列错误时也会亮起： ● 开关类型设置不对； ● 在同一条线上有一个以上的主站； ● 参数内容中有一个错误； ● 激活了数据链接监视定时器； ● 断开电缆连接，或者传送路径受到噪声影响； 如何检查错误来源可参见 Q 系列 CC-Link 网络系统用户参考手册第 13.4 节。 闪烁：某个站有通信错误

(续)

LED 显示	LED 名称	说明
QJ61BT11 RUN L RUN MST S MST SD RD ERR. L ERR.	MST	On：作为主站运行（数据链接控制期间）
	S MST	On：作为备用主站运行（备用期间）
	L RUN	On：正在进行数据链接
	L ERR.	On：通信错误（上位机）： • 以固定时间间隔闪烁，通电时改变开关②和③的设置。 • 以不固定的时间间隔闪烁，没有装终端电阻，模块和 CC‐Link 专用电缆受到噪声影响
	SD	On：正在进行数据发送
	RD	On：正在进行数据接收

2）站号设置的开关，见表 3-5。

表 3-5　QJ61BT11 模块站号设置的开关

站号设置的开关	设置模块站号	
站号	站号设置范围	
×10 ×1	主站　　　：0； 本地站　　：1 to 64； 备用主站　：1 to 64； 如果设置了 0~64 之外的数字，"ERR."LED 亮起	

3）传送速率/模式设置的开关，见表 3-6。

表 3-6　QJ61BT11 模块通信模式设置的开关

传送速率/模式设置的开关	编号	传送速率设置/bit/s	模式
模式	0	156k	在线
	1	625k	
	2	2.5M	
	3	5M	
	4	10M	
	5	156k	线路测试： 站号设置的开关为 0 时，进行线路测试 1； 站号设置的开关为 1~64 时，进行线路测试 2
	6	625k	
	7	2.5M	
	8	5M	
	9	10M	
	A	156k	硬件测试
	B	625k	
	C	2.5M	
	D	5M	
	E	10M	
	F	不允许设置	

4）端子排。NC 为常开点，DA 和 DB 端子之间接终端电阻，DG 和 FG 为接地端，SLD

接 CC-Link 专用电缆的屏蔽线。在模块内 SLD 和 FG 是接通的。

5）QJ61BT11 使用注意事项。在更换该模块时必须先将该单元的电源关闭，以防止烧坏模块。将模块插入基板时一定要对好插口后再轻轻插入，必须插紧，不得有松动现象，否则会造成端子插坏或接触不良等后果。更换新的模块后，要先设定站号和通信速率后，再接通电源，否则需要重新关闭电源后再开启。

2. 接口模块 FX_{2N}-32CCL

FX_{2N}-32CCL 是 CC-Link 接口模块，可将 FX PLC 作为 CC-Link 的远程设备站连接。FX_{2N}-32CCL 尺寸为 43mm × 90mm × 87mm，其外观和面板如图 3-10 所示。其详细的介绍如下：

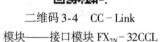

二维码 3-4　CC-Link 模块——接口模块 FX_{2N}-32CCL

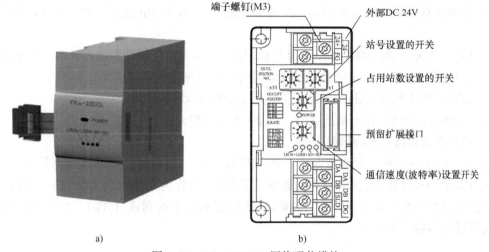

图 3-10　FX_{2N}-32CCL 网络通信模块
a) 外观及端盖正　b) 端盖内

1）LED 指示灯显示说明，见表 3-7。

表 3-7　FX_{2N}-32CCL 模块 LED 指示灯显示说明

LED 显示	LED 名称	说　明
○POWER LRUN LERR RD SD ○○○○	POWER	On：当 PLC 主单元供给 DC 5V 时
	L RUN	On：当通信正常时
	L ERR.	On：当发生通信故障时；当旋转开关设置不正确时，带电情况下改变旋转开关的设置会使该灯闪烁
	RD	On：当数据收到时
	SD	On：当数据发出时

2）FX_{2N}-32CCL 使用注意事项。将该模块连接到 CC-Link 网络时，必须进行站号和占用点数的设定。站号由 2 位旋转开关设定，可在 1~64 之间设定，超出此范围即出错。占用站数由 1 位旋转开关设定，在 0~3 之间设定；0 表示占用一个站。

3）波特率设置。通过旋转开关可设置 5 种波特率。0—156kbit/s，1—625kbit/s，2—2.5Mbit/s，3—5Mbit/s，4—10Mbit/s，编号 5 至 9 是错误的设置。

3. CC-Link 网络接线

如图 3-11 所示，使用屏蔽双绞线电缆将 FX_{2N}-32CCL 与 QJ61BT11N 连接起来。

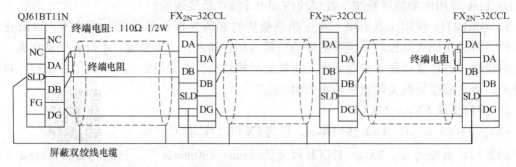

图 3-11 CC-Link 网络接线

1）用屏蔽双绞线电缆将各站的 DA 与 DA 端子，DB 与 DB 端子，DG 与 DG 端子进行连接。

2）FX_{2N}-32CCL 拥有两个 DA 和两个 DB 端子，其主要作用是方便连接下一个站点。

3）将每站的 SLD 端子与屏蔽双绞线电缆的屏蔽层相连。

4）各站点的连线可从任一站点进行连接，与站编号无关。

5）当 FX_{2N}-32CCL 作为最终站时，在 DA 和 DB 端子接上一个终端电阻。

4. 远程点数和远程寄存器数

在 CC-Link 网络中，远程点数由所选的站数（1~4）决定。每站远程点数为 32 个远程输入点和 32 个远程输出点。但是，最终站的高 16 点作为系统区由 CC-Link 系统专用。每站的远程寄存器数为 4 个远程写（RWw）寄存器和 4 个远程读（RWr）寄存器。远程点数和远程寄存器数见表 3-8。

表 3-8 远程点数和远程寄存器数列表

站数	类型	远程输入	远程输出	远程读寄存器	远程写寄存器
1	用户区	RX00~RX0F（16 个点）	RY00~RY0F（16 个点）	RWr0~RWr3（4 个点）	RWw0~RWw3（4 个点）
	系统区	RX10~RX1F（16 个点）	RY10~RY1F（16 个点）	—	—
2	用户区	RX00~RX2F（48 个点）	RY00~RY2F（48 个点）	RWr0~RWr7（8 个点）	RWw0~RWw7（8 个点）
	系统区	RX30~RX3F（16 个点）	RY30~RY3F（16 个点）	—	—
3	用户区	RX00~RX4F（80 个点）	RY00~RY4F（80 个点）	RWr0~RWrB（12 个点）	RWw0~RWwB（12 个点）
	系统区	RX50~RX5F（16 个点）	RY50~RY5F（16 个点）	—	—
4	用户区	RX00~RX6F（112 个点）	RY00~RY6F（112 个点）	RWr0~RWrF（16 个点）	RWw0~RWwF（16 个点）
	系统区	RX70~RX7F（16 个点）	RY70~RY7F（16 个点）	—	—

5. FX$_{2N}$-32CCL 的 BFM 分配

FX$_{2N}$-32CCL 接口模块通过内置缓冲存储器（BFM）在本地站与主站之间传送数据。BFM 由专用写 BFM 和专用读 BFM 组成，每种 BFM 分配的编号均为 0~31。

（1）专用读缓冲存储器 BFM

专用读缓冲存储器 BFM，用于本地站从缓冲区读取数据。其编号分配见表 3-9。

表 3-9 专用读缓冲存储器 BFM 的分配

BFM 编号	说 明	BFM 编号	说 明
#0	远程输出 RY00~RY0F（设定站）	#16	远程写寄存器 RWw8（设定站+2）
#1	远程输出 RY10~RY1F（设定站）	#17	远程写寄存器 RWw9（设定站+2）
#2	远程输出 RY20~RY2F（设定站+1）	#18	远程写寄存器 RWwA（设定站+2）
#2	远程输出 RY30~RY3F（设定站+1）	#19	远程写寄存器 RWwB（设定站+2）
#4	远程输出 RY40~RY4F（设定站+2）	#20	远程写寄存器 RWwC（设定站+3）
#5	远程输出 RY50~RY5F（设定站+2）	#21	远程写寄存器 RWwD（设定站+3）
#6	远程输出 RY60~RY6F（设定站+3）	#22	远程写寄存器 RWwE（设定站+3）
#7	远程输出 RY70~RY7F（设定站+3）	#23	远程写寄存器 RWwF（设定站+3）
#8	远程写寄存器 RWw0（设定站）	#24	波特率设定值
#9	远程写寄存器 RWw1（设定站）	#25	通信状态
#10	远程写寄存器 RWw2（设定站）	#26	CC-Link 模块代码
#11	远程写寄存器 RWw3（设定站）	#27	本站的编号
#12	远程写寄存器 RWw4（设定站+1）	#28	占用站数
#13	远程写寄存器 RWw5（设定站+1）	#29	出错代码
#14	远程写寄存器 RWw6（设定站+1）	#30	FX 系列模块代码（K7040）
#15	远程写寄存器 RWw7（设定站+1）	#31	保留

1）BFM#0~#7（远程输出 RY00~RY7F）。16 个远程输出点 RYn0~RYnF 被分配给由 16 位组成的每个缓冲存储器的 b0~b15 位。每位的 ON/OFF 状态信息表示主站模块写入 FX$_{2N}$-32CCL 的远程输出内容。FX-PLC 通过 FROM 指令将这些信息读入本地站 PLC。

2）BFM#8~#23（远程写寄存器 RWw0~RWwF）。为每个缓冲存储器 BFM#8~BFM#23 指向所分配编号为 RWw0~RWwF 的一个远程寄存器。缓冲存储器里存放的信息是主站模块写入 FX$_{2N}$-32CCL 远程寄存器的内容。FX-PLC 通过 FROM 指令将这些信息读入 PLC 的字元件。

（2）专用写缓冲存储器 BFM

专用写缓冲存储器 BFM，用于本地站向缓冲区写入数据。其编号分配见表 3-10。

表 3-10 专用写缓冲存储器 BFM 的分配

BFM 编号	说　　明	BFM 编号	说　　明
#0	远程输入 RX00～RX0F（设定站）	#16	远程读寄存器 RWr8（设定站 +2）
#1	远程输入 RX10～RX1F（设定站）	#17	远程读寄存器 RWr9（设定站 +2）
#2	远程输入 RX20～RX2F（设定站 +1）	#18	远程读寄存器 RWrA（设定站 +2）
#2	远程输入 RX30～RX3F（设定站 +1）	#19	远程读寄存器 RWrB（设定站 +2）
#4	远程输入 RX40～RX4F（设定站 +2）	#20	远程读寄存器 RWrC（设定站 +3）
#5	远程输入 RX50～RX5F（设定站 +2）	#21	远程读寄存器 RWrD（设定站 +3）
#6	远程输入 RX60～RX6F（设定站 +3）	#22	远程读寄存器 RWrE（设定站 +3）
#7	远程输入 RX70～RX7F（设定站 +3）	#23	远程读寄存器 RWrF（设定站 +3）
#8	远程读寄存器 RWr0（设定站）	#24	未定义（禁止写）
#9	远程读寄存器 RWr1（设定站）	#25	未定义（禁止写）
#10	远程读寄存器 RWr2（设定站）	#26	未定义（禁止写）
#11	远程读寄存器 RWr3（设定站）	#27	未定义（禁止写）
#12	远程读寄存器 RWr4（设定站 +1）	#28	未定义（禁止写）
#13	远程读寄存器 RWr5（设定站 +1）	#29	未定义（禁止写）
#14	远程读寄存器 RWr6（设定站 +1）	#30	未定义（禁止写）
#15	远程读寄存器 RWr7（设定站 +1）	#31	保留

1）BFM#0～#7（远程输入 RX00～RX7F）。16 个远程输入点 RXn0～RXnF 被分配给由 16 位组成的每个缓冲存储器的 b0～b15 位。每位的 ON/OFF 状态信息由 FX-PLC 通过 TO 指令将 PLC 的信息写入远程输入。主站模块通过网络扫描获得 $FX_{2N}-32CCL$ 的远程输入内容。

2）BFM#8～#23（远程读寄存器 RWr0～RWrF）。为每个缓冲存储器 BFM#8～BFM#23 指向所分配编号为 RWr0 到 RWrF 的一个远程寄存器。这里缓冲存储器里存放的信息是 FX-PLC 通过 TO 指令将本地站 PLC 的字元件信息写入远程寄存器。主站模块通过网络扫描获得 $FX_{2N}-32CCL$ 有关远程寄存器的内容。

注意：专用读/写缓冲存储器，是相对于本地站而言的。而远程输入点/输出点和远程寄存器 RWr/RWw 是相对于主站而言的。

3.1.4 主站与从站之间的 CC-Link 通信

1. 与远程 I/O 站通信

开关或指示灯的 ON/OFF 状态使用远程输入 RX 和远程输出 RY 进行通信，如图 3-12 所示。远程 I/O 模块有螺丝式接线端子型 AJ65SBTB□-□，螺丝 2 段接线端子型 AJ65BTB□-□，弹簧夹子接线端子型 AJ65VBTS□-□，e-CON 型 AJ65VBTCE□-□，单触动式连接器型 AJ65SBTC□-□、AJ65VBTCU□-□等型号。

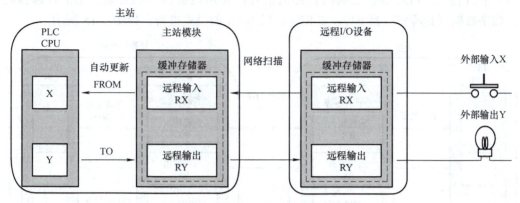

图 3-12 与远程 I/O 站通信

2. 与远程设备站通信

与远程设备站进行交换的信号（初始请求、发生出错标识等）使用远程输入 RX 和远程输出 RY 进行通信，方法与远程 I/O 站相同。到远程设备站的设定用的数据通过远程寄存器 RWw 和 RWr 进行通信。远程设备站有模拟量输入模块 AJ65SBT-64AD，模拟量输出模块 AJ65SBT-62DA，热电偶温度输入模块 AJ65BT-68TD，铂电阻 Pt100 温度模块 AJ65BT-64RD3 和 AJ65BT-64RD4，高速计数器模块 AJ65BT-D62、AJ65BT-D62D 和 AJ65BT-D62D-S1，FX 系列接口模块等。

与远程设备站的通信如图 3-13 所示。

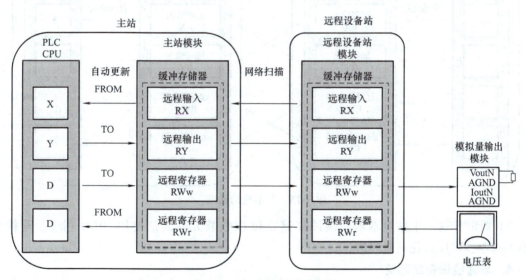

图 3-13 与远程设备站通信

远程设备站 PLC 通过 FX_{2N}-32CCL 模块接入 CC-Link 网络，进行通信，如图 3-14 所示。远程设备站 PLC 通过 TO 指令，把数据写入专用写缓冲存储器 BFM，然后传给主站；通过 FROM 指令，从专用读缓冲存储器 BFM 中读取主站传来的数据。

3. 与本地站通信

主站和本地站之间的通信使用两种类型的传送方法：循环传送和瞬时传送。

1)循环传送。PLC CPU 之间的数据通信可以使用位数据(远程输入 RX 和远程输出 RY)和字数据(远程寄存器 RWw 和 RWr)以 N:N 的模式进行,如图 3-15 所示。

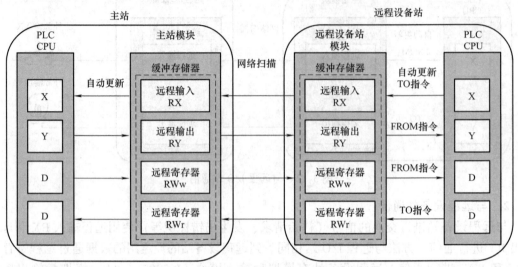

图 3-14 与远程设备站 PLC 通信

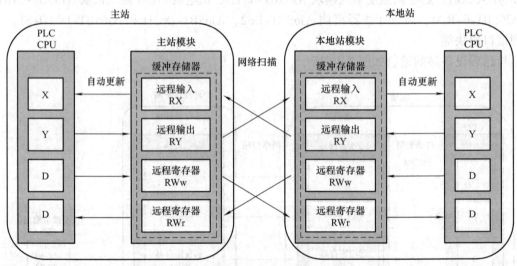

图 3-15 与本地站通信

2)瞬时传送。主站对本地站缓冲存储器和 CPU 软元件的读使用 RIRD 指令,写使用 RIWT 指令,可以以任何时序进行。

4. 与智能设备站通信

主站和智能设备站之间的通信使用两种类型的传送方法:循环传送和瞬时传送。

1)循环传送。与智能设备站进行交换的信号(定位开始和定位结束等)用远程输入 RX 和远程输出 RY 进行通信。数字数据(定位开始数和当前进给值等)用远程寄存器 RWw 和 RWr 进行通信。循环传送方式通信如图 3-16 所示。

2)瞬时传送。主站对智能设备站缓冲存储器的读(RIRD)或写(RIWT)可以以任何时序进行。

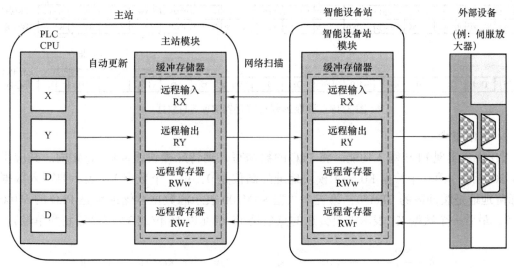

图 3-16 与智能设备站通信

3.1.5 FROM 和 TO 指令

1. FROM 指令

FROM 指令实现 BFM 读出功能,将特殊模块缓冲区 BFM 内容读到 PLC 中。其应用如图 3-17 所示。第一个数据 K0 表示特殊模块地址的高位是 0,第二个数据 K0 表示要读取的源数据首地址是缓冲区的 BFM#0,第三个数据 K4M0 表示数据存放的目标地址是 PLC 的 M0 ~ M15,最后一个数据 K1 表示需要传送的点数是 16 点(以 16 位或 32 位二进制为单位)。

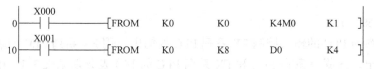

图 3-17 FROM 指令的应用

图 3-17 的第 0 行,当 X0 = 1 时,读取 0 号(第 1 个 K0)模块缓冲区地址#0(第 2 个 K0)的数据,并将其保存到 PLC 的内部继电器 M0 ~ M15 中。数据传送如图 3-18 所示。

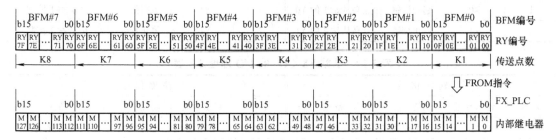

图 3-18 读取远程输出 RY 的数据

第 10 行,当 X1 = 1 时,读取 0 号(K0)模块缓冲区地址#8(K8)~ 地址 11 的#4(K4)个数据,并将其保存到 PLC 的寄存器 D0 ~ D3 中。数据传送如图 3-19 所示。

61

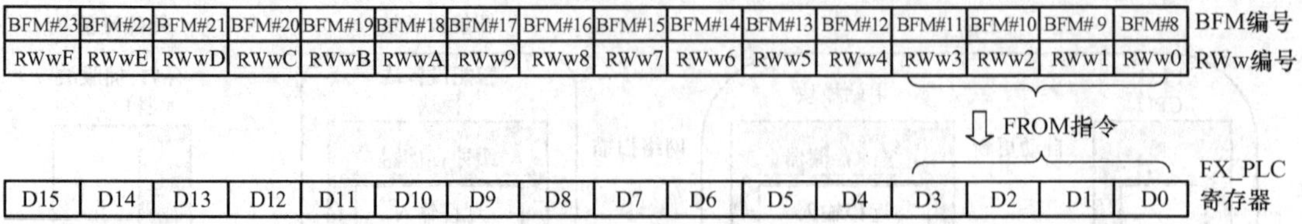

BFM#23	BFM#22	BFM#21	BFM#20	BFM#19	BFM#18	BFM#17	BFM#16	BFM#15	BFM#14	BFM#13	BFM#12	BFM#11	BFM#10	BFM#9	BFM#8	BFM编号
RWwF	RWwE	RWwD	RWwC	RWwB	RWwA	RWw9	RWw8	RWw7	RWw6	RWw5	RWw4	RWw3	RWw2	RWw1	RWw0	RWw编号

⇩ FROM指令

D15	D14	D13	D12	D11	D10	D9	D8	D7	D6	D5	D4	D3	D2	D1	D0	FX_PLC寄存器

图 3-19　读取远程写寄存器 RWw 的数据

2. TO 指令

TO 指令实现 BFM 写入功能。将 PLC 的数据写入到特殊模块缓冲区 BFM 内。其应用如图 3-20 所示。第一个数据 K0 表示模块地址的高位是 0，第二个数据 K0 表示要写入数据的目标首地址是缓冲区的 BFM#0，第三个数据 K4M100 表示源数据存储地址是 PLC 的 M100 ~ M115，最后一个数据 K1 表示需要传送的点数是 16 点（以 16 位或 32 位二进制为单位）。

图 3-20　TO 指令的应用

第 20 行，当 X2 = 1 时，把 PLC 的内部继电器 M100 ~ M115 中的源数据写入到 0 号（第 1 个 K0）模块、地址为 #0（第 2 个 K0）的缓冲区中。

第 30 行，在 X3 的上升沿，把 PLC 寄存器 D100-D101 中的源数据写入到第 8 个（K8）模块、地址为 #6（K6）和 #7 的缓冲区中。

二维码 3-5　FROM/TO 指令

3.1.6　主站与远程设备站通信实例

1. 任务要求

用三菱 Q 系列 PLC 的输入控制 FX 系列 PLC 的输出，用 FX 系列 PLC 的输入控制三菱 Q 系列 PLC 的输出。三菱 Q 系列 PLC 和 FX 系列 PLC 的 I/O 表分别见表 3-11 和表 3-12。

表 3-11　主站 Q00U CPU 的 I/O 地址分配表

输入信号				输出信号			
序号	输入地址	功能说明	备注	序号	输出地址	功能说明	备注
1	X0	起动控制	点亮从站 1 的 Y0	1	Y10	运行指示	由从站 1 控制
2	X1	停止控制	点亮从站 2 的 Y1	2	Y11	停止指示	由从站 2 控制

表 3-12　从站 FX CPU 的 I/O 地址分配表

输入信号				输出信号			
站号	输入地址	功能说明	备注	站号	输出地址	功能说明	备注
1#	X0	起动控制	点亮主站 Y10	1#	Y0	运行指示	由主站控制
2#	X1	停止控制	点亮主站 Y11	2#	Y1	停止指示	由主站控制

2. 系统设置

1）系统配置。系统配置如图 3-21 所示。主站 CPU 为 Q00U，输入模块 QX40（DC 24V，

16点），输出模块 QY10（DC 24V/AC 240V，触点式输出），主模块 QJ61BT11N。1#远程设备站，占用 1 个站，PLC 为 FX_{3U}-32MT，接口模块为 FX_{2N}-32CCL。2#远程设备站，占用 1 个站，PLC 为 FX_{3U}-32MR，接口模块为 FX_{2N}-32CCL。

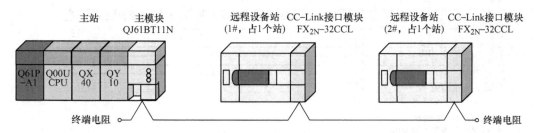

图 3-21　系统配置图

2）主站设定。使用站号设置开关，将主站设置为 00。使用传送速率/模式设置开关，设置为 2（2.5Mbit/s）。

3）远程设备站设定（1#站）。站号设定为 1。占用站数设置为 0。传输速度设定为 2（2.5Mbit/s）。

4）远程设备站设定（2#站）。站号设定为 2。占用站数设置为 0。传输速度设定为 2（2.5Mbit/s）。

3. 组态 Q00U CPU

1）单击打开三菱 PLC 编程软件 GX Works2，选择新建工程，如图 3-22 所示。PLC 选择 Q00U，其余选择如图 3-22 所示，单击"确定"按钮进入编程界面。

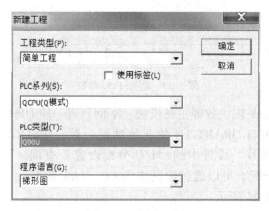

图 3-22　新建工程

2）组态 PLC 参数。执行"工程"→"参数"→"PLC 参数"命令，双击打开"Q 参数设置"对话框。单击"I/O 分配设置"选项卡。单击"类型"，然后在"输入"的"起始 XY"栏目下写入"0000"；在"输出"的"起始 XY"栏目下写入"0010"，在"智能"的"起始 XY"栏目下写入"0020"，如图 3-23 所示。单击"检查"按钮确认无误后，单击"设置结束"。

3）组态网络参数。执行"工程"→"参数"→"网络参数"→"CC-Link"命令，双击打开网络参数 CC-Link 设置对话框。组态网络参数里的数值，如图 3-24 所示。参数设置说明如下。

二维码 3-6　组态 Q00U CPU

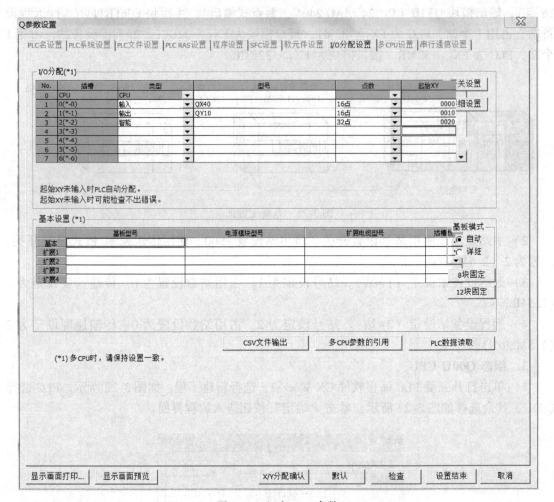

图 3-23 组态 PLC 参数

- 模块块数：CC-Link 模块数即主站模块。本例只有一块 QJ61BT11N，所以选 1 块。
- 起始 I/O 号：必须与 QJ61BT11N 的起始地址一致，QJ61BT11N 的地址可以通过"PLC 参数"设置中的"I/O 分配设置"查询。要是没有设置，系统会自动分配。可以通过诊断中的 CC-Link 诊断，查看系统分配的地址，如图 3-25 所示。

二维码 3-7　CC-Link 诊断

- 类型：主站。
- 模式设置：可选远程网络（Ver.1 模式）、远程网络（Ver.2 模式）和远程 I/O 网络模式等。本例选远程网络（Ver.1 模式）。
- 总连接台数：除了主站外，CC-Link 连接的站数。本例有两个远程设备站，设置为 2。
- 远程输入（RX）/远程输出（RY）：每个站都必须占用 32 点 X 软元件、32 点 Y 软元件、4 点 D 软元件。本例中，RX 设置为 M0，RY 设置为 M112。也可设置为其他值。注意，不能与其他站的起始地址重复。

远程读寄存器 RWr：本例设置为 D100。

远程写寄存器 RWw：本例设置为 D200。

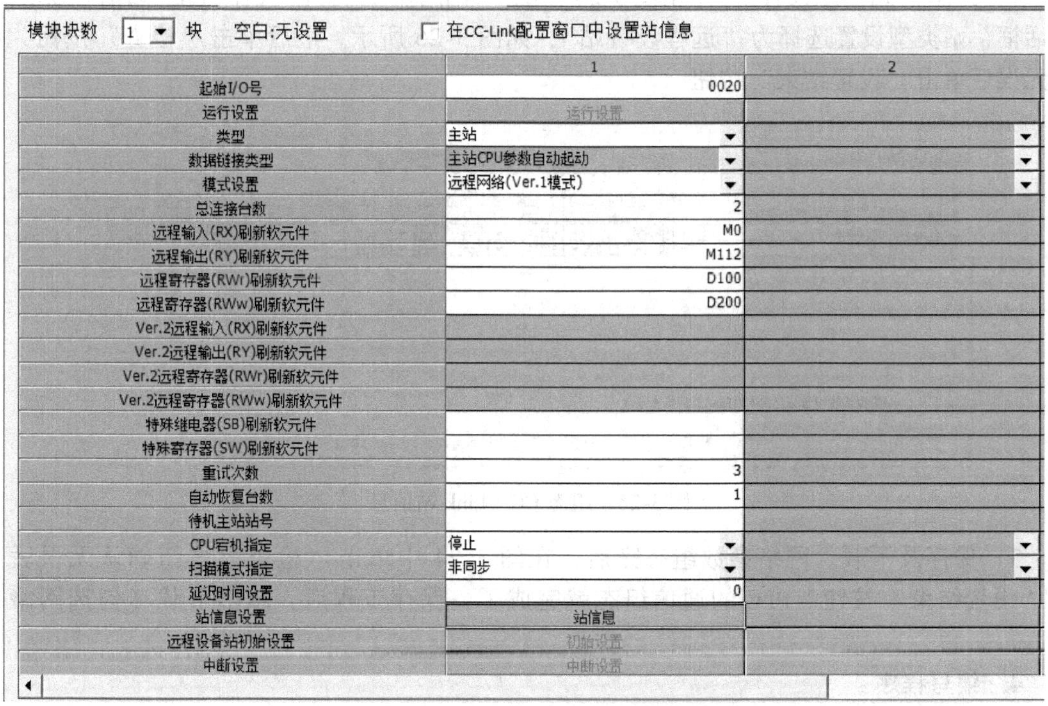

模块块数	1 ▼ 块	空白:无设置	☐ 在CC-Link配置窗口中设置站信息	
			1	2
起始I/O号			0020	
运行设置			运行设置	
类型			主站 ▼	▼
数据链接类型			主站CPU参数自动起动 ▼	▼
模式设置			远程网络(Ver.1模式) ▼	▼
总连接台数			2	
远程输入(RX)刷新软元件			M0	
远程输出(RY)刷新软元件			M112	
远程寄存器(RWr)刷新软元件			D100	
远程寄存器(RWw)刷新软元件			D200	
Ver.2远程输入(RX)刷新软元件				
Ver.2远程输出(RY)刷新软元件				
Ver.2远程寄存器(RWr)刷新软元件				
Ver.2远程寄存器(RWw)刷新软元件				
特殊继电器(SB)刷新软元件				
特殊寄存器(SW)刷新软元件				
重试次数			3	
自动恢复台数			1	
待机主站站号				
CPU宕机指定			停止 ▼	▼
扫描模式指定			非同步 ▼	▼
延迟时间设置			0	
站信息设置			站信息	
远程设备站初始设置			初始设置	
中断设置			中断设置	

图 3-24 组态 CC‑Link 网络参数

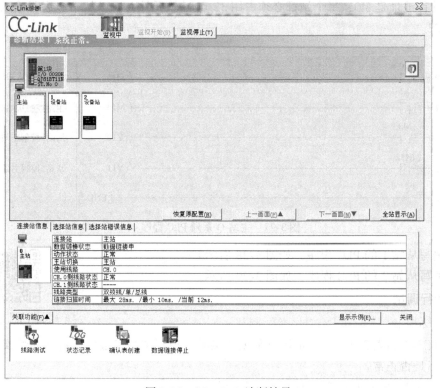

图 3-25 CC‑Link 诊断结果

65

4）组态"站信息设置"。单击图3-24中的"站信息",打开"CC-Link站信息模块1"对话框,站类型设置选择为"远程设备站",如图3-26所示。最后单击"检查"按钮,确认无误后单击"设置结束"按钮。

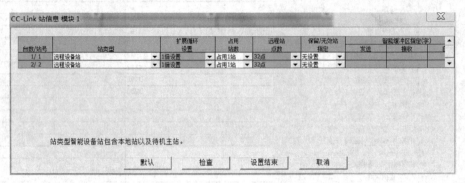

图3-26 组态CC-Link站信息

5）保存及下载。网络参数组态完后,在图3-24中单击"检查"按钮确认无误后单击"设置结束"按钮。PLC的通信组态就完成了,保存工程后,单击下载(勾选网络参数)。

4. 编写程序

1）编写主站Q系列PLC程序,如图3-27所示。从站1远程输出RY的首地址是M112,每个站都必须占用32点Y软元件,所以从站2远程输出RY的首地址是M144。从站1远程输入RX的首地址是M0,每个站都必须占用32点X软元件,所以从站2远程输入RX的首地址是M32。

图3-27 主站Q系列PLC程序

2）编写从站1的PLC程序,如图3-28所示。
3）编写从站2的PLC程序,如图3-29所示。

5. 运行调试

[学生练习]

二维码3-8 程序编写

对照表3-4和表3-7,当正常执行数据链接时,观察主站和远程设备站通信模块的LED灯显示状态是否正常。

按照表3-11和表3-12的功能要求,调试控制系统。

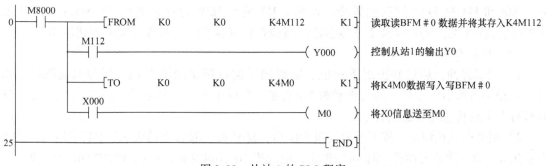

图 3-28 从站 1 的 PLC 程序

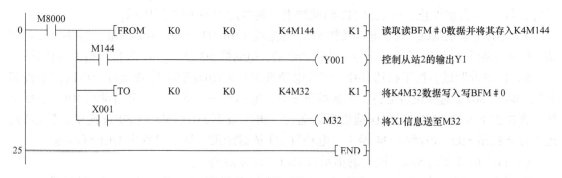

图 3-29 从站 2 的 PLC 程序

3.2 任务实施：灌装贴标系统调试模式

1. 任务要求

（1）功能要求

某灌装贴标系统是将液体产品装入固定容器中，并在容器外贴上标签，工艺示意图如图 3-30 所示。

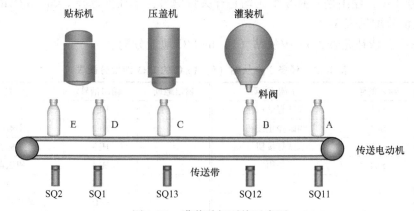

图 3-30 灌装贴标系统示意图

灌装机由电动机 M1 驱动，单相运行，过载保护。压盖机由双速电动机 M2 驱动。贴标机由电动机 M3 驱动，单相运行，过载保护。传送带由变频电动机 M4 驱动，三段速控制。

M1、M3 和 M4 是 3kW 的三相异步电动机，M2 是 5.5kW 的双速电动机。SQ11、SQ12 和 SQ13 是行程开关，SQ1 和 SQ2 是传感器。当检查到有容器时，行程开关或传感器闭合。

(2) 控制要求

1) 调试界面。通过触摸屏下拉框，随意选择需要调试的电动机，当前电动机指示灯亮。触摸屏有灌装电动机、压盖电动机高/低速、贴标电动机、传送带三段运行的指示，还有行程开关和传感器接通的指示。

2) 灌装电动机调试。按下起动按钮 SB1 后，延时 4s，灌装电动机 M1 才起动运行，按下停止按钮 SB2，灌装电动机延时 4s 后停止，电动机 M1 调试结束。调试过程中 HL1 灯闪烁。

3) 压盖电动机调试。按下起动按钮 SB1，压盖电动机 M2 低速运行，6s 后切换为高速运行，再 8s 后自动停止，电动机 M2 调试结束。调试过程中 HL2 灯闪烁。

4) 贴标电动机调试。按下起动按钮 SB1，贴标电动机 M3 起动，3s 后停止，2s 后又自动起动，按此周期反复运行，直到按下停止按钮 SB2 后，电动机 M3 停止。调试过程中 HL3 灯闪烁。

5) 传送带调试。按下按钮 SB1，变频电动机 M4 以 10Hz 速度正转爬行，再次按下按钮 SB1，M4 以 30Hz 速度正转运行，再次按下 SB1，电动机 M4 停止，2s 后自动以 10Hz 速度反转，再次按下 SB1，M4 以 30Hz 速度反转运行，再次按下 SB1，M4 以 50Hz 速度反转运行，按下停止按钮 SB2，电动机 M4 停止，电动机 M4 调试结束。调试过程中 HL4 灯闪烁。

6) 按下试灯按钮 SB3，所有的指示灯 HL1～HL4 点亮。

7) 用三台 PLC 来控制。主站（0）Q00U 连接触摸屏（HMI）。从站（1）FX_{3U}-32MR 采样主令信号，输出驱动灌装电动机、压盖电动机、贴标电动机和指示灯。从站（2）FX_{3U}-32MT 采集现场检测信号和驱动变频电动机。用 CC-Link 组网。

二维码 3-9　灌装贴标系统调试模式设计思路

2. 确定地址分配

(1) 主站（0）的 I/O 地址分配

主站选择 Q00U 系列 PLC，与 HMI 连接，无输入、输出信号。

(2) 从站（1）的 I/O 地址分配

输入信号 3 个，输出信号有 8 个，均是开关量信号，本任务选择 FX_{3U}-32MR/ES-A 型 PLC。I/O 地址分配见表 3-13。

[学生练习] 请补充表 3-13 中从站（1）的 I/O 地址分配。

表 3-13　任务 3 中从站（1）PLC 的 I/O 地址分配表

输入地址	输入信号	功能说明	输出地址	输出信号	功能说明
	SB1	调试起动按钮		HL1	灌装调试灯
	SB2	调试停止按钮		HL2	压盖调试灯
	SB3	试灯按钮		HL3	贴标调试灯
	SB4	备用		HL4	传送调试灯
				HL5	备用
				KM1	灌装电动机 M1 正转
				KM2	贴标电动机 M3 正转
				KM3	压盖电动机 M2 低速
				KM4	压盖电动机 M2 高速

(3) 从站（2）的 I/O 地址分配

输入信号有 5 个，输出信号有 5 个，均是开关量信号，本任务选择 FX_{3U}-32MT/ES-A 型 PLC。I/O 地址分配见表 3-14。

[学生练习] 请补充表 3-14 中从站（2）的 I/O 地址分配。

表 3-14 任务 3 中从站（2）PLC 的 I/O 地址分配表

输入地址	输入信号	功能说明	输出地址	输出信号	功能说明
	SQ1	D 点传感器		STF	变频电动机 M4 正转
	SQ2	E 点传感器		STR	变频电动机 M4 反转
	SQ11	A 点行程开关		RL	变频电动机 M4 低速
	SQ12	B 点行程开关		RM	变频电动机 M4 中速
	SQ13	C 点行程开关		RH	变频电动机 M4 高速
	SQ14	备用行程开关			

(4) CC-Link 通信远程点数分配

PLC 各从站 I/O 地址与远程点数对应关系见表 3-15。

[学生练习] 请补充表 3-15 的 I/O 地址分配。

表 3-15 任务 3 中各从站 I/O 地址与远程点数对应一览表

PLC（1）的 I/O 地址	元件符号	CC-Link 地址	PLC（2）的 I/O 地址	元件符号	CC-Link 地址
	SB1	X101		SQ1	X122
	SB2	X102		SQ2	X123
	SB3	X103		SQ3	X124
	SB4	X104		SQ11	X129
	HL1	Y101		SQ12	X12A
	HL2	Y102		SQ13	X12B
	HL3	Y103		SQ14	X12C
	HL4	Y104		STF	Y124
	KM1	Y108		STR	Y125
	KM2	Y109		RL	Y126
	KM3	Y10A		RM	Y127
	KM4	Y10B		RH	Y128

3. 硬件设计

(1) 主电路的设计

主电路如图 3-31 所示。三相总电源从前门配电箱的 X1-1 接线端子排引出，经 AC 220V 接触器 KM1 和热继电器 FR1 给灌装电动机 M1 供电，经接触器 KM2 给贴标电动机 M3 供电，给控制传送电动机 M4 的变频器 U5 供电。压盖电动机用接触器 KM3 的主触点的接通实现低速，用接触器 KM4 的主触点和辅助触点的接通实现高速。注意，高/低速切换时双速电动机绕组需换相序。

动力线选用 $6mm^2$ 的多股铜导线（空载试验时，可用 $2.5mm^2$），U、V、W 三相分别选用黄、绿、红色导线，N 线用浅蓝色线，PE 线用黄绿色线。

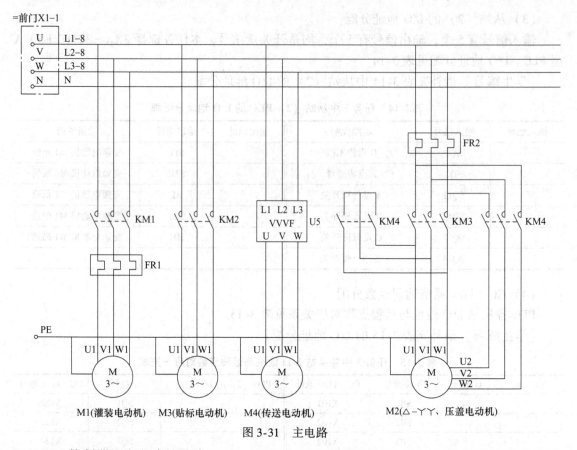

图 3-31 主电路

（2）控制器配电电路的设计

控制器配电电路如图 3-32 所示。后门配电箱 X1-1 接线端子排引出的 L1 相电源给主站 PLC（0）和从站 PLC（1）供电。前门配电箱 X1-1 接线端子排引出的 L1 相电源给从站 PLC（2）供电。

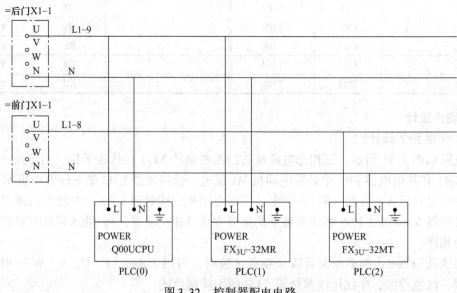

图 3-32 控制器配电电路

触摸屏的配电见图 1-4 的总电源配电图。

(3) 通信电路的设计

用带屏蔽功能的双绞线电缆将一块主模块 QJ61BT11N 和两块接口模块 $FX_{2N}-32CCL$ 连接起来,组成 CC-Link 网络,通信电路接线参照图 3-11。主模块电源由 Q35B 基板提供,接口模块电源 DC 24V 由各自的 PLC 提供。

(4) 主站 PLC (0) I/O 电路设计

主站 Q00U PLC 没有输入/输出信号,不用设计 I/O 电路。

(5) 从站 PLC (1) I/O 电路设计

1) 根据 I/O 地址分配表 3-13,从站 PLC (1) 有 3 个开关量输入信号。接线电路如图 3-33 所示。

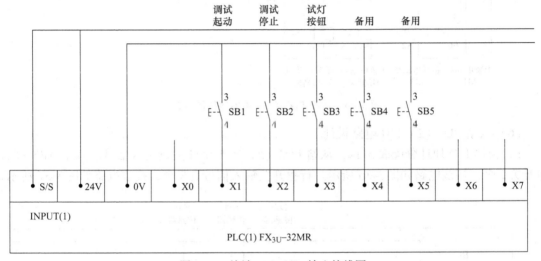

图 3-33 从站 PLC (1) 输入接线图

2) 从站 PLC (1) 输出信号有 8 个,其中驱动 AC 220V 指示灯 4 个,接线电路如图 3-34 所示。驱动 AC 220V 接触器的输出信号有 4 个,接线电路如图 3-35 所示。

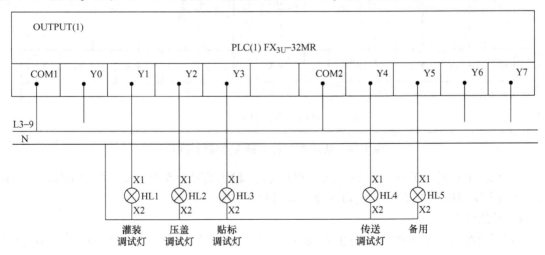

图 3-34 从站 PLC (1) 输出接线图 (1)

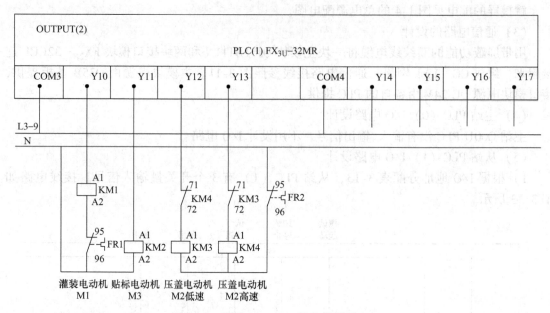

图 3-35 从站 PLC（1）输出接线图（2）

(6) 从站 PLC（2）I/O 电路设计

1) 根据 I/O 地址分配表 3-14，从站 PLC（2）有 5 个开关量输入信号。其中 NPN 型有源开关 2 个，接线电路如图 3-36 所示。行程开关输入信号有 3 个，接线电路如图 3-37 所示。

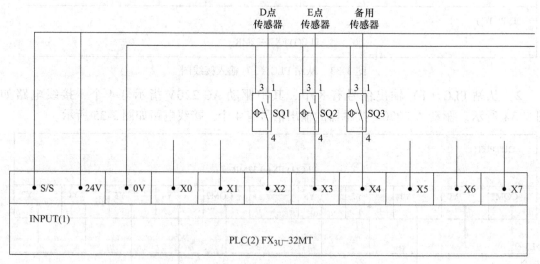

图 3-36 从站 PLC（2）输入接线图（1）

2) 根据 I/O 地址分配表 3-14，从站 PLC（2）输出信号有 5 个，用于驱动 E740 型变频器，接线电路如图 3-38 所示。变频器设置为漏型（SINK）逻辑。

4. 系统设置

1) 系统配置。系统配置如图 3-21 所示。主站 CPU 为 Q00U，输入模块为 QX40（DC 24V，16 点），输出模块为 QY10（DC 24V/AC 240V，触点式输出），主模块为 QJ61BT11N。

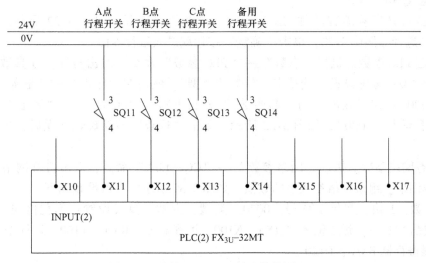

图 3-37 从站 PLC（2）输入接线图（2）

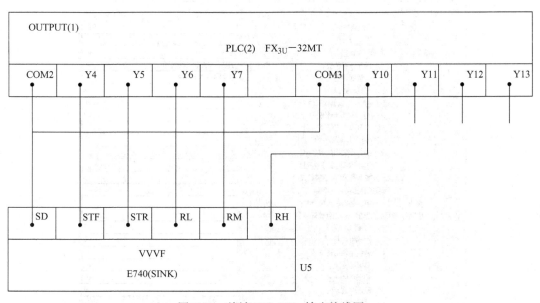

图 3-38 从站 PLC（2）输出接线图

1#远程设备站，占用 1 个站，PLC 为 $FX_{3U}-32MR$，接口模块为 $FX_{2N}-32CCL$。2#远程设备站，占用 1 个站，PLC 为 $FX_{3U}-32MT$，接口模块为 $FX_{2N}-32CCL$。

2）主站的设定。用站号设置开关，将主站设置为 00。用传送速率/模式设置开关，设置为 2（2.5Mbit/s）。

3）远程设备站的设定（1 号站）。站号设定为 1。占用站数设置为 0。传输速度设定为 2（2.5Mbit/s）。

4）远程设备站的设定（2 号站）。站号设定为 2。占用站数设置为 0。传输速度设定为 2（2.5Mbit/s）。

5. 组态 Q00U CPU

1）单击打开三菱编程软件 GX Works2，选择新建工程，如图 3-22 所示。PLC 选择 Q00U，其余选择参照图 3-22，单击“确定”按钮就进入编程界面。

2）组态 PLC 参数。执行“参数”→“PLC 参数”命令，双击打开“Q 参数设置”对话框。单击“I/O 分配设置”选项卡。单击“类型”，然后在“输入”的“起始 XY”栏目下写入“0000”；在“输出”的“起始 XY”栏目下写入“0010”，在“智能”的“起始 XY”栏目下写入“0020”，如图 3-23 所示。单击“检查”按钮确认无误后，单击“设置结束”。

3）组态网络参数。执行“网络参数”→“CC－Link”命令，双击打开网络参数 CC－Link 设置对话框。组态网络参数里的数值，如图 3-39 所示。参数设置如下。

模块块数：1 块。起始 I/O 号：0020。类型：主站。模式设置：远程网络（Ver. 1 模式）。总连接台数：2。远程输入（RX）：X100。远程输出（RY）：Y100。远程寄存器 RWr：D100。远程寄存器 RWw：D120。

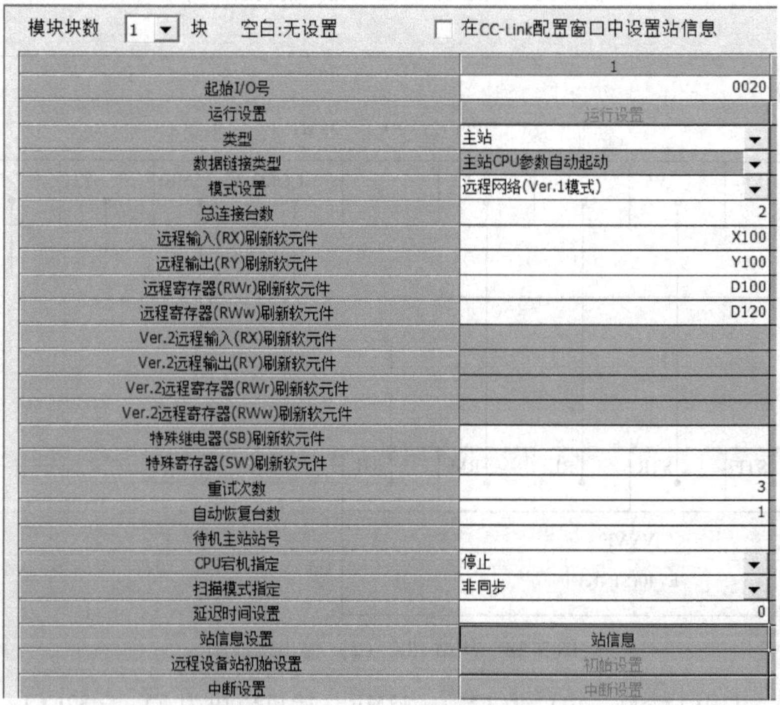
模块块数 1 块 空白:无设置
在CC-Link配置窗口中设置站信息
1
起始I/O号 0020
运行设置 运行设置
类型 主站
数据链接类型 主站CPU参数自动起动
模式设置 远程网络(Ver.1模式)
总连接台数 2
远程输入(RX)刷新软元件 X100
远程输出(RY)刷新软元件 Y100
远程寄存器(RWr)刷新软元件 D100
远程寄存器(RWw)刷新软元件 D120
Ver.2远程输入(RX)刷新软元件
Ver.2远程输出(RY)刷新软元件
Ver.2远程寄存器(RWr)刷新软元件
Ver.2远程寄存器(RWw)刷新软元件
特殊继电器(SB)刷新软元件
特殊寄存器(SW)刷新软元件
重试次数 3
自动恢复台数 1
待机主站站号
CPU宕机指定 停止
扫描模式指定 非同步
延迟时间设置 0
站信息设置 站信息
远程设备站初始设置 初始设置
中断设置 中断设置

图 3-39　组态 CC－Link 网络参数

4）组态“站信息设置”。单击图 3-39 中的“站信息”，打开“CC－Link 站信息模块 1”对话框，站类型设置选择为“远程设备站”，如图 3-26 所示。最后单击“检查”按钮，确认无误后单击“设置结束”。

5）保存工程，名称为“任务 3 主站 Q 程序”。

6. 软件设计

（1）主站程序设计

打开名称为“任务 3 主站 Q 程序”的工程。编写主站 Q 系列 PLC 程序，如图 3-40～

图3-45所示。

1) 图3-40是数据初始化和输出驱动(部分)程序,各行说明如下。

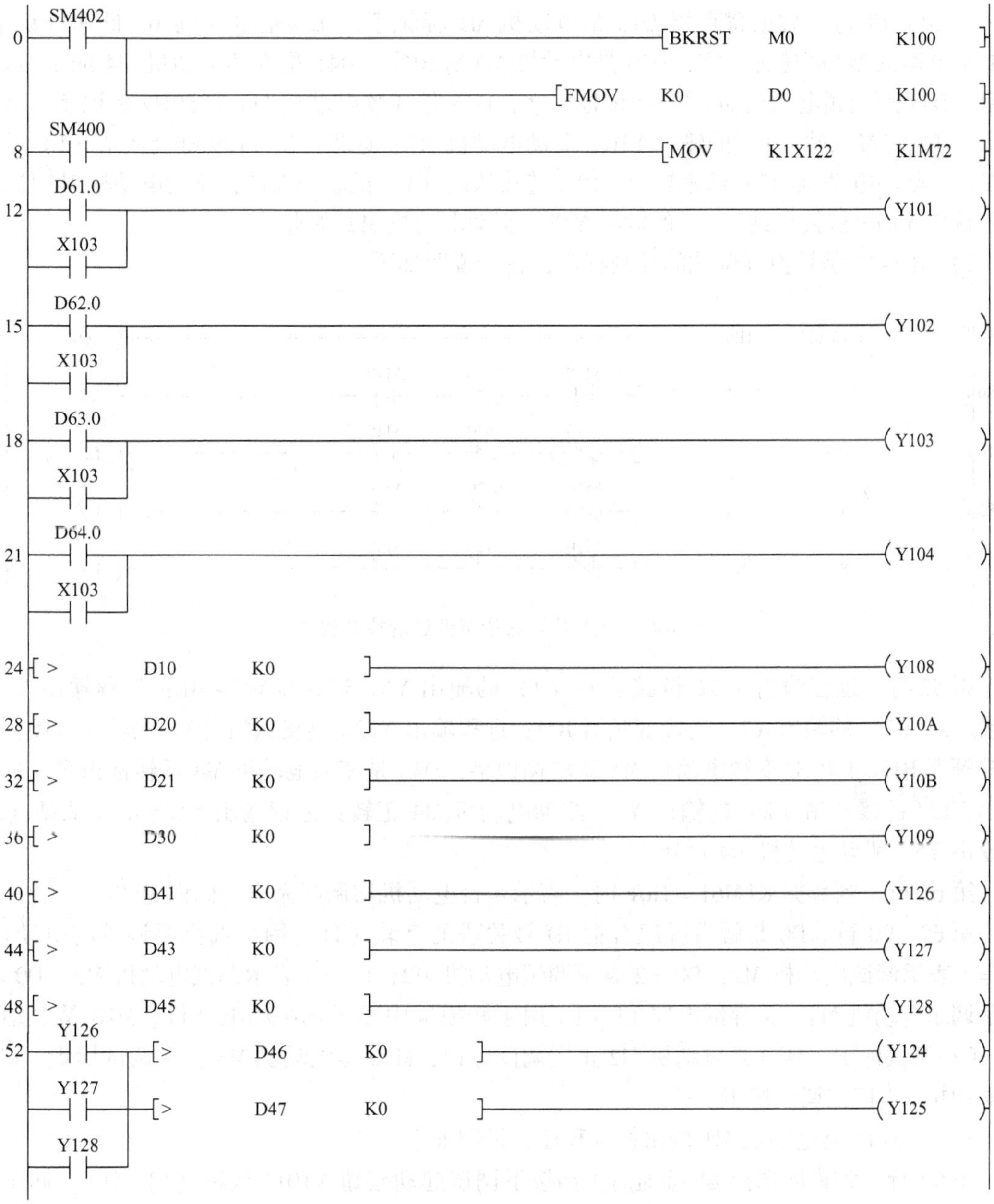

```
         SM402
0        ──┤├──────────────────────────────[BKRST   M0      K100]
            │
            └───────────────────────────────[FMOV    K0      D0      K100]
         SM400
8        ──┤├──────────────────────────────[MOV     K1X122  K1M72]
         D61.0
12       ──┤├──────────────────────────────────────────────(Y101)
         X103
         ──┤├──
         D62.0
15       ──┤├──────────────────────────────────────────────(Y102)
         X103
         ──┤├──
         D63.0
18       ──┤├──────────────────────────────────────────────(Y103)
         X103
         ──┤├──
         D64.0
21       ──┤├──────────────────────────────────────────────(Y104)
         X103
         ──┤├──
24       ──[>  D10   K0]─────────────────────────────────(Y108)
28       ──[>  D20   K0]─────────────────────────────────(Y10A)
32       ──[>  D21   K0]─────────────────────────────────(Y10B)
36       ──[>  D30   K0]─────────────────────────────────(Y109)
40       ──[>  D41   K0]─────────────────────────────────(Y126)
44       ──[>  D43   K0]─────────────────────────────────(Y127)
48       ──[>  D45   K0]─────────────────────────────────(Y128)
         Y126
52       ──┤├──[>  D46   K0]─────────────────────────────(Y124)
         Y127
         ──┤├──[>  D47   K0]─────────────────────────────(Y125)
         Y128
         ──┤├──
```

图3-40 主程序:数据初始化和输出驱动程序

第0行。初始化脉冲SM402清除内部继电器M0~M99、数据寄存器D0~D99。

第8行。SM400总是接通,将数据寄存器K1X122链接的从站(2)数据K1X2送K1M72。

第12~21行。远程输出Y101链接从站(1)的Y1,驱动试灯HL1;D61是试灯1标识字；远程输入 X103 链接从站（1）的试灯按钮 X3，按下时所有指示灯亮。远程输出 Y102~Y104 分别链接从站（1）的输出 Y2~Y4，分别驱动试灯 HL2~HL3，D62~D64 分别是试灯 HL2~HL4 的标识字。

第 24~48 行。数据寄存器 D10 是电动机 M1 标识字，D20 是电动机 M2 低速标识字，D21 是电动机 M2 高速标识字，D30 是电动机 M3 标识字，D41 是变频电动机 M4 的 10Hz 标识字，D43 是变频电动机 M4 的 30Hz 标识字，D45 是变频电动机 M4 的 50Hz 标识字。远程输出 Y108 链接从站（1）的输出 Y10，驱动电动机 M1；远程输出 Y109 链接从站（1）的输出 Y11，驱动电动机 M3；远程输出 Y10A 链接从站（1）的输出 Y12，驱动电动机 M2 低速；远程输出 Y10B 链接从站（1）的输出 Y13，驱动电动机 M2 高速。

2) 图 3-41 是触摸屏调试的控制程序，各行说明如下。

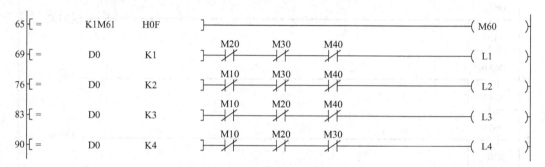

图 3-41　主程序：触摸屏调试的控制程序

第 52 行。远程输出 Y126 链接从站（2）的输出 Y6，连接变频器 RL；远程输出 Y127 链接从站（2）的输出 Y7，连接变频器 RM；远程输出 Y128 链接从站（2）的输出 Y10，连接变频器 RH。D46 是变频电动机 M4 正转标识字，D47 是变频电动机 M4 反转标识字。远程输出 Y124 链接从站（2）的输出 Y4，驱动电动机 M4 正转；远程输出 Y125 链接从站（2）的输出 Y5，驱动电动机 M4 反转。

第 65 行。当数据 K1M61 = H0F 时，表示 4 台电动机均调试完毕，标识 M60 = 1。

第 69~90 行。D0 是触摸屏组合框 ID 号关联的字软元件，用于选择要调试的电动机。D0 = 1 表示调试电动机 M1，D0 = 2 表示调试电动机 M2，D0 = 3 表示调试电动机 M3，D0 = 4 表示调示电动机 M4。锁存继电器 L1~L4 用于触摸屏中显示选中的电动机。M10 是电动机 M1 正在调试标识，M20 是电动机 M2 正在调试标识，M30 是电动机 M3 正在调试标识、M40 是电动机 M4 正在调试标识。

3) 图 3-42 是电动机 M1 调试控制程序，说明如下。

第 97 行。触摸屏选择 L1 接通后。当按下调试起动按钮 X101［从站（1）X1］，调试标识 M10 接通；延时 4s 后，电动机 M1 标识 D10.0 得电；当按下调试停止按钮 X102［从站（1）X2］，延时 4s 后，电动机 M1 标识 D10.0 断电。电动机 M1 调试结束，置位调试完毕标识 M61。调试过程中，调试灯闪烁标识 D61.0 闪烁。SM412 是 1s 时钟序列。

4) 图 3-43 是电动机 M2 调试控制程序，说明如下。

第 127 行。触摸屏选择 L2 接通后。当按下调试起动按钮 X101［从站（1）X1］，调试标识 M20 接通，同时起动 14s 定时器 T20；在 0~6s 内，电动机 M2 低速标识 D20.0 得电；

在6~14s内,电动机M2高速标识D21.0得电;14s后自动断开。电动机M2调试结束,置位调试完毕标识M62。调试过程中,调试灯闪烁标识D62.0闪烁。

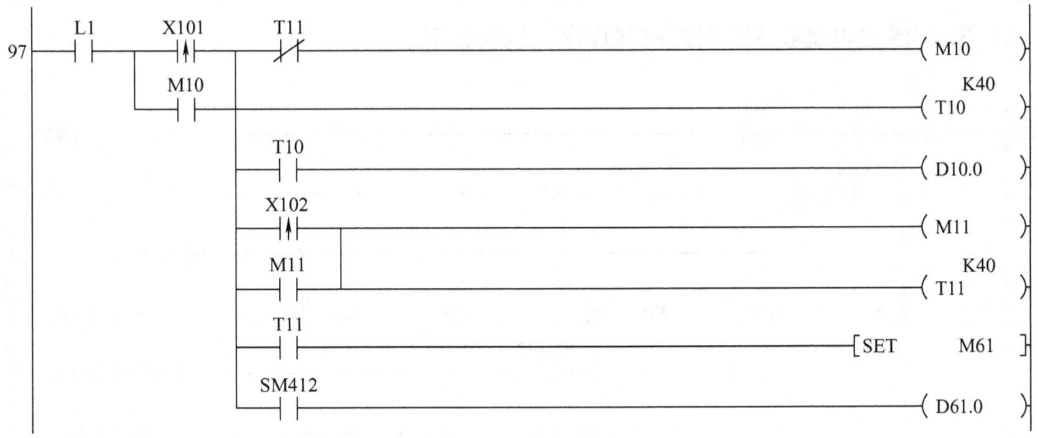

```
        L1    X101   T11
97     ─┤├───┤↑├───┤/├──────────────────────────────( M10 )
              M10                                     K40
             ─┤├────────────────────────────────────( T10 )
                     T10
                    ─┤├─────────────────────────────( D10.0 )
                     X102
                    ─┤↑├────────────────────────────( M11 )
                     M11                              K40
                    ─┤├─────────────────────────────( T11 )
                     T11
                    ─┤├────────────────────[ SET  M61 ]
                     SM412
                    ─┤├─────────────────────────────( D61.0 )
```

图 3-42 主程序:电动机 M1 调试控制程序

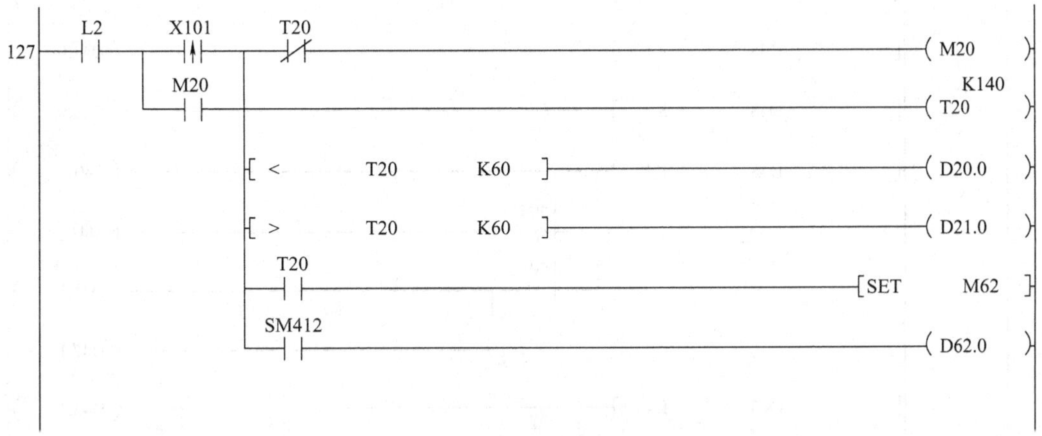

```
        L2    X101   T20
127    ─┤├───┤↑├───┤/├──────────────────────────────( M20 )
              M20                                     K140
             ─┤├────────────────────────────────────( T20 )
                   [ <   T20   K60 ]────────────────( D20.0 )
                   [ >   T20   K60 ]────────────────( D21.0 )
                     T20
                    ─┤├────────────────────[ SET  M62 ]
                     SM412
                    ─┤├─────────────────────────────( D62.0 )
```

图 3-43 主程序:电动机 M2 调试控制程序

5)图 3-44 是电动机 M3 调试控制程序,说明如下。

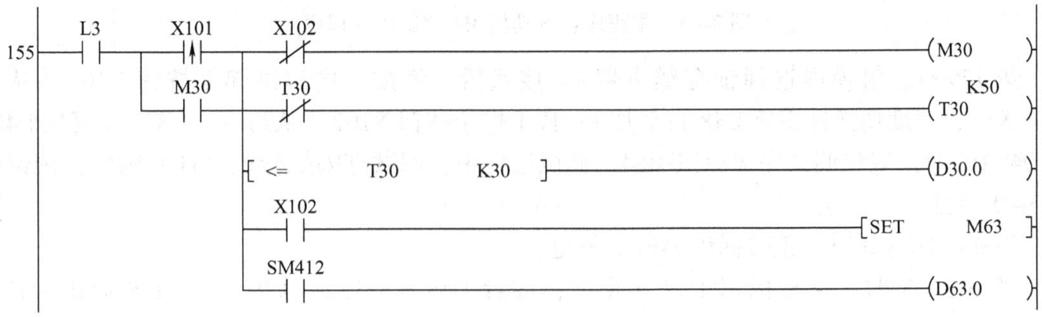

```
        L3    X101   X102
155    ─┤├───┤↑├───┤/├──────────────────────────────( M30 )
              M30   T30                               K50
             ─┤├───┤/├──────────────────────────────( T30 )
                   [ <=  T30   K30 ]────────────────( D30.0 )
                     X102
                    ─┤├────────────────────[ SET  M63 ]
                     SM412
                    ─┤├─────────────────────────────( D63.0 )
```

图 3-44 主程序:电动机 M3 调试控制程序

第155行。触摸屏选择L3接通后。当按下调试起动按钮X101[从站(1)X1],调试标识M30接通,同时起动5s定时器T30;在0~3s内,电动机M3标识D30.0得电;在3~

77

5s 内，D30.0 断电；6s 后 T30 自起动，重复上述循环，直到按下停止按钮 X102 [从站（1）X2]。电动机 M3 调试结束，置位调试完毕标识 M63。调试过程中，调试灯闪烁标识 D63.0 闪烁。

6）图 3-45 是电动机 M4 调试控制程序，说明如下。

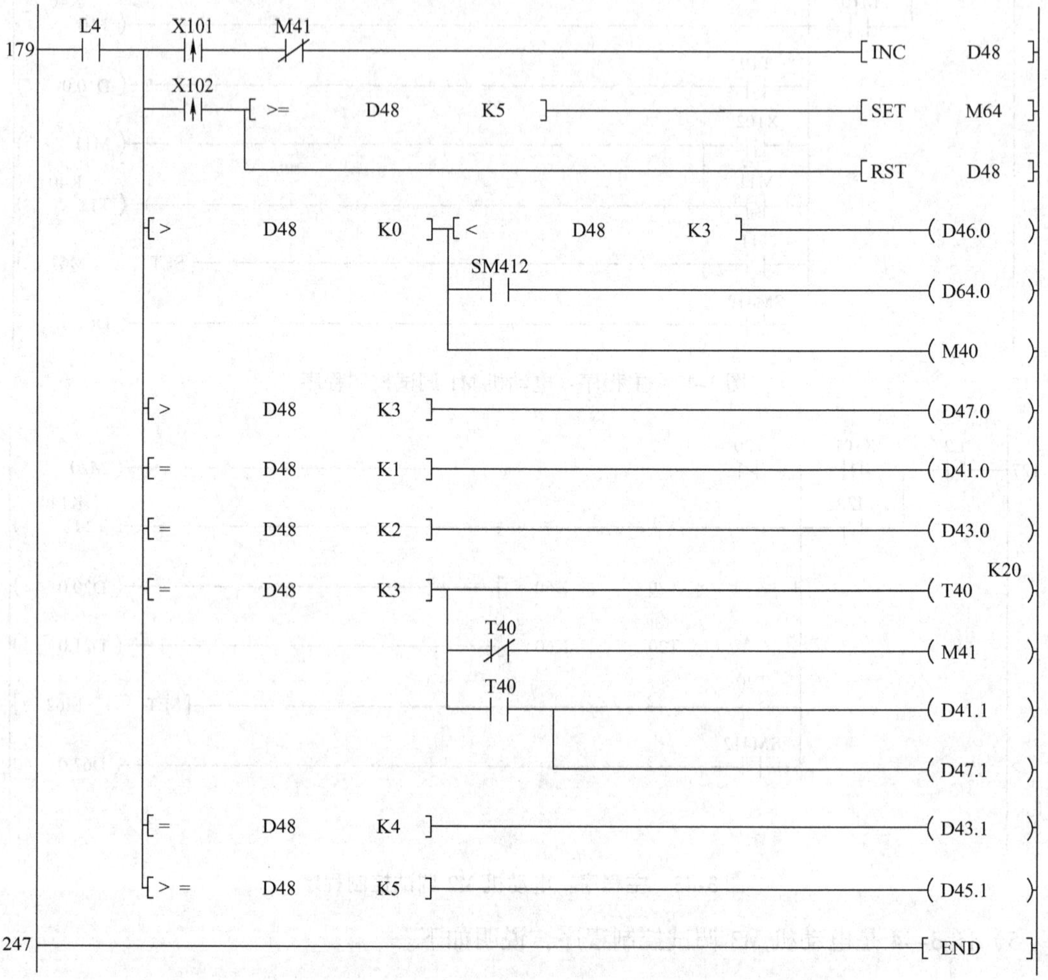

```
179 ─┤L4├─┬─┤X101├──┤/M41├─────────────────────────[INC  D48]
          │
          ├─┤X102├─┬─[>= D48  K5]──────────────────[SET  M64]
          │       │
          │       └────────────────────────────────[RST  D48]
          │
          ├─[> D48 K0]─┬─[< D48 K3]──────────────────(D46.0)
          │           ├─┤SM412├───────────────────────(D64.0)
          │           └──────────────────────────────(M40)
          │
          ├─[> D48 K3]────────────────────────────────(D47.0)
          ├─[= D48 K1]────────────────────────────────(D41.0)
          ├─[= D48 K2]────────────────────────────────(D43.0)
          │                                             K20
          ├─[= D48 K3]─┬──────────────────────────────(T40)
          │           ├─┤/T40├────────────────────────(M41)
          │           └─┤T40├──┬───────────────────(D41.1)
          │                    └───────────────────(D47.1)
          ├─[= D48 K4]────────────────────────────────(D43.1)
          └─[>= D48 K5]───────────────────────────────(D45.1)
247                                                    [END]
```

图 3-45 主程序：电动机 M4 调试控制程序

第 179 行。触摸屏选择锁存继电器 L4 接通后。每按一次调试起动按钮 X101 [从站（1）X1]，速度切换标识字 D48 自动加 1；按下停止按钮 X102 [从站（1）X2]，复位 D48，当 D48≥5 时，置位调试完毕标识 M64。调试过程中，调试灯闪烁标识 D64.0 闪烁，调试标识 M40 接通。

当 0 < D48 < 3 时，正转标识 D46.0 得电。

当 D48 > 3 时，反转标识 D47.0 得电；或者 D48 = 3 且延时 2s 后，反转标识 D47.1 得电。

当 D48 = 1 时，10Hz 标识 D41.0 得电；

当 D48 = 2 时，30Hz 标识 D43.0 得电；

当 D48 = 3 时，2s 内 M41 = 1，禁止 D48 加 1；延时 2s 后，解除禁止，10Hz 标识 D41.1 得电；

当 D48 = 4 时，30Hz 标识 D43.1 得电；

当 D48 = 5 时，50Hz 标识 D45.1 得电。

（2）从站（1）程序设计

编写从站（1）的 FX_{3U} - 32MR PLC 程序，如图 3-46 所示，说明如下。

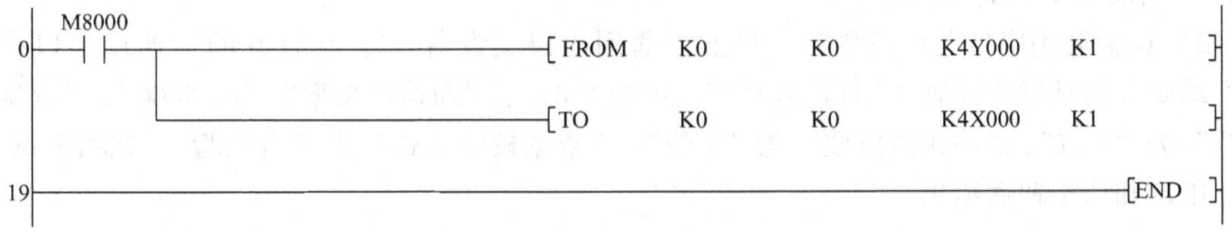

```
0 ─┤M8000├──────[FROM  K0   K0   K4Y000  K1]
              └──[TO    K0   K0   K4X000  K1]
19                                        [END]
```

图 3-46 从站（1）程序

读取 0 号模块读缓冲区 BFM#0 的数据，并将其保存到 PLC 的输出继电器 Y0~Y17 中。

把 PLC 的输入继电器 X000~X017 中的源数据写入到 0 号模块地址写缓冲区 BFM#0 中。

（3）从站（2）程序设计

编写从站（2）的 FX_{3U} - 32MT PLC 程序，如图 3-47 所示，说明如下。

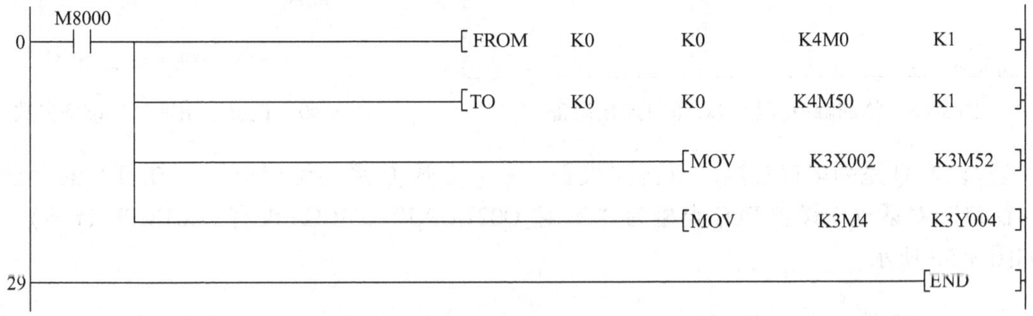

```
0 ─┤M8000├──────[FROM  K0    K0    K4M0    K1]
              ├──[TO    K0    K0    K4M50   K1]
              ├──[MOV   K3X002  K3M52]
              └──[MOV   K3M4    K3Y004]
29                                          [END]
```

图 3-47 从站（2）程序

读取 0 号模块读缓冲区 BFM#0 的数据，并将其保存到 PLC 的内部继电器 M0~M15 中。

把 PLC 的内部继电器 M50~M65 中的源数据写入到 0 号模块地址写缓冲区 BFM#0 中。

因为从站（2）的 FX_{3U} - 32MT PLC 的输入 X0、X1 要留给编码器用，Y0~Y3 要作为高速输出用，因此开关量输入从 X2 开始，开关量输出从 Y4 开始。由于缓冲区的读和写是 16 位为一组，为了保证 16 进制地址的个位数一致，方便记忆，所以采用了 K4M0 和 K3M4、K3M52 和 K4M50 这样的数据格式。

7. 触摸屏组态设计

（1）创建新工程

打开 MCGS 组态环境。选择 TPC 类型为 TPC7062Ti，其余参数采用默认设置。

（2）命名新建工程

打开"保存为"窗口。将当前的"新建工程 x"取名为"任务 3 灌装贴标系统"，保存在默认路径下（D:\MCGSE\WorK）。

(3) 设备组态

1) 添加 Q 系列 PLC 串口。执行"设备窗口"→"设备工具箱"→"设备管理"命令。打开"设备管理"对话框,执行"PLC"→"三菱"→"三菱_Q 系列编程口"命令,添加"三菱_Q 系列编程口"到选定设备区。

2) 添加触摸屏与 Q 系列 PLC 的 RS-232 串口连接设备。返回"设备窗口",先添加根目录"通用串口父设备0--[通用串口父设备]",再添加子目录"设备0--[三菱_Q 系列编程口]",结果如图 3-48 所示。

3) 设置通用串口父设备参数。双击"通用串口父设备0",在打开的"通用串口设备属性编辑"对话框中设置"串口端口号"为"COM1","通信波特率"为"9600","数据位位数"为"8位","停止位位数"为"1位","数据校验方式"为"奇校验",如图 3-49 所示。单击确认按钮后退出。

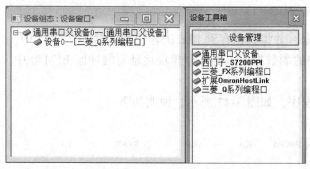 

图 3-48 添加触摸屏与 PLC 串口连接设备　　图 3-49 设置通用串口父设备参数

4) 设置 Q 系列串口参数。双击"设备0—[三菱_Q 系列编程口]",在打开的"设备编辑窗口"对话框中设置 PLC 类型为"三菱_Q02UCPU"(MCGS 没有 Q00UCPU 选项)。结果如图 3-50 所示。

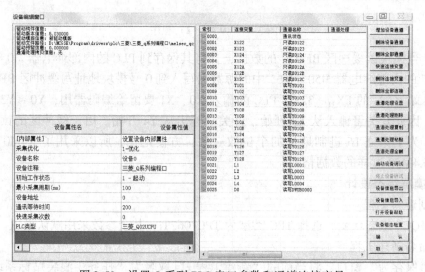

图 3-50 设置 Q 系列 PLC 串口参数和通道连接变量

5) 添加通道连接变量。在图 3-50 中,添加表 3-16 中所列的通道连接变量。Q 系列

PLC 连接的输入/输出变量地址是十六进制的，而添加设备通道窗口的地址是十进制数，需要进行转换。单击"确认"按钮后，弹出"添加数据对象"窗口，选择"全部添加"，将所有的连接变量添加到实时数据库。

表 3-16 通道连接变量

索引	连接变量	通道名称	十进制数	功能说明
0001	X122	只读 X0122	290	D 点传感器 SQ1
0002	X123	只读 X0123	291	E 点传感器 SQ2
0003	X124	只读 X0124	292	备用传感器 SQ3
0004	X129	只读 X0129	297	A 点行程开关 SQ11
0005	X12A	只读 X012A	298	B 点行程开关 SQ12
0006	X12B	只读 X012B	299	C 点行程开关 SQ13
0007	X12C	只读 X012C	300	备用行程开关 SQ14
0008	Y101	读/写 Y0101	257	灌装调试灯 HL1
0009	Y102	读/写 Y0102	258	压盖调试灯 HL2
0010	Y103	读/写 Y0103	259	贴标调试灯 HL3
0011	Y104	读/写 Y0104	260	传送调试灯 HL4
0012	Y108	读/写 Y0108	264	灌装电动机 M1 正转 KM1
0013	Y109	读/写 Y0109	265	贴标电动机 M3 正转 KM2
0014	Y10A	读/写 Y010A	266	压盖电动机 M2 低速 KM3
0015	Y10B	读/写 Y010B	267	压盖电动机 M2 高速 KM4
0016	Y124	读/写 Y0124	292	变频电动机 M4 正转 STF
0017	Y125	读/写 Y0125	293	变频电动机 M4 反转 STR
0018	Y126	读/写 Y0126	294	变频电动机 M4 低速 RL
0019	Y127	读/写 Y0127	295	变频电动机 M4 中速 RM
0020	Y128	读/写 Y0128	296	变频电动机 M4 高速 RH
0021	L1	读/写 L0001	1	调试电动机 M1 指示
0022	L2	读/写 L0002	2	调试电动机 M2 指示
0023	L3	读/写 L0003	3	调试电动机 M3 指示
0024	L4	读/写 L0004	4	调试电动机 M4 指示
0025	D0	读/写 DWUB0000	0	组合框 ID 号关联

(4) 组态灌装贴标系统调试界面

执行"用户窗口"→"新建窗口"命令，新建窗口 0。在窗口 0 中，组态灌装贴标系统调试界面，组态结果如图 3-51 所示。

1) 组态标题栏。坐标为 [H：0]、[V：0]，尺寸为 [W：800]、[H：45]，静态填充为"灰色"，边线为"黑色"，字体为"宋体小四粗"，文本内容为"灌装贴标系统调试模式"，对齐均居中。

2) 组态下拉框。执行"工具箱"→"组合框"，[2，10]⊖命令。坐标为 [H：60]、[V：130]，尺寸为 [W：180]、[H：230]。执行"基本属性"→"构件类型"命令，选择"下拉组合框"，构件属性的 ID 号关联为"D0"，执行"选项设置"命令，选择"请选择调试电动机""灌装电动机""压盖电动机""贴标电动机"和"变频电动机"，确认后退出。添加文本"选择调试电动机"，字体"宋体小四粗"，对齐均居中。

3) 组态调试指示灯。执行"插入元件"→"指示灯 2"命令。坐标为 [H：300]、[V：

⊖ [2，10] 表示"组合框"命令在工具箱的位置，即第 2 列与第 10 行交叉处对应的图标就是该命令。后同。

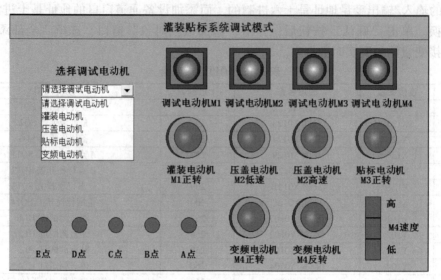

图 3-51 灌装贴标系统调试界面

60],尺寸为 [W:80]、[H:80]。执行"动画连接"→"第一个三维圆球"→"可见度"命令,"连接表达式"为"L1",执行"当表达式非零时"→"对应图符可见"命令。执行"动画连接"→"第二个三维圆球"→"可见度"命令,"连接表达式"为"L1",执行"当表达式非零时"→"对应图符不可见"命令,单击确认按钮后退出。添加文本"调试电动机 M1"。

复制三次"调试电动机 M1"的图符和文字,修改如下:"调式电动机 M2"的图符坐标为 [H:420]、[V:60],连接表达式为"L2";"调式电动机 M3"的图符坐标为 [H:420]、[V:60],连接表达式为"L3";"调式电动机 M4"的图符坐标为 [H:660]、[V:60],连接表达式为"L4"。

4) 组态电动机运行指示。执行"插入元件"→"指示灯 3"命令。坐标为 [H:300]、[V:190],尺寸为 [W:80]、[H:80]。执行"动画连接"→"第一个组合符号"→"可见度"命令,"连接表达式"为"Y108",执行"当表达式非零时"→"对应图符不可见"命令。执行"第二个组合符号"→"可见度"命令,"连接表达式"为"Y108",执行"当表达式非零时"→"对应图符可见"命令,单击确认按钮后退出。添加文本"灌装电动机 M1 正转"。

复制五次"灌装电动机 M1 正转"的图符和文字,修改为:"压盖电动机 M2 低速"的图符坐标为 [H:420]、[V:190],连接表达式为"Y10A";"压盖电动机 M2 高速"的图符坐标为 [H:540]、[V:190],连接表达式为"Y10B";"贴标电动机 M3 正转"的图符坐标为 [H:660]、[V:190],连接表达式为"Y109";"变频电动机 M4 正转"的图符坐标为 [H:420]、[V:340],连接表达式为"Y124";"变频电动机 M4 反转"的图符坐标为 [H:540]、[V:340],连接表达式为"Y125"。

5) 组态 M4 速度指示。执行"工具箱"→"矩形"[1,2] 命令。坐标为 [H:680]、[V:420],尺寸为 [W:30]、[H:40]。颜色动画连接中勾选"填充颜色","分段点 0"对应"灰色","分段点 1"对应"绿色","表达式"为"Y126 + Y127 + Y128",单击"确认"按钮后退出。添加文本"低"。

复制两次 M4 "低"速的图符和文字,修改为:"M4 速度"的图符坐标为 [H:680]、[V:380],连接表达式为"Y127 + Y128";"高"速的图符坐标为 [H:680]、[V:340],连接表达式为"Y128"。

6)组态传感器指示。执行"工具箱"→"椭圆" [3,2] 命令。坐标为 [H:330]、[V:380],尺寸为 [W:30]、[H:30]。颜色动画连接中勾选"填充颜色","分段点 0"对应"灰色","分段点 1"对应"绿色","表达式"为"Y129",单击"确认"按钮后退出。添加文本"A 点"。

复制四次"A 点"的图符和文字,修改为:"B 点"的图符坐标为 [H:260]、[V:380],"连接表达式"为"Y12A";"C 点"的图符坐标为 [H:190]、[V:380],连接表达式为"Y12B";"D 点"的图符坐标为 [H:120]、[V:380],"连接表达式"为"Y122";"E 点"的图符坐标为 [H:50]、[V:380],"连接表达式"为"Y123"。

组态完毕,保存。

8. 下载

(1) MCGS 组态程序的下载

打开 MCGS 组态工程"任务 3 灌装贴标系统",确定组态设置正确后,单击图标 ,打开下载配置对话框。选择"连机运行",连接方式选择"USB 通信",在"下载选项"栏中勾选"清除配方数据"、勾选"清除报警记录"、勾选"清除历史数据",单击"工程下载"按钮。

(2) PLC 程序下载

1)主站程序的下载

确认三菱 Q 系列 PLC 编程电缆(USB - Q Mini B 型)连接良好,主站 Q00UCPU 已上电。打开"任务 3 主站 Q 程序"工程。单击快捷图标 ,打开"在线数据操作"对话框,如图 3-52 所示。选择"参数 + 程序 (P)",单击"执行"按钮,完成主站程序的下载。

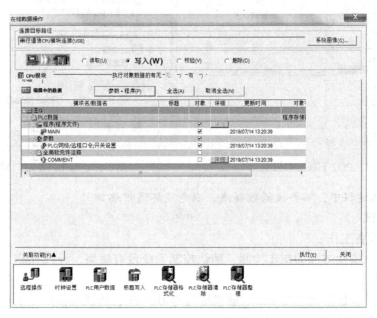

图 3-52 "在线数据操作"对话框

PLC 写入完成的对话框如图 3-53 所示。完成后单击"关闭"按钮。

2）从站（1）程序的下载

确认三菱 FX 系列 PLC 编程电缆 USB-SC09-FX 连接良好，从站 FX_{3U} CPU 已上电。打开如图 3-46 所示的从站（1）的 FX_{3U}-32MR PLC 程序。执行"连接目标"→"当前连接目标"命令，双击"Connection1"，打开"连接目标设置 Connection1"对话框，双击图标" Serial USB"，打开"计算机侧 I/F 串行详细设置"对话框，如图 3-54 所示。选择"RS-232C"，设置 COM 端口号和传送速度（115.2Kbit/s）。COM 端口号要与 USB-SC09-FX 下载线的实际插口编号一致，实际端口号查询路径如图 3-55 所示。设置完成，通信测试正常后，确定后退出。

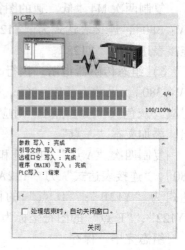

图 3-53 "PLC 写入"对话框

单击快捷图标 ，打开如图 3-52 所示"在线数据操作"对话框，选择"参数+程序（P）"，单击"执行"按钮。完成从站（1）程序的下载。

3）从站（2）程序下载

打开如图 3-47 所示的从站（2）的 FX_{3U}-32MT PLC 程序。按照下载从站（1）程序的方法，下载从站（2）的 PLC 程序。

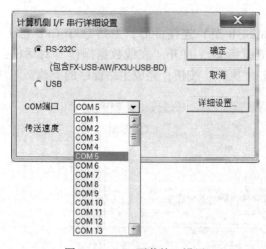

图 3-54 PLC 下载接口设置

图 3-55 USB-FX 端口号查询

注意：下载过程中，不要拔插数据线。以免烧坏通信端口。

9. 运行调试

（1）调试准备工作

1）进行电气安全方面的初步检测，确认控制系统没有短路、导线裸露、接头松动和有杂物等安全隐患。

2）用 TPC-Q 数据线连接 MCGS 触摸屏与 Q00UCPU，确认触摸屏显示正常。

3）确认 PLC 的各项指示灯是否正常。

4）[学生练习] 输入打点。对照表 3-13 和 3-14 的 I/O 地址分配，打点确认各 PLC 站的输入接线正常。

5）[学生练习] 输出打点。对照表 3-13 和 3-14 的 I/O 地址分配,打点确认各 PLC 站的输出接线正常。注意,压盖电动机低速和高速时应逐一打点,变频电动机正/反转输出信号应分别对应其低、中、高速档进行组合打点。譬如,Y4 和 Y6 同时强制为 ON,此时变频电动机应低速正转。

6）对照表 3-4 QJ61BT11 模块 LED 指示灯说明,确认主模块通信指示正常。

7）对照表 3-7 FX_{2N}-32CCL 模块 LED 指示灯说明,确认从站通信指示正常。

(2) 运行调试

[学生练习] 按照表 3-17 所列的项目和顺序进行检查调试。检查正确的项目,请在结果栏记"√";出现异常的项目,在结果栏记"×",记录故障现象,小组讨论分析,找到解决办法,并排除故障。

1）按下试灯检测按钮 SB3,观察所有的指示灯 HL1~HL4 能否点亮。

2）单击触摸屏下拉框,观察能否正确选择需要调试的电动机。

3）对灌装电动机调试。操作起/停按钮 SB1/SB2,观察灌装电动机 M1 是否满足控制要求。

4）对压盖电动机调试。操作起动按钮 SB1,观察压盖电动机 M2 是否满足控制要求。

5）对贴标电动机调试。操作起/停按钮 SB1/SB2,观察贴标电动机 M3 是否满足控制要求。

6）对传送带调试。操作起/停按钮 SB1/SB2,观察传送(变频)电动机 M4 是否满足控制。

表 3-17 任务 3 运行调试小卡片

序号	检查调试项目	结果	故障现象	解决措施
1	电气安全检测			
2	通信检测			
3	输入打点			
4	输出打点			
5	试灯检测			
6	选择下拉框的检测			
7	对灌装电动机调试			
8	对压盖电动机调试			
9	对贴标电动机调试			
10	对传送带调试			

任务 4　实现变频电动机的 PLC 控制

变频调速主要通过调整频率实现调速，并且调速精度高。本任务中用到的 FR－E740 是与三菱 PLC 配套使用的变频器。我国变频器有德力西、英威腾、台达、惠丰、汇川等，其中德力西变频器应用于电力、石油、冶金等领域的风机和泵类设备，性能较好。

知识目标：
- 了解变频电动机的特点和应用；
- 熟悉三菱变频器 FR－E740 一般参数的设置；
- 掌握变频器多段速给定和控制的方法；
- 熟悉 Q 系列 PLC 的硬件和地址分配；
- 熟悉模拟量模块的使用。

能力目标：
- 会安装 FR－E740 变频器及相关接线；
- 会设置 FR－E740 变频器的一般参数；
- 会通过触摸屏设定变频电动机的转速等运行参数；
- 会分析及处理变频器的常见运行故障。

4.1　知识准备

4.1.1　变频电动机

1. 变频电动机的概念

变频电动机是用变频器驱动的电动机的统称。为变频器设计的电动机为变频专用电动机，由传统的笼型式电动机发展而来，并且提高了电动机绕组的绝缘性能。在要求不高的场合如小功率和在额定频率工作情况下，可以用普通笼型电动机代替。变频电动机在低频调速和散热等方面的性能比普通的笼型式电动机优越。

2. 变频电动机与普通电动机的区别

变频电动机在其调速范围内可任意调速，且电动机不会损坏。普通电动机一般只能在 AC 380V/50Hz 的条件下运行，普通电动机虽能降频或升频使用，但调频范围不能太大，否则电动机会发热甚至烧坏。

普通风机的散热风扇跟风机机芯用同一根轴，而变频风机中这两个是分开的。普通电动机是根据市电的频率和相应的功率设计的，只有在额定的情况下才能稳定运行，如果普通风机变频过低时，可能会因过热而烧掉。因变频电动机要克服低频时的过热与振动，所以变频电动机在性能上比普通电动机要好。

变频电动机由于要承受高频磁场，所以绝缘等级要比普通电动机高。原则上普通电动机是不能用变频器来驱动的,但在实际应用中为了节约资金,在很多需要调速的场合都用普通电动机代替变频电动机,但普通电动机的调速精度不高。

4.1.2 FR-E740 变频器

1. 外观和型号说明

FR-E700 系列变频器是三菱 FR-E500 系列变频器的升级产品,是一种小型、高性能通用变频器。三菱 FR-E740S-0.75K-CHT 型变频器,额定电压等级为三相 380V,适用电动机容量为 0.75kW 及以下的三相电动机。

FR-E700 系列变频器的外观和型号定义如图 4-1 所示。

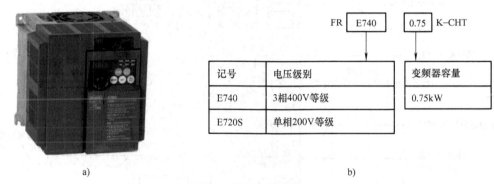

图 4-1 FR-E700 系列变频器
a) E740 变频器外观 b) E700 变频器型号定义

2. 变频器的接线

1) E740 变频器主电路的接线如图 4-2 所示。

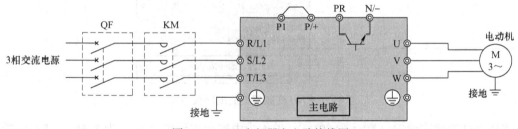

图 4-2 E740 变频器主电路接线图

R、S、T(或 L1、L2、L3)是三相交流电源输入端。U、V、W 是变频器输出端,用于连接三相笼型电动机。输入/输出一定不能接错。

P/+、P1 间连接直流电抗器,此时需要取下 P/+ 和 P1 间的短路片。P/+、PR 间连接制动电阻器(FR-ABR)。P/+、N/- 间连接制动单元(FR-BU2)、共直流母线变流器(FR-CV)以及高功率因数变流器(FR-HC)。

变频器必须接地。接地线尽量用粗线,接地点尽量短,最好专用接地。共用接地时,必须在接地点共用。

2) E740 变频器控制电路的接线如图 4-3 所示。

开关量输入信号有 7 个。STF 为正转起动,ON 时正转,OFF 时停止。STR 为反转起动,ON 时反转,OFF 时停止。STF 和 STR 同时为 ON 时,为停止指令。

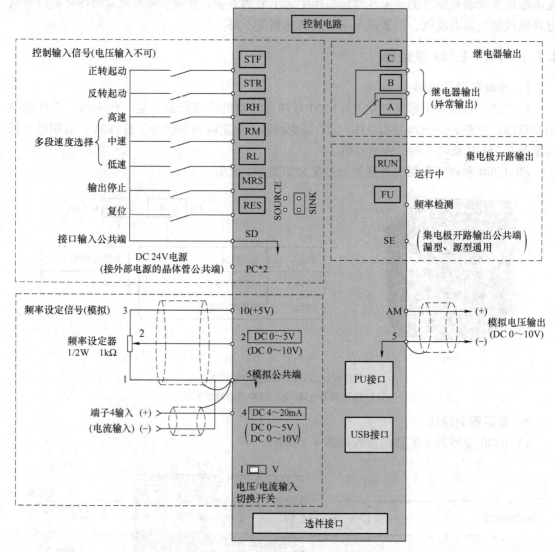

图 4-3 E740 变频器控制电路接线图

RH 为高速频率设定（默认为 50Hz），RM 为中速频率设定（默认为 30Hz），RL 为低速频率设定（默认为 10Hz）。通过 RH、RM 和 RL 信号的组合可以进行 4～7 段速度的频率设定。

SD 接口为内部 DC 24V 电源公共端子。PC 接口为外部 DC 24V 电源公共端子。

模拟量输入信号有 2 组。10 接口用于电位器的电源，5 接口是模拟公共端。2、5 接口用于频率设定（电压）。如果输入 DC 0～5V（或者 0～10V），在 5V（10V）时为最大输出频率，输入/输出成正比。4、5 接口用于频率设定（电流）时，如果输入 DC 4～20mA，在 20mA 时为最大输出频率，输入/输出成正比。4、5 接口用于电压输入时，请将电压/电流输入切换开关切换至"V"位置。

开关量输出信号有 3 个。A、B、C 是变频器异常信号（继电器输出）；异常时，A-C 间接通，B-C 间断开。RUN 是变频器正在运行信号（集电极开路输出），变频器输出频率大于等于起动频率时为低电平，停止或直流制动时为高电平。FU 是频率检测信号（集电极开路输出），输出频率大于等于任意设定的检测频率时为低电平，未达到时为高电平。

模拟量输出信号有 1 个。AM 端子模拟电压输出，可以从多种监视项目中选一种为输出。变频器复位中不输出。

PU 接口可进行 RS-485 通信。USB 接口，与 PC 通过 USB 连接后，可以实现 FR Configurator 的操作。

3. 控制逻辑

输入信号出厂设定为漏型逻辑（SINK），若切换控制逻辑，需要切换控制端子上方的跳线器。跳线器的转换请在未通电的情况下进行。

漏型（SINK）逻辑指信号输入端有电流流出时信号为 ON 的逻辑。使用内部电源时，SD 是输入信号的公共端子（负端）。使用外部电源时，PC 是输入信号的公共端子（正端），如图 4-4 所示。

源型（SOURCE）逻辑指信号输入端有电流流入时信号为 ON 的逻辑，使用内部电源时，PC 是输入信号的公共端子（正端）。使用外部电源时，SD 是输入信号的公共端子（负端），如图 4-5 所示。

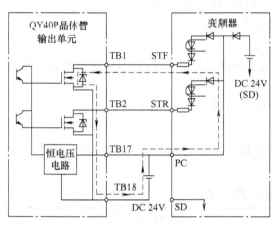
图 4-4　漏型逻辑接线图
--→为电流流向

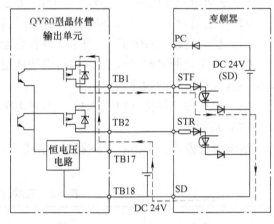
图 4-5　源型逻辑接线图
--→为电流流向

4. 变频器操作面板

（1）操作面板各部分名称

变频器操作面板如图 4-6 所示。

1）运行模式显示。PU 指示灯在 PU 运行模式时亮。EXT 指示灯在外部运行模式时亮。NET 指示灯在网络运行模式时亮。

2）单位显示。Hz 指示灯在显示频率时亮，在显示设定频率监视时闪烁。A 指示灯在显示电流时点亮，在显示电压时熄灭。

3）监视器（4 位 LED）。用于显示频率、参数编号等。

4）M 旋钮。用于变更频率设定、参数的设定值。

5）运行状态显示（RUN）。用于在变频器动作中亮灯/闪烁。亮灯，表示正转运行中。

6）参数设定模式显示（PRM）。用于在参数设定模式时亮灯。

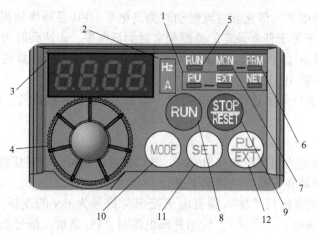

图 4-6 变频器操作面板

1—运行模式显示 2—单位显示 3—监视器 4—M 旋钮 5—运行状态显示 6—参数设定模式显示
7—监视模式显示 8—起动指令 9—停止运行 10—模式切换 11—各设定的确定 12—运行模式切换

7) 监视模式显示 (MON)。用于在监视模式时亮灯。

8) 起动指令 (RUN)。通过 Pr.40 的设定,可以选择旋转方向。

9) 停止运行 (STOP/RESET)。是停止运转指令。

10) 模式切换 (MODE)。用于切换各设定模式。

11) 各设定的确定 (SET)。运行中按此键则监视器按照"运行频率→输出电流→输出电压→运行频率"的顺序显示。

12) 运行模式切换 (PU/EXT)。用于切换 PU 运行模式/EXT 外部运行模式。

(2) 运行模式

所谓运行模式,是指对变频器起动指令和频率指令来源的指定。变频器常用运行模式见表 4-1。

表 4-1 变频器常用运行模式

运行模式	操作面板显示	运行方法	
		起动指令	频率指令
PU 运行模式固定	79-1 闪烁 闪烁	RUN	(M 旋钮)
外部运行模式固定 (可切换至网络运行模式)	79-2 闪烁 闪烁	外部信号输入 (STF、STR)	模拟电压输入
组合运行模式 1	79-3 闪烁 闪烁	外部信号输入 (STF、STR)	(M 旋钮) 或外部信号输入 (多段速设定、端子 4~5 间)
组合运行模式 2	79-4 闪烁 闪烁	RUN、PU 的 FWD/REV 键	外部信号输入 (端子 2、4、JOG、多段速选择等)

一般来说，使用控制电路端子、通过外部设置电位器和开关来进行操作的是"外部运行模式"。使用操作面板以及参数单元（FR-PU04-CH/FR-PU07）来输入起动指令、设定频率的是"PU 运行模式"。通过 PU 接口进行 RS-485 通信或使用通信选件的是"网络运行模式（NET 运行模式）"，网络运行模式通过参数 Pr.340 设定，设定方法请参考相关说明书。可以通过操作面板或通信的命令代码来进行运行模式的切换。

（3）简单设定运行模式

利用起动指令和速度指令的组合可进行的 Pr.79 运行模式的设定。比如，设定组合运行模式 1：起动指令由外部（STF/STR）端子给定，频率指令由面板旋钮给定。设定操作过程如图 4-7 所示。

二维码 4-1　变频器运行模式设定

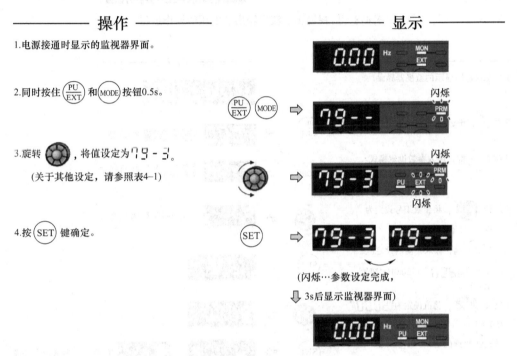

图 4-7　设定简单运行模式的操作过程

操作过程中，出现下列两种故障显示：

1）显示 Er 1。分为两种情况：一种情况是 Pr.160 用户参数组读取选择 = "1"，表示用户参数组中未登录 Pr.79；可改为"0"。另一种情况是 Pr.77 = "1"，表示禁止写入参数；修改为"0"。

2）显示 Er 2。表示运行中不能设定，请关闭起动命令。

（4）监视输出电流和输出电压

在监视模式中按键可以切换监视器的显示内容，显示内容分别有"输出频率、输出电流、输出电压"三种。操作过程如图 4-8 所示。

（5）变更参数的设定值

比如变更 Pr.1 的上限频率为 50Hz，操作过程如图 4-9 所示。

操作过程中，出现下列故障显示：

图 4-8 监视输出电流和输出点电压的操作过程

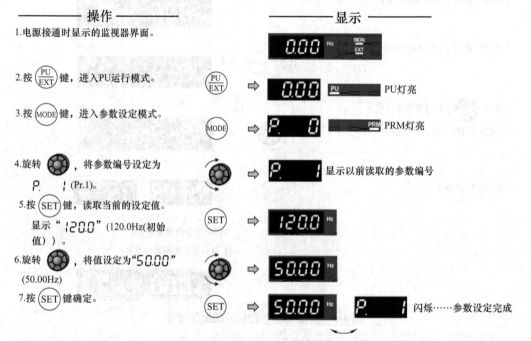

图 4-9 变更参数设定值的操作过程

1) 显示 Er 1。表示禁止写入的错误。
2) 显示 Er 2。表示运行中写入的错误。
3) 显示 Er 3。表示校正的错误。
4) 显示 Er 4。表示模式指定的错误。

(6) 参数清除、全部清除

设定 Pr. CL 参数清除、ALLC 参数全部清除都为"1",可使参数恢复为初始值。(如果设定 Pr. 77 = "1",则无法清除)。参数清除、全部清除操作过程如图 4-10 所示。

5. 简单模式下参数一览表

变频器的常用参数见表 4-2 ~ 表 4-5。

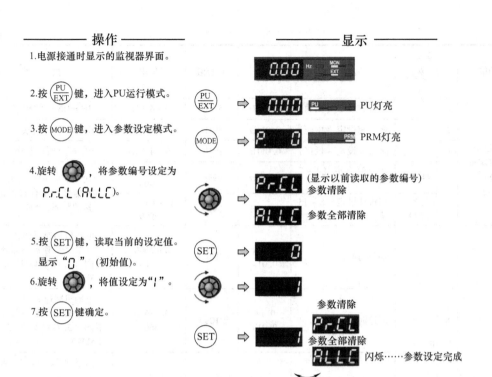

图 4-10 参数清除、全部清除的操作过程

表 4-2 变频器参数一览表 I

功能	参数关联参数	名称	单位	初始值	范围	内容
手动转矩提升 (V/F)①	0	转矩提升	0.1%	6%、4%、3% *	0~30%	0Hz 时输出电压以%的形式设定 *根据变频器容量不同而初始值不同，6% 对应 0.75kW 以下的容量，4% 对应 1.5~3.7kW 的容量，3% 对应 5.5kW 和 7.5kW 的容量
	46	第 2 转矩提升	0.1%	9999	0~30%	RT 信号为 ON 时转矩提升
					9999	无第 2 转矩提升
上下限频率	1	上限频率	0.01Hz	120Hz	0~120Hz	输出频率的上限
	2	下限频率	0.01Hz	0Hz	0~120Hz	输出频率的下限
	18	高速上限频率	0.01Hz	120Hz	120~240Hz	在 120Hz 以上运行时的设定
基准频率电压 (V/F)	3	基准频率	0.01Hz	50Hz	0~400Hz	电动机的额定频率（50Hz/60Hz）
	19	基准频率电压	0.1V	9999	0~1000V	基准电压
					8888	电源电压的 95%
					9999	与电源电压一样
	47	第 2 V/F（基准频率）	0.01Hz	9999	0~400Hz	RT 信号为 ON 时的基准频率
					9999	第 2 V/F 无效

(续)

功能	参数	关联参数	名称	单位	初始值	范围	内容	
通过多段速设定运行	4		多段速设定（高速）	0.01Hz	50Hz	0~400Hz	RH=ON时的频率	
	5		多段速设定（中速）	0.01Hz	30Hz	0~400Hz	RM=ON时的频率	
	6		多段速设定（低速）	0.01Hz	10Hz	0~400Hz	RL=ON时的频率	
		24~27	多段速设定（4~7速）	0.01Hz	9999	0~400Hz、9999	可以用RH、RM、RL、REX信号的组合来设定4~15速的频率，9999：不选择	
		232~239	多段速设定（8~15速）	0.01Hz	9999	0~400Hz、9999		
加减速时间的设定	7		加速时间	0.1/0.01s	5/10s *	0~3600/360s	电动机加速时间，*根据变频器容量不同而不同（3.7kW以下/5.5kW、7.5kW）	
	8		减速时间	0.1/0.01s	5/10s *	0~3600/360s	电动机减速时间，*根据变频器容量不同而不同（3.7kW以下/5.5kW、7.5kW）	
		20	加减速基准频率	0.01Hz	50Hz	1~400Hz	成为加减速时间基准的频率，加减速时间是在停止~Pr.20之间频率变化的时间	
		21	加减速时间单位	1	0	0	单位：0.1s 范围：0~3600s	可以改变加减速时间的单位与范围
						1	单位：0.01s 范围：0~360s	
		44	第2加减速时间	0.1/0.01s	5/10s *	0~3600/360s	RT信号为ON时的加减速时间 *根据变频器容量不同而不同（3.7kW以下/5.5kW、7.5kW）	
		45	第2减速时间	0.1/0.01s	9999	0~3600/360s	RT信号为ON时的减速时间	
						9999	加速时间=减速时间	
		147	加减速时间切换频率	0.01Hz	9999	0~400Hz	Pr.44、Pr.45的加减速时间自动切换为有效的频率	
						9999	无功能	
电动机的过热保护	9		电子过电流保护	0.01A	变频器额定电流 *	0~500A	设定电动机的额定电流 *对于0.75kW以下的产品，应设定为变频器额定电流的85%	
		51	第2电子过电流保护	0.01A	9999	0~500A	RT信号为ON时有效，设定电动机的额定电流	
						9999	第2电子过电流保护无效	

① V/F表示V/F控制有效，是电压/频率保持不变的一种控制方式。

表 4-3 变频器参数一览表 Ⅱ

功能	参数	关联参数	名称	单位	初始值	范围	内容
起动频率	13		起动频率	0.01Hz	0.5Hz	0~60Hz	起动时频率
		571	起动时维持时间	0.1s	9999	0.0~10.0s	Pr.13 起动频率的维持时间
						9999	起动时的维持功能无效
点动运行	15		点动频率	0.01Hz	5Hz	0~400Hz	点动运行时的频率
	16		点动加减速时间	0.1/0.01s	0.5s	0~3600/360s	点动运行时的加减速时间 加减速时间是指加、减速到 Pr.20 加减速基准频率中（初始值为 50Hz）设定的频率的时间，加减速时间不能分别设定
加减速曲线	29		加减速曲线选择	1	0	0	直线加速
						1	S 曲线加速 A
						2	S 曲线加速 B
转速显示	37		转速显示	0.001	0	0	频率的显示及设定
						0.01~9998	50Hz 运行时的机械速度
RUN 旋钮旋转方向	40		RUN 旋钮旋转方向的选择	1	0	0	正转
						1	反转
DU/PU 监视内容的变更	52		DU/PU 显示数据的选择	1	0	0、5、7~12、14、20、23~25……	0：输出频率（Pr.52），1：输出频率（Pr.158）2：输出电流（Pr.158）3：输出电压（Pr.158）5：频率设定值 7：电动机转矩 ⋮
		158	AM 端子功能选择	1	1	1~3、5、7~12、14、21、24……	
监视器功能	55		频率监视基准	0.01Hz	50Hz	0~400Hz	端子 AM 满刻度值
	56		电流监视基准	0.01A	I_N	0~500A	端子 AM 满刻度值
模拟量输入选择	73		模拟量输入选择	1	1	0	端子 2 输入: 0~10V, 极性可逆: 无
						1	0~5V, 无
						10	0~10V, 有
						11	0~5V, 有
		267	端子 4 输入选择	1	0	0	端子 4 输入（4~20mA）
						1	端子 4 输入（0~5V）
						2	端子 4 输入（0~10V）
模拟量输入的响应性	74		输入滤波时间常数	1	1	0~8	对于模拟量输入的 1 次延迟滤波器时间常数，设定值越大过滤效果越明显

(续)

功能	参数 关联参数	名称	单位	初始值	范围	内容
防止参数被意外改写	77	参数写入选择	1	0	0	仅限于停止时可写入
					1	不可写入参数
					2	可以在所有运行模式中不受运行状态限制地写入参数
电动机反转的防止	78	反转防止选择	1	0	0	正转和反转均可
					1	不可反转
					2	不可正转

表4-4 变频器参数一览表Ⅲ

功能	参数 关联参数	名称	单位	初始值	范围	内容
运行模式选择	79	运行模式选择	1	0	0	外部/PU 切换模式
					1	PU 运行模式固定
					2	外部运行模式固定
					3	外部/PU 组合运行模式1
					4	外部/PU 组合运行模式2
					6	切换模式
					7	外部运行模式（PU 运行互锁）
	340	通信起动模式选择	1	0	0	根据 Pr.79 的设定
					1	以网络运行模式起动
					10	以网络运行模式起动，可通过操作面板切换 PU 运行模式与网络运行模式
模拟量输入频率的调整	125	端子2 频率设定增益频率	0.01Hz	50Hz	0~400Hz	端子2 输入增益（最大）的频率
	126	端子4 频率设定增益频率	0.01Hz	50Hz	0~400Hz	端子4 输入增益（最大）的频率
用户参数组功能	160	用户参数组读取选择	1	0	0	显示所有参数
					1	只显示注册到用户参数组的参数
					9999	只显示简单模式的参数
	172	用户参数组注册数显示/一次性删除	1	0	(0~16)	显示注册到用户参数组的参数数量（仅读取）
					9999	将注册到用户参数组的参数一次性删除
	173	用户参数组注册	1	9999	0~999、9999	注册到用户参数组的参数编号，读取值任何之后都是"9999"
	174	用户参数组删除	1	9999	0~999、9999	从用户参数组删除的参数编号，读取值任何之后都是"9999"

(续)

功能	参数		名称	单位	初始值	范围	内容	
		关联参数						
操作面板的动作选择	161		频率设定/键盘锁定操作选择	1	0	0	M旋钮频率设定模式	键盘锁定模式无效
						1	M旋钮电位器模式	
						10	M旋钮频率设定模式	键盘锁定模式有效
						11	M旋钮电位器模式	
输入端子的功能分配	178		STF端子功能选择	1	60	0：低速运行指令 1：中速运行指令 2：高速运行指令 24：输出停止 25：起动自保持选择 60：正转指令（只能分配给STF） 61：反转指令（只能分配给STR） 62：变频器复位 9999：无功能		
	179		STR端子功能选择	1	61			
	180		RL端子功能选择	1	0			
	181		RM端子功能选择	1	1			
	182		RH端子功能选择	1	2			
	183		MRS端子功能选择	1	24			
	184		RES端子功能选择	1	62			

表4-5 变频器参数一览表Ⅳ

功能	参数		名称	单位	初始值	范围	内容	
		关联参数						
电动机停止方法和起动信号的选择	250		停止选择	0.1s	9999	0~100s	起动信号OFF后、经过设定的时间后以自由运行停止	STF信号：正转起动 STR信号：反转起动
						1000~1100s	起动信号OFF后、经过（Pr.250-1000）s设定的时间后以自由运行停止	STF信号：起动信号 STR信号：正转、反转信号
						9999	起动信号OFF后减速停止	STF信号：正转起动 STR信号：反转起动
						8888		STF信号：起动信号 STR信号：正转、反转信号
输入/输出缺相保护选择	251		输出缺相保护选择	1	1	0	无输出缺相保护	
						1	有输出缺相保护	
		872	输入缺相保护选择	1	1	0	无输入缺相保护	
						1	有输入缺相保护	

(续)

功能	参数		名　称	单位	初始值	范围	内　　容
	关联参数						
操作面板的蜂鸣器声音控制	990		PU 蜂鸣器声音控制	1	1	0	无蜂鸣器声音
						1	有蜂鸣器声音
清除参数、初始值变更清除		Pr. CL	参数清除	1	0	0、1	设定为"1"时，除了校正用参数外其他参数将恢复到初始值
		ALLC	参数全部清除	1	0	0、1	设定为"1"时，所有的参数都恢复到初始值
		Pr. CL	报警历史清除	1	0	0、1	设定为"1"时，将清除过去 8 次的报警历史
		Pr. CH	初始值变更清除	—	—	—	显示并设定初始值变更后的参数

注：< V/F > 表示 V/F 控制有效，无标记的功能表示所有控制都有效。

4.1.3　Q 系列 PLC 的硬件介绍

1. 基本组成

Q 系列 PLC 是三菱公司生产的大中型 PLC 系列产品，采用了模块化的结构形式。输入/输出点数最大达到 4096 点；程序存储器容量最大可达 252 千步，采用扩展存储卡后可以达到 32 步；基本指令的处理速度可以达到 34ns；可以适合各种中等复杂程度的机械、自动生产线的控制场合。

Q 系列 PLC 的基本组成包括电源模块、CPU 模块、基板和 I/O 模块等。I/O 模块通过扩展基板可以增加 I/O 点数，通过扩展储存器卡可增加程序储存器容量，通过各种特殊功能模块可提高 PLC 的性能，扩大 PLC 的应用范围。

如图 4-11 是一种简单的 PLC 系统配置。系统由基板（如 Q33B）、电源模块（如 Q62P）、CPU 模块（如 Q02UCPU）、输入模块（如 QX40）、输出模块（如 QY40P）组成。通过 USB 电缆（如 USB Mini B 型）与 PC 通信。

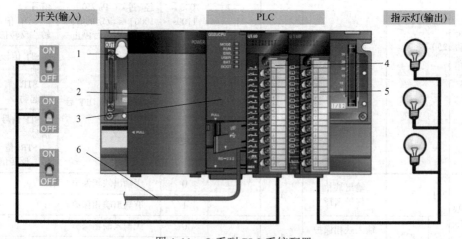

图 4-11　Q 系列 PLC 系统配置
1—基板　2—电源模块　3—CPU 模块　4—输入模块　5—输出模块　6—USB 电缆

2. 模块的配线

对电源模块、输入模块以及输出模块进行配线。

1) 电源模块的配线,以 Q62P 为例,如图 4-12 所示。将电源输入端子与 AC 100V 或 AC 220V 电源进行连接,将 LG、FG 端子接地。

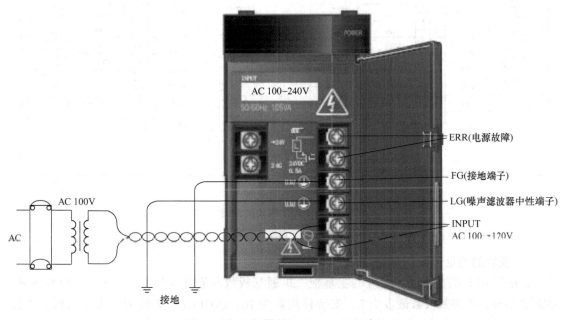

图 4-12 电源模块 (Q62P) 的配线

2) 输入模块的配线,如图 4-13 所示。图 4-13a 是 AC 输入形式,如 QX10;图 4-13b 是 DC 输入(正极性的共集电极型)形式,如 QX40、QX40 – S1、QX70(正负极性都适用)。

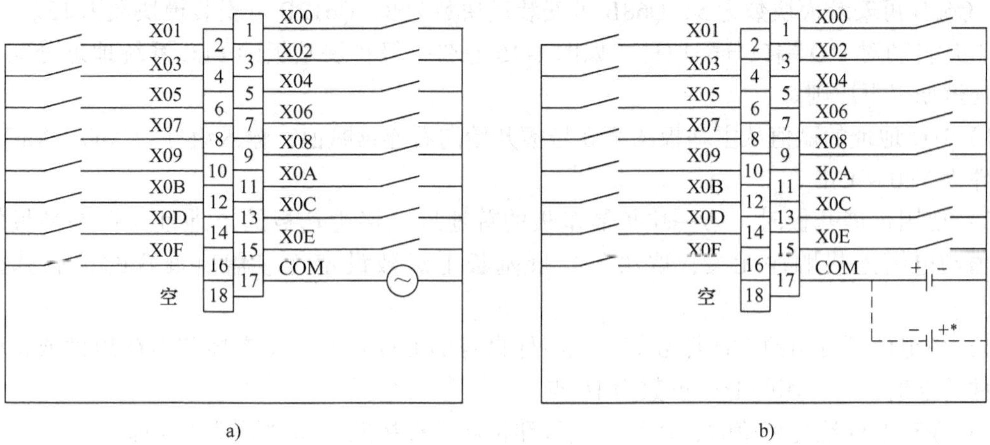

图 4-13 输入模块的配线
a) AC 输入形式 b) DC 输入形式
注:*正负极性都适用。

3）输出模块的配线，如图 4-14 所示。图 4-14a 是触点式输出形式，如 QY10，外部电源可选用 DC 24V 或 AC 100~240V，这取决于负载；图 4-14b 是晶体管式输出（漏型）形式，如 QY40P。

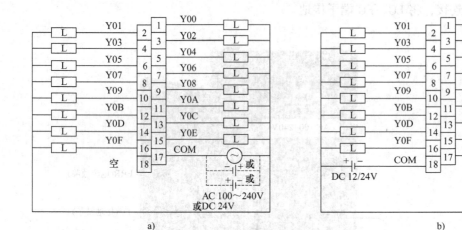

图 4-14 输出模块的配线
a）触点式输出 b）晶体管式输出（漏型）

3. 模块的地址分配

Q 系列 CPU 类型不同，对应的主基板、扩展基板数和安装模块数不一样。如 Q00JCPU 不需主基板，扩展基板数最多为 2、安装模块数为 16；Q00UCPU 必须为 1 块主基板，扩展基板数最多为 4、安装模块数为 24；Q02（H）CPU 必须为 1 块主基板，扩展基板数最多为 7、安装模块数为 64。

主基板 Q00JCPU 可安装 I/O 模块数为 2，Q33B 可安装模块数为 3，Q35B 可安装模块数为 5，Q38B 可安装模块数为 8，Q312B 可安装模块数为 12。

扩展基板 Q52B 可安装 I/O 模块数为 2，Q55B 可安装模块数为 5，Q63B 可安装模块数为 3，Q65B 可安装模块数为 5，Q68B 可安装模块数为 8，Q612B 可安装模块数为 12。

CPU 自动对 I/O 端口分配地址。如图 4-15 是带一级扩展基板的 PLC 系统地址分配。地址分配遵循以下原则。

1）I/O 地址的赋值从主基板的第 0 号槽开始向右连续赋值，输入组件为 Xn0~XnF，输出组件为 Yn0~YnF。

2）使用扩展基板时，第一块扩展基板的首地址顺接主基板的末地址，扩展基板的地址赋值与电缆连接顺序无关，取决于扩展基板上级数设定连接器所设置的扩展基板的级号。

3）各组件所占用的 I/O 点数等于该组件自身的 I/O 点数，没有插装 I/O 组件或特殊功能组件的空槽，所占用的 I/O 点数为 16 点。

4）在对 I/O 地址赋值时，各种主基板和扩展基板按照实际的插槽数处理。

5）如果扩展基板的级号设置不连续（级号设置成跳跃式的），那么这些被越过的扩展级所占用的 I/O 点数等于 0，不增加空插槽数。

6）在多个扩展基板中，不允许设定同样的扩展级数。

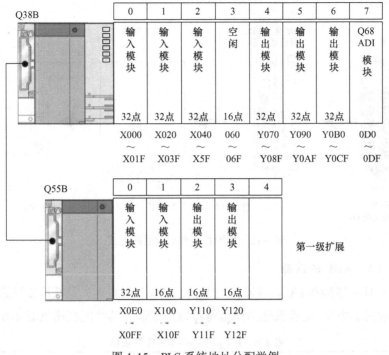

图 4-15 PLC 系统地址分配举例

4.1.4 模拟量模块

1. 模拟量模块的种类

FX 系列的模拟量控制有电压/电流输入、电压/电流输出、温度传感器输入 3 种。模拟量输入/输出模块有特殊适配器和特殊功能模块两种，外观如图 4-16 所示。特殊适配器 + 功能扩展板，安装在 PLC 左边。特殊功能模块安装在 PLC 右边。

二维码 4-2 模拟量模块 PPT

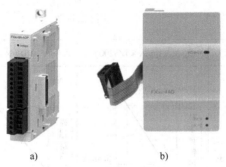

图 4-16 模拟量模块
a) 特殊适配器 FX$_{3U}$-3A-ADP b) 特殊功能模块 FX$_{3U}$-4AD

2. FX$_{3U}$ PLC 与特殊适配器的连接

特殊适配器连接在 FX$_{3U}$ PLC 的左侧，如图 4-17 所示。连接特殊适配器时，需要功能扩展板。最多可以连接 4 台模拟量特殊适配器。使用高速输入/输出特殊适配器时，请将模拟量特殊适配器连接在高速输入/输出特殊适配器的后面。

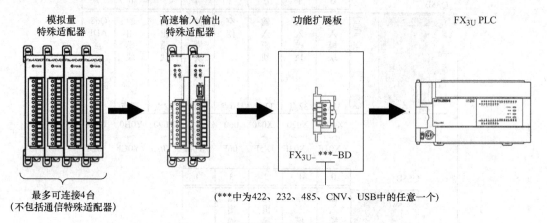

图 4-17 模拟量特殊适配器的连接

3. FX$_{3U}$-3A-ADP 的性能

FX$_{3U}$-3A-ADP 连接在 FX$_{3G}$、FX$_{3U}$、FX$_{3GC}$、FX$_{3UC}$ PLC 上，是获取 2 通道的电压/电流数据并输出 1 通道的电压/电流数据的模拟量特殊适配器。其性能规格见表 4-6。

表 4-6 FX$_{3U}$-3A-ADP 性能规格

输入/输出 规格	电压输入	电流输入	电压输出	电流输出
输入/输出点数	2 通道		1 通道	
模拟量输入/输出范围	DC 0～10V （输入电阻 198.7kΩ）	DC 4～20mA （输入电阻 250kΩ）	DC 0～10V （外部负载 5kΩ～1MΩ）	DC 4～20mA （外部负载 500Ω 以下）
最大绝对输入	-0.5V，+15V	-2mA，+30mA	—	—
数字量输入/输出	12 位 二进制			
分辨率	2.5mV（10V×1/4000）	5μA（16mA×1/3200）	2.5mV（10V×1/4000）	4μA（16mA×1/4000）
输入/输出特性	4080/4000 数字量输出 0→10 10.2V 模拟量输入	3280/3200 数字量输出 0 4mA→20mA 模拟量输入	(V) 10 模拟量输出 0 4000 4080 数字量输入	(mA) 20 模拟量输出 4 0 4000 4080 数字量输入

4. FX$_{3U}$-3A-ADP 的接线

（1）模拟量输入接线

模拟量输入接线如图 4-18 所示。模拟量输入在每个 ch（通道）中都可以使用电压输入、电流输入。电流输入时,将[V□+]端子和[I□+]端子(□:通道号)短接。信号线与动力线分开布线。

电源接线时,需将接地端子和 PLC 基本单元的接地端子一起连接到 D 类接地(100Ω 以下)的供电电源的接地上。

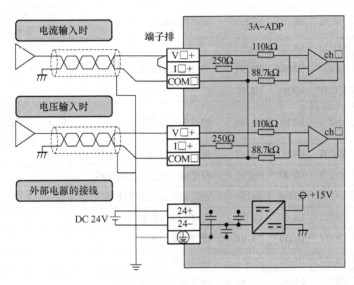

图 4-18 模拟量输入接线

(2)模拟量输出接线

模拟量输出接线如图 4-19 所示。模拟量输出线使用 2 芯屏蔽双绞线电缆,在信号接收侧进行单侧接地。信号线与动力线分开布线。

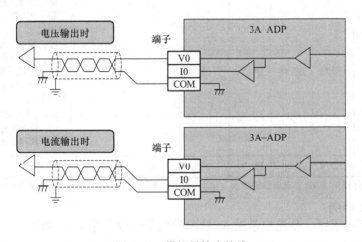

图 4-19 模拟量输出接线

5. 特殊软元件

连接 FX_{3U} - 3A - ADP 时,FX_{3U} PLC 特殊软元件的分配见表 4-7。

表 4-7 FX₃U PLC 特殊软元件的分配

特殊软元件	软元件编号				内容	
	第1台	第2台	第3台	第4台		
特殊辅助继电器	M8260	M8270	M8280	M8290	通道1输入模式切换	OFF：电压输入 ON：电流输入
	M8261	M8271	M8281	M8291	通道2输入模式切换	
	M8262	M8272	M8282	M8292	输出模式切换	OFF：电压输出 ON：电流输出
	M8263	M8273	M8283	M8293	未使用（请不要使用）	
	M8264	M8274	M8284	M8294		
	M8265	M8275	M8285	M8295		
	M8266	M8276	M8286	M8296	输出保持解除设定	OFF：PLC 从 RUN→STOP 时，保持之前的模拟量输出； ON：STOP 时，输出偏置值
	M8267	M8277	M8287	M8297	设定输入通道1是否使用	
	M8268	M8278	M8288	M8298	设定输入通道2是否使用	
	M8269	M8279	M8289	M8299	设定输出通道是否使用	
特殊数据寄存器	D8260	D8270	D8280	D8290	通道1输入数据	
	D8261	D8271	D8281	D8291	通道2输入数据	
	D8262	D8272	D8282	D8292	输出设定数据	
	D8263	D8273	D8283	D8293	未使用（请不要使用）	
	D8264	D8274	D8284	D8294	通道1平均次数（1~4095）	
	D8265	D8275	D8285	D8295	通道2平均次数（1~4095）	
	D8266	D8276	D8286	D8296	未使用（请不要使用）	
	D8267	D8277	D8287	D8297		
	D8268	D8278	D8288	D8298	错误状态	b0：检测出通道1上限量程溢出； b1：检测出通道2上限量程溢出； b2：输出数据设定值错误； b4：EEPROM 错误； b5：平均次数设定值错误； b6：3A-ADP 硬件错误（含电源异常）； b7：3A-ADP 通信数据错误； b8：检测出通道1下限量程溢出； b9：检测出通道2下限量程溢出
	D8269	D8279	D8289	D8299	机型代码 = 50	

注：3A-ADP 硬件错误（b6）、通信数据错误（b7），在 PLC 的电源从 OFF→ON 时，需要用程序来清除。

6. 基本程序举例

如图 4-20 所示程序，是模拟量输入/输出的例子。设定第 1 台的输入通道 1 为电压输入，输入通道 2 为电流输入。通道 1 和通道 2 的 A-D 转换值分别保存在 D100、D101 中。设定输出通道为电压输出，将数据寄存器 D102 中的值经 D-A 转换后输出。

特殊继电器 M8000 运行常接通，特殊继电器 M8001 运行时常断开，

二维码 4-3 模拟量转换数据输入/输出实例

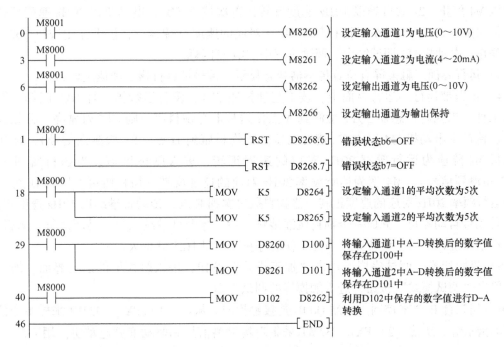

图 4-20 模拟量输入/输出的基本程序举例

特殊继电器 M8002 用来产生初始化脉冲。

A-D 转换的输入数据也可以保存在定时器、计数器的设定值中或者在 PID 指令中直接使用通信参数寄存器 D8260。D102 中被转换的模拟量输出值,可以用人机界面或者顺控程序给定。

4.2 任务实施

4.2.1 灌装贴标系统传送带控制模式 1

1. 任务要求

(1) 功能要求

某灌装贴标系统是将液体产品装入固定容器中,并在容器外贴上标签,工艺示意图如图 3-30 所示。

传送带由变频电动机 M4 驱动,由变频器进行多段速控制。第一段速运行频率为 10Hz,第二段速运行频率为 20Hz,第三段速运行频率为 30Hz,第四段速运行频率为 40Hz,第五段速运行频率为 50Hz,加速/减速时间均为 0.1s。

(2) 控制要求

1) 调试界面。通过触摸屏下拉框,选择需要调试的电动机,当前电动机指示灯亮。触摸屏有传送带运行指示和速度显示。

2) 传送带调试。按下起动按钮 SB1,传送电动机 M4 以运行频率 20Hz 对应的速度正转起动;再次按下按钮 SB1,电动机以运行频率 40Hz 对应的速度正转运行;再次按下 SB1,

电动机 M4 停止，2s 后自动以 10Hz 速度反转；再次按下 SB1，电动机以 30Hz 速度反转运行；再次按下 SB1，电动机以运行频率 50Hz 对应的速度反转运行；按下停止按钮 SB2，电动机停止，电动机 M4 调试结束。调试过程中 HL4 灯闪烁。

3）运行界面。触摸屏有位置传感器状态显示、传送带运行指示和速度显示。

4）传送带运行。运行界面中，按下起动按钮 SB1，设备运行指示灯 HL5 闪烁，等待放入工件。当入料传感器 SQ11 检测到 A 点传送带上有物料瓶，则 HL5 灯常亮，开始加工过程。传送带电动机 M4 以 40Hz 速度正转。当物料瓶到 D 点（S1 检测到信号），传送带电动机 M4 降速为运行频率 20Hz 对应的速度正转，进入贴标区域。当物料瓶到 E 点（SQ2 检测到信号），M4 变为运行频率 20Hz 对应的速度反转。物料瓶再次回到 D 点，M4 变为运行频率 20Hz 对应的速度正转。当物料瓶再次到 E 点，传动带继续以 10Hz 速度正转。5s 后传动带自动停止。完成一个物料瓶灌装贴标后，才允许继续入料，循环运行。运行中，按下停止按钮 SB2 后，设备完成当前工作后停止，同时 HL5 灯熄灭。

5）界面切换。调试完毕，单击"加工模式"按钮，进入触摸屏的运行界面。加工完毕，单击"调试模式"按钮，进入触摸屏的调试界面。

6）用三台 PLC 来控制。主站 Q00U 连接触摸屏。从站（1）FX$_{3U}$-32MR 采样主令信号和驱动指示灯。从站（2）FX$_{3U}$-32MT 采集现场检测信号和驱动变频电动机。用 CC-Link 组网。

2. 确定地址分配

（1）主站（0）I/O 地址分配

主站选择 Q00U 系列 PLC，与 HMI 连接，无输入、输出信号。

（2）从站（1）I/O 地址分配

从站（1）输入信号有起动按钮和停止按钮 2 个，输出信号有传送带调试和运行指示灯 2 个，均是开关量信号，本任务选择 FX$_{3U}$-32MR/ES-A 型 PLC。I/O 地址分配见表 4-8。

[学生练习] 请补充表 4-8 中的 I/O 地址分配。

表 4-8 任务 4.2.1 中从站（1）的 I/O 地址分配表

输入地址	输入信号	功能说明	输出地址	输出信号	功能说明
	SB1	起动按钮		HL1	备用
	SB2	停止按钮		HL2	备用
	SB3	备用		HL3	备用
	SB4	备用		HL4	传送调试灯
				HL5	运行指示灯

（3）从站（2）I/O 地址分配

从站（2）输入信号有 A、D、E 点传感器 3 个，输出信号有变频器正、反转和多段速控制 5 个，均是开关量信号，本任务选择 FX$_{3U}$-32MT/ES-A 型 PLC。I/O 地址分配见表 4-9。

[学生练习] 请补充表 4-9 中的 I/O 地址分配。

表 4-9 任务 4.2.1 中从站 (2) 的 I/O 地址分配表

输入地址	输入信号	功能说明	输出地址	输出信号	功能说明
	SQ1	D 点传感器		STF	变频电动机 M4 正转
	SQ2	E 点传感器		STR	变频电动机 M4 反转
	SQ3	备用传感器		RL	变频电动机 M4 低速
	SQ11	A 点传感器		RM	变频电动机 M4 中速
	SQ12	B 点传感器		RH	变频电动机 M4 高速
	SQ13	C 点传感器			
	SQ14	备用传感器			

（4）CC-Link 通信远程点数分配

PLC 各从站 I/O 地址与远程点数对应关系见表 4-10。

[学生练习] 请补充表 4-10 中 PLC (1) 和 PLC (2) 的 I/O 地址。

表 4-10 任务 4.2.1 中各从站 I/O 地址与远程点数对应一览表

PLC (1) 的 I/O 地址	元件符号	CC-Link 地址	PLC (2) 的 I/O 地址	元件符号	CC-Link 地址
	SB1	X101		SQ1	X122
	SB2	X102		SQ2	X123
	SB3	X103		SQ3	X124
	SB4	X104		SQ11	X129
				SQ12	X12A
				SQ13	X12B
				SQ14	X12C
	HL1	Y101		STF	Y124
	HL2	Y102		STR	Y125
	HL3	Y103		RL	Y126
	HL4	Y104		RM	Y127
	HL5	Y105		RH	Y128

3. 硬件设计

（1）主电路的设计

主电路如图 3-31 所示。本任务中只需接传送电动机 M4。

（2）控制器配电电路的设计

控制器配电电路如图 3-32 所示。

（3）通信电路的设计

CC-Link 网络通信电路接线参照图 3-11。主模块电源由 Q35B 基板提供，接口模块电源 DC 24V 由各自的 PLC 提供。

（4）主站 PLC (0) I/O 电路的设计

主站 Q00U PLC 没有输入/输出信号，不用设计 I/O 电路。

（5）从站 PLC (1) I/O 电路的设计

根据 I/O 地址分配表 4-8，从站 PLC (1) 输入信号接线电路如图 3-33 所示，输出信号接线电路如图 3-34 所示。

(6) 从站 PLC (2) I/O 电路的设计

1) 根据 I/O 地址分配表 4-9，从站 PLC (2) 传感器检测信号接线电路如图 3-36 所示，行程开关输入信号接线电路如图 3-37 所示。

2) 根据 I/O 地址分配表 4-9，从站 PLC (2) 输出信号有 5 个，用于驱动 E740 型变频器，接线电路如图 3-38 所示。变频器设置为漏型 (SINK) 逻辑。

4．系统设置

参照任务 3，参数设置如下：

1) 主站的设定。用站号设置开关，将主站设置为 00。用传送速率/模式设置开关，传输速度设为 2（2.5Mbit/s）。

2) 远程设备站的设定（1 号站）。站号设定为 1。占用站数设置为 0。传输速度设为 2（2.5Mbit/s）。

3) 远程设备站的设定（2 号站）。站号设定为 2。占用站数设置为 0。传输速度设为 2（2.5Mbit/s）。

5．变频器参数设置

(1) 多段速设定

通过端子 RH、RM、RL 及其组合可以进行 7 段速频率设定，如图 4-21 所示。

1 速（高速），RH = ON，以 Pr. 4 给定的频率运行。

2 速（中速），RM = ON，以 Pr. 5 给定的频率运行。

3 速（低速），RL = ON，以 Pr. 6 给定的频率运行。

4 速，RM = RL = ON，以 Pr. 24 给定的频率运行。

5 速，RH = RL = ON，以 Pr. 25 给定的频率运行。

6 速，RH = RM = ON，以 Pr. 26 给定的频率运行。

7 速，RH = RM = RL = ON，以 Pr. 27 给定的频率运行。

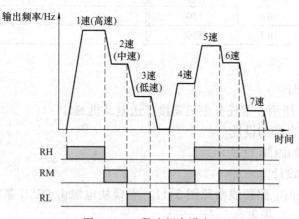

图 4-21　7 段速频率设定

(2) 变频器参数设定

电动机型号为 YS5024，其参数为：$P_N = 60W$，$U_N = 380V$，$I_{NY} = 0.39A$，$I_{N\Delta} = 0.66A$，接法：Y/Δ，$f_N = 50Hz$，$n_N = 1400r/m$。根据电动机铭牌上的参数正确设置变频器输出的额定功率、额定频率、额定电压、额定电流、额定转速，以及电动机的多段速值和加减速时间等参数，见表4-11。

表4-11 变频器参数设定

参数	名称	设定值	功能说明
Pr. 1	上限频率	50Hz	输出频率的上限
Pr. 2	下限频率	0Hz	输出频率的下限
Pr. 3	基准频率	50Hz	电动机的额定频率
Pr. 4	多段速设定（高速）	50Hz	电动动机高速运行频率
Pr. 5	多段速设定（中速）	30Hz	电动机中速运行频率
Pr. 6	多段速设定（低速）	10Hz	电动机低速运行频率
Pr. 7	加速时间	0.1s	电动机起动时间
Pr. 8	减速时间	0.1s	电动机停止时间
Pr. 9	过电流保护	0.39A	电动机的额定电流
Pr. 19	电动机额定电压	380V	电动机的额定电压
Pr. 24	多段速运行频率设定（4速）	20Hz	电动机第4速运行频率
Pr. 25	多段速运行频率设定（5速）	40Hz	电动机第5速运行频率
Pr. 79	运行模式选择	3	设定为外部/PU（或外部多段速）组合模式1
Pr. 178	STF端子功能选择	60	正转
Pr. 179	STR端子功能选择	61	反转

注：变频器的参数设定应在PLC停止状态进行。

[学生练习] 首先清除变频器中全部参数，然后再参照表4-11设置变频器参数。

6. 组态Q00U CPU

参照任务3设置方法组态主站。保存名称为"任务4.2.1主站Q程序"。

7. 软件设计

(1) 主站程序设计

打开名称为"任务4.2.1主站Q程序"的工程。编写主站Q系列PLC程序，如图4-22～图4-25所示。

1) 图4-22是数据初始化和输出驱动程序，各行说明如下。

第0行。初始化脉冲SM402用来清除内部继电器M0～M99、数据寄存器D0～D99。

第8行和第10行。Y104链接从站（1）的输出Y4，驱动传送带调试灯HL4；D64是灯HL4的标识字。Y105链接从站（1）的输出Y5，驱动传送带运行灯HL5；D65是灯HL5的标识字。

第12～36行。Y126链接从站（2）的输出Y6，连接变频器RL；Y127链接从站（2）的输出Y7，连接变频器RM；Y128链接从站（2）的输出Y10，连接变频器RH。Y124链接从站（2）的输出Y4，驱动变频电动机M4正转；Y125链接从站（2）的输出Y5，驱动变频电动机M4反转。寄存器D41、D42、D43、D44和D45分别是10Hz、20Hz、30Hz、40Hz和50Hz转速度标识字，寄存器D46是变频电动机M4正转标识字，寄存器D47是变频电动机M4反转标识字。

2) 图4-23是触摸屏调试界面控制和变频电动机M4调试控制程序，各行说明如下。

第49行。当K1M61 = H8时，即内部继电器M64 = 1，变频电动机M4调试完毕，标识

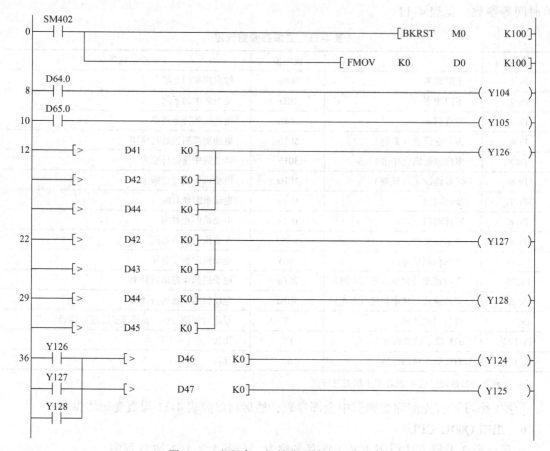

图4-22 主程序:初始化和输出驱动程序

M60 = 1。

第53行~74行。D0用于触摸屏组合框ID号关联,用于选择要调试的电动机。D0 = 1表示调试电动机M1,以此类推,D0 = 4表示调试传动带驱动电动机M4。锁存继电器L1~L4用于触摸屏显示要调试的电机。M40是变频电动机M4正在调试标识。

第81行。触摸屏上选择L4接通后。每按一次起动按钮X101 [从站(1) X1],速度切换标识字D48自动加1;按下停止按钮X102 [从站(1) X2],若D48≥5时,置位调试完毕标识M64,再复位D48。调试过程中,调试灯闪烁标识D64.0闪烁,调试标识M40接通。

当D48 = 1时,10Hz标识D41.0和正转标识D46.0得电;

当D48 = 2时,30Hz标识D43.0和正转标识D46.0得电;

当D48 = 3时,延时2s后,10Hz标识D41.1得电和反转标识D47.1得电;

当D48 = 4时,30Hz标识D43.1和反转标识D47.0得电;

当D48 = 5时,50Hz标识D45.1和反转标识D47.0得电。

3) 图4-24是变频电动机M4运行控制流程。流程分为等待放料步、正转高速输送步、正转贴标步1、反转贴标步、正转贴标步2和正转低速输送步共6步,分别用D70.0~D70.5来存放各步的状态,每个状态步均有动作说明。各状态步之间满足条件时,进行状态

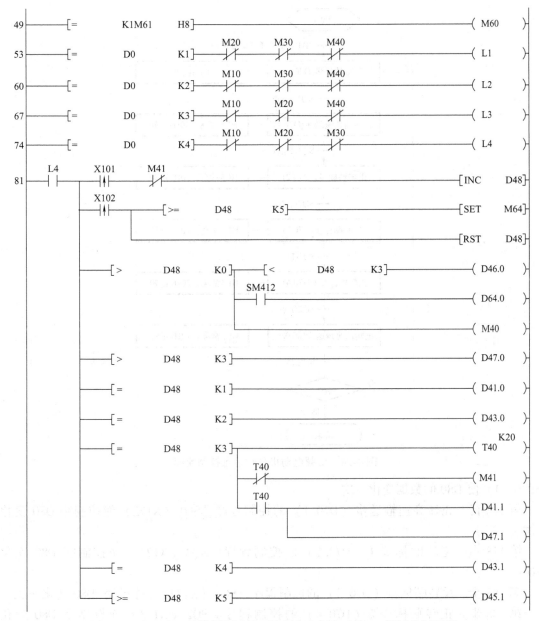

图 4-23 主程序：触摸屏调试界面控制和变频电动机 M4 调试控制程序

转移。

4) 图 4-25 是变频电动机 M4 运行控制程序，根据图 4-24 控制流程编写。各行说明如下。

第 151 行。满足触摸屏自动运行条件（标识 M2 得电）时，按下起动按钮 SB1（X101），等待放料步状态 D70.0 = 1。

第 158 行。用左移指令 SFLP 使状态字 D70 移位。当步进控制条件 D80 数据变化一次，状态字 D70 向左移位一次。

第 164 行。等待放料步（D70.0）的控制程序，当状态转移条件 SQ11（X129）得电，

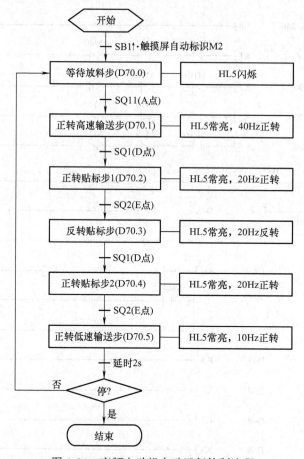

图 4-24 变频电动机自动运行控制流程

D80.0=1,使 D80 的数据变化一次。

第172行。正转高速输送步（D70.1）的控制程序，SQ1（X122）使控制字 D80 变化一次。

第178步。正转贴标步1（D70.2）的控制程序，SQ2（X123）使控制字 D80 变化一次。

第183步。反转贴标步（D70.3）的控制程序，SQ1（X122）使控制字 D80 变化一次。

第188步。正转贴标步2（D70.4）的控制程序，SQ2（X123）使控制字 D80 变化一次。

第193步。正转低速输送步（D70.5）的控制程序。延时5s后，如果有停止信号（M8=1），则清除状态字 D70，结束运行控制；如果没有停止信号（M8=0），则 D70.0=1，返回等待放料步。

5) 图 4-26 是变频电动机 M4 速度显示程序，各行说明如下。

第214行。10Hz速度标识 D41 非0时，10Hz速度显示值送至速度显示标识 D40。

第219行。20Hz速度标识 D42 非0时，20Hz速度显示值送至速度显示标识 D40。

第224行。30Hz速度标识 D43 非0时，30Hz速度显示值送至速度显示标识 D40。

第229行。40Hz速度标识 D44 非0时，40Hz速度显示值送至速度显示标识 D40。

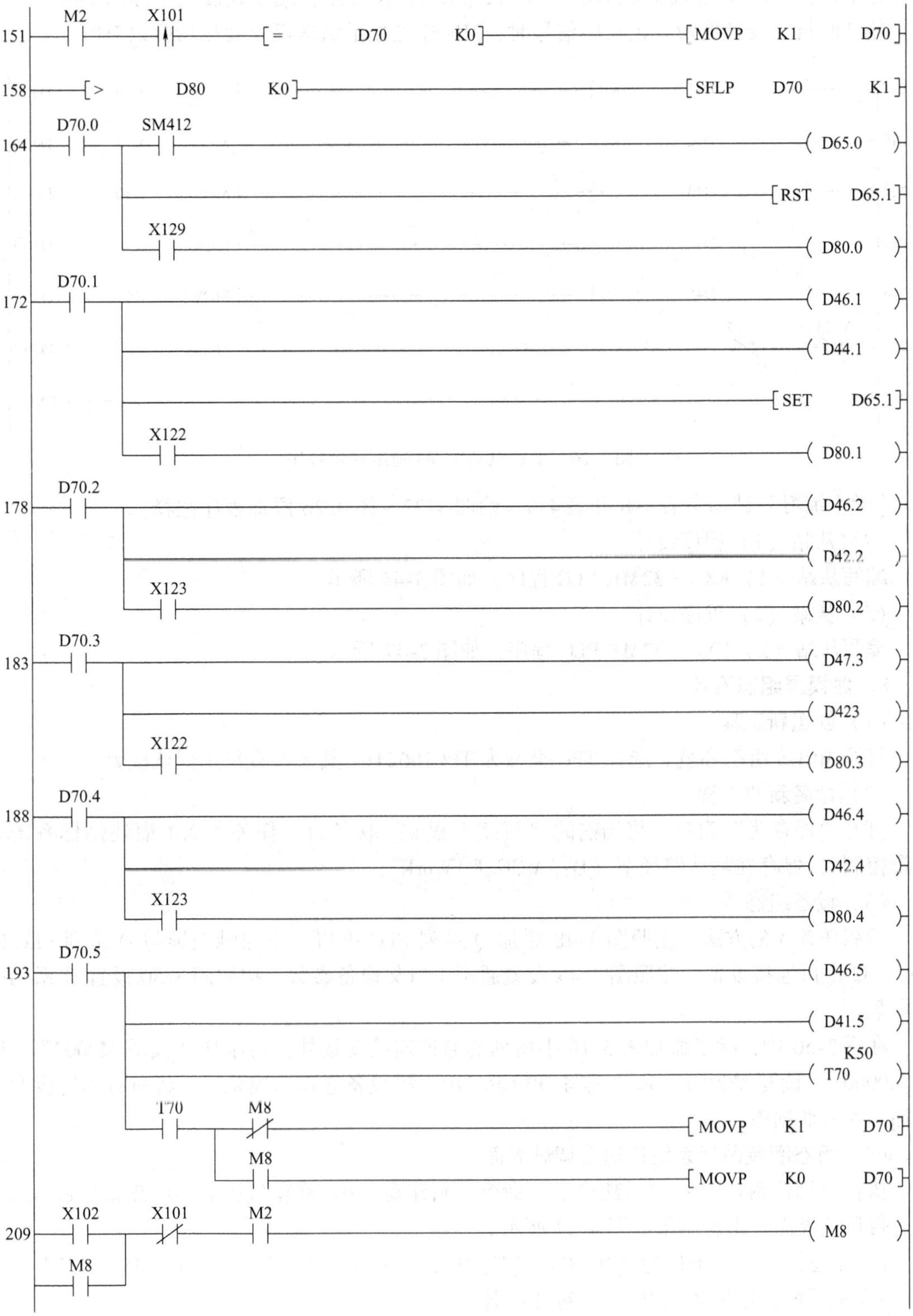

图 4-25 自动运行控制程序

第234行。50Hz速度标识D45非0时,50Hz速度显示值送至速度显示标识D40。

第239行。变频器没有正反转信号时,0Hz速度显示值送至速度显示标识D40。

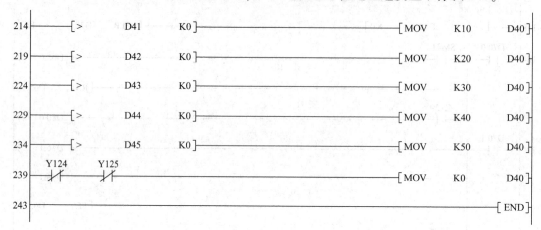

图4-26 变频电动机M4速度显示程序

[学生练习] 请参考表4-8和表4-9,给图4-22~图4-26添加程序注释。

(2) 从站(1)程序设计

编写从站(1)FX$_{3U}$-32MR PLC程序,如图3-46所示。

(3) 从站(2)程序设计

编写从站(2)FX$_{3U}$-32MT PLC程序,如图3-47所示。

8. 触摸屏组态设计

(1) 创建新工程

打开MCGS组态环境。选择TPC类型为TPC7062Ti,其余参数采用默认设置。

(2) 命名新建工程

打开"保存为"窗口。将当前的"新建工程x"取名为"任务4.2.1灌装贴标系统传送带控制",保存在默认路径下(D:\MCGSE\WorK)。

(3) 设备组态

参照任务3的方法,按照图3-48添加Q系列PLC串口、添加触摸屏与Q系列PLC的RS-232串口连接设备。按照图3-49设置通用串口父设备参数。按照图3-50设置Q系列串口参数。

在图3-50中,除了添加表3-16中所列的通道连接变量外,再添加"读写M0002""读写M0060""读写M0064"和"读写DWUB0040"等设备通道。确认后,将所有的连接变量添加到实时数据库。

(4) 组态灌装贴标系统传送带调试界面

执行"用户窗口"→"新建窗口"命令,新建窗口0。在窗口0中,组态灌装贴标系统传送带调试界面,组态结果如图4-27所示。

1) 组态标题栏。坐标为[H:0]、[V:0],尺寸为[W:800]、[H:45],文本内容"灌装贴标系统传送带调试模式",对齐均居中。

2) 组态下拉框。坐标为[H:60]、[V:130],尺寸为[W:180]、[H:230]。执行"基本属性"→"构件类型"命令,选择"下拉组合框",构件属性的ID号关联为"D0",

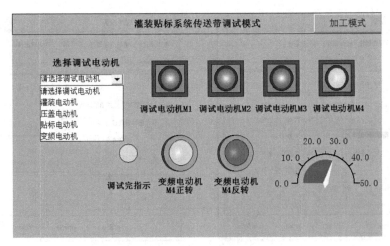

图 4-27 灌装贴标系统传送带调试界面

执行"选项设置"命令,选择"请选择调试电动机""灌装电动机""压盖电动机""贴标电动机"和"变频电动机",确认后退出。添加文本"选择调试电动机",字体"宋体小四粗",对齐均居中。

3)组态调试指示灯。执行"插入元件"→"指示灯 2"命令。"调试电动机 M1"的图符坐标为 [H:300]、[V:100],尺寸为 [W:80]、[H:80]。"连接表达式"为"L1";"调式电动机 M2"的图符坐标为 [H:420]、[V:100],"连接表达式"为"L2";"调式电动机 M3"的图符坐标为 [H:420]、[V:100],"连接表达式"为"L3";"调式电动机 M4"的图符坐标为 [H:660]、[V:100],"连接表达式"为"L4"。

4)组态电动机运行指示。执行"插入元件"→"指示灯 3"命令。"变频电动机 M4 正转"的图符坐标为 [H:320]、[V:260],"连接表达式"为"Y124";"变频电动机 M4 反转"的图符坐标为 [H:440]、[V:260],"连接表达式"为"Y125"。

5)组态变频电动机 M4 的速度指示。执行"工具箱"→"旋转仪表"[2,7] 命令。坐标为 [H:560]、[V:250],尺寸为 [W:230]、[H:230]。旋转仪表构件属性设置如图 4-28 所示。

"刻度与标注属性"设置如图 4-28a 所示,主划线数目:5,次划线数目:2,标注间隔:1,小数位数:1。"操作属性"设置如图 4-28b 所示,表达式为"D40",最大逆时针角度"90"对应的值为"0.0",最大顺时针角度"90"对应的值为"50.0"。

6)组态调试完成指示。插入工具"椭圆"。坐标为 [H:230]、[V:280],尺寸为 [W:40]、[H:40]。颜色动画连接中勾选"填充颜色",分段点 0 对应"灰色",分段点 1 对应"绿色","连接表达式"为"M60",确认后退出。添加文本"调试完指示"。

组态完毕,保存。

(5)组态灌装贴标系统传送带运行界面

执行用户窗口→新建窗口命令,新建窗口 1。在窗口 1 中,组态灌装贴标系统传送带运行界面,组态结果如图 4-29 所示。

1)组态传感器指示。插入工具"椭圆"。"A 点"的图符坐标为 [H:430]、[V:110],尺寸为 [W:30]、[H:30]。勾选"填充颜色","分段点 0"对应"灰色","分段

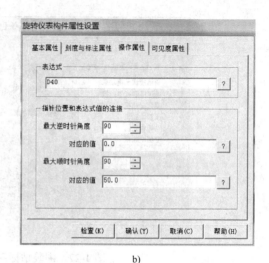

a)　　　　　　　　　　　　　　　b)

图 4-28　旋转仪表构件属性设置
a) 刻度与标注属性　b) 操作属性

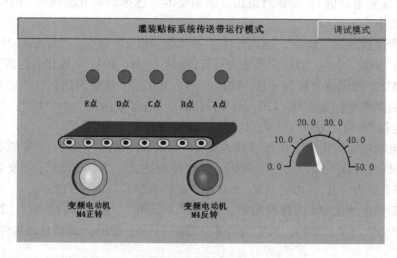

图 4-29　灌装贴标系统传送带运行界面

点 1"对应"绿色","表达式"为"Y129",确认后退出。"B 点"的图符坐标为 [H: 360]、[V: 110],"连接表达式"为"Y12A"。"C 点"的图符坐标为 [H: 290]、[V: 110],"连接表达式"为"Y12B"。"D 点"的图符坐标为 [H: 220]、[V: 110],"连接表达式"为"Y122"。"E 点"的图符坐标为 [H: 150]、[V: 110],"连接表达式"为"Y123"。

2) 组态传送带图标。执行"插入元件"→"传送带 5"命令。坐标为 [H: 90]、[V: 220],尺寸为 [W: 390]、[H: 60]。

3) 组态变频电动机运行指示。执行"插入元件"→"指示灯 3"命令。"变频电动机 M4 正转"的图符坐标为 [H: 120]、[V: 300],"连接表达式"为"Y124"。"变频电动机 M4 反转"的图符坐标为 [H: 370]、[V: 300],"连接表达式"为"Y125"。

4) 组态变频电动机 M4 的速度指示。执行"插入工具"→"旋转仪表"命令。坐标为 [H: 540]、[V: 195],尺寸为 [W: 230]、[H: 230]。其余旋转仪表构件属性设置如

图 4-28 所示。

组态完毕，保存。

(6) 组态窗口切换按钮

1) 切换到窗口 0 按钮。打开窗口 1，执行"插入工具"→"标准按钮"命令。坐标为 [H：650]、[V：1]，尺寸为 [W：150]、[H：43]。属性设置：文本"调试模式"；执行脚本程序→按下脚本命令，编写脚本程序如下。

  IF D70 = 0 THEN
  用户窗口. 窗口 0. Open ( )
  用户窗口. 窗口 1. Close ( )
  M2 = 0
  ENDIF

2) 切换到窗口 1 按钮。打开窗口 0，执行"插入工具"→"标准按钮"命令。坐标为 [H：650]、[V：1]，尺寸为 [W：150]、[H：43]。属性设置：文本"加工模式"；执行脚本程序→按下脚本命令，编写脚本程序如下。

  IF M60 = 1 THEN
  用户窗口. 窗口 1. Open ( )
  用户窗口. 窗口 0. Close ( )
  M2 = 1
  M64 = 0
  D0 = 0
  ENDIF

组态完毕，保存。

9. 下载

(1) MCGS 组态程序的下载

打开 MCGS 组态工程"任务 4.2.1 灌装贴标系统传送带控制"，确定组态设置正确后，完成组态下载。

(2) PLC 程序的下载

1) 主站程序的下载

确认三菱 Q 系列 PLC 编程电缆（USB - Q Mini B 型）连接良好，主站 Q00UCPU 已上电。打开"任务 4.2.1 主站 Q 程序"工程。按照如图 3-52 所示，选择"参数 + 程序（P）"，单击"执行"按钮。完成主站程序的下载。

2) 从站程序的下载

确认三菱 FX 系列 PLC 编程电缆 USB-SC09-FX 连接良好，从站 FX_{3U} CPU 均已上电。参照任务 3，完成从站（1）程序和从站（2）PLC 程序的下载。

注意：下载过程中，不要拔插数据线，以免烧坏通信口。

10. 运行调试

(1) 调试准备工作

1) 进行电气安全方面的初步检测，确认控制系统没有短路、导线裸露、接头松动和有杂物等安全隐患。

2）用 TPC-Q 数据线连接 MCGS 触摸屏与 Q00UCPU，确认触摸屏显示正常。

3）确认 PLC 的各项指示灯是否正常。

4）[学生练习]输入打点。对照表 4-8 和 4-9 的 I/O 地址分配，打点确认各 PLC 站的输入接线正常。

5）[学生练习]输出打点。对照表 4-8 和 4-9 的 I/O 地址分配，打点确认各 PLC 站的输出接线正常。注意，为避免输出联锁造成误动作或误判断，应逐一进行强制性输出打点。

6）[学生练习]对照表 3-4 QJ61BT11 模块 LED 指示灯说明，确认主模块通信指示正常。

7）[学生练习]对照表 3-7 FX_{2N}-32CCL 模块 LED 指示灯说明，确认从站通信指示正常。

(2) 运行调试

[学生练习]按照表 4-12 所列的项目和顺序进行检查调试。检查正确的项目，请在结果栏记"√"；出现异常的项目，在结果栏记"×"，记录故障现象，小组讨论分析，找到解决办法，并排除故障。

表 4-12 任务 4.2.1 运行调试小卡片

序号	检查调试项目	结果	故障现象	解决措施
1	电气安全检测			
2	通信检测			
3	输入打点			
4	输出打点			
5	选择下拉框的检测			
6	传送带调试			
7	界面切换			
8	传送带运行模式：连续运行			
9	传送带运行模式：运行中有停止信号			

1）单击触摸屏下拉框，观察能否正确选择需要调试的电动机。

2）进入传送带调试模式。选择变频电动机，操作起停按钮 SB1/SB2，观察传送（变频）电动机 M4 是否满足控制要求，速度指示是否正确，调试完成后指示灯是否点亮。

3）界面切换。调试完成前调试模式能否切换到运行模式。调试完成后模式如何切换？

4）进入传送带运行模式：连续运行。操作起动按钮 SB1，模拟 A 点有物料瓶，然后依次按照 B—C—D—E—D—E 点的顺序放有物料瓶，观察变频电动机 M4 的运行情况（包括速度）是否符合要求。再次上料，模拟 A 点又有物料瓶，观察连续运行情况。

5）传送带运行模式：运行中有停止信号。连续运行时，按下停止按钮 SB2，观察变频电动机什么时候才能停止。

4.2.2 灌装贴标系统传送带控制模式 2

1. 任务要求

(1) 功能要求

某灌装贴标系统是将液体产品装入固定容器中，并在容器外贴上标签，工艺示意图如图 3-30 所示。传送带由变频电动机 M4 驱动，由变频器进行多段速控制，速度主要由模拟量 4~20mA 给定，可进行正反转，加速/减速时间均为 0.5s。

(2) 控制要求

1) 调试界面。通过触摸屏下拉框，选择需要调试的电动机，当前电动机指示灯亮。传送带运行指示和速度显示。

2) 传送带调试。按下起动按钮 SB1，传送电动机 M4 以 15Hz 速度正转（运行 3s）→20Hz 速度反转（运行 2s）→15Hz 正转（运行 3s）→20Hz 反转（运行 2s）的周期一直运行。速度由 PLC 模拟量 4~20mA 给定。任何时候，按下停止按钮 SB2，电动机停止，电动机 M4 调试结束。调试过程中 HL4 灯以亮 2s 灭 1s 的周期闪烁。

3) 用三台 PLC 来控制。主站 Q00U 连接触摸屏。从站（1）FX_{3U}-32MR 采样主令信号并驱动指示灯。从站（2）FX_{3U}-32MT 采集现场检测信号并驱动变频电动机。用 CC-Link 组网。

2. 确定地址分配

(1) 主站 I/O 地址分配

主站选择 Q00U 系列 PLC，与 HMI 连接，无输入、输出信号。

(2) 从站（1）I/O 地址分配

从站（1）输入信号有起动按钮和停止按钮 2 个信号，输出信号有传送带调试指示灯 1 个信号，均是开关量信号，本任务选择 FX_{3U}-32MR/ES-A 型 PLC。I/O 地址分配见表 4-13。

[学生练习] 请补充表 4-13 中的 I/O 地址分配。

表 4-13 任务 4.2.2 中从站（1）的 I/O 地址分配表

输入地址	输入信号	功能说明	输出地址	输出信号	功能说明
	SB1	起动按钮		HL1	备用
	SB2	停止按钮		HL2	备用
	SB3	备用		HL3	备用
	SB4	备用		HL4	传送带调试指示灯

(3) 从站（2）I/O 地址分配

从站（2）电流模拟量输入信号 1 个，输出信号有变频器正、反转 2 个信号，均是开关量信号，本任务选择 FX_{3U}-32MT/ES-A 型 PLC。输出信号还有电流模拟量输出 1 个，选用 FX_{3U}-3A-ADP 模拟量输入模块。I/O 地址分配见表 4-14。

[学生练习] 请补充表 4-14 中的 I/O 地址分配。

表 4-14 任务 4.2.2 中从站（2）的 I/O 地址分配表

输入地址	输入信号	功能说明	输出地址	输出信号	功能说明
	I1+	监控变频器输出频率（电压）		STF	变频电动机 M4 正转
				STR	变频电动机 M4 反转
				I0	变频电动机 M4 速度（电流）

(4) CC-Link 通信远程点数分配

各远程设备从站通过 CC-Link 发送数据给主站的通信链路，如图 4-30 所示。

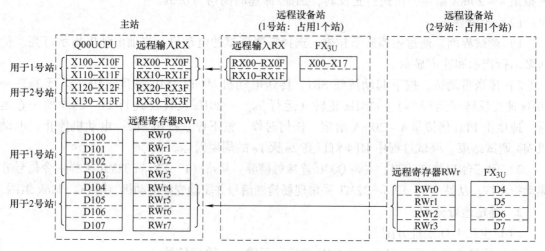

图 4-30 从站发送数据给主站的通信链路

主站通过 CC-Link 发送数据给各远程设备从站的通信链路,如图 4-31 所示。

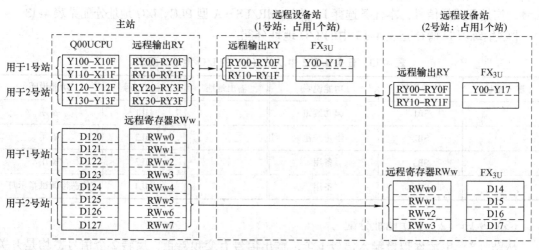

图 4-31 主站发送数据给子站的通信链路

[学生练习] 请根据图 4-30 和图 4-31,补充 PLC 系统中各从站与远程点数对应关系,填入表 4-15 中。

表 4-15 任务 4.2.2 中各从站 I/O 地址与远程点数对应一览表

PLC (1) 的 I/O 地址	元件符号	CC-Link 地址	PLC (2) 的 I/O 地址	元件符号	CC-Link 地址
	SB1			STF	
	SB2			STR	
	SB3				
	SB4				
	HL3			I1 +	
	HL4			I0	

3. 硬件设计

(1) 主电路的设计

主电路如图 3-31 所示。本任务中只需接传送电动机 M4。

(2) 控制器配电电路的设计

控制器配电电路如图 3-32 所示。

(3) 通信电路的设计

CC–Link 网络通信电路接线参照图 3-11。主模块电源由 Q35B 基板提供，接口模块电源 DC 24V 由各自的 PLC 提供。

(4) 主站 PLC (0) I/O 电路的设计

主站 Q00U PLC 没有输入/输出信号，不用设计 I/O 电路。

(5) 从站 PLC (1) I/O 电路的设计

根据 I/O 地址分配表 4-13，从站 PLC (1) 输入信号接线电路如图 3-33 所示，输出信号接线电路如图 3-34 所示。

(6) 从站 PLC (2) I/O 电路的设计

根据 I/O 地址分配表 4-14，从站 PLC (2) 开关量输出信号有 2 个，模拟量信号 2 个，用于驱动和监视 E740 型变频器，接线电路如图 4-32。电压模拟量输入信号接 I1+ (内部地址 D8260)，电流模拟量输出信号接 I0 (内部地址 D8262)，端子 5 是模拟量输入/输出的公共端。变频器须设置为漏型 (SINK) 逻辑。

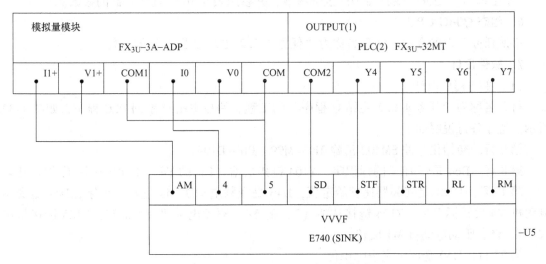

图 4-32 从站 PLC (2) 输出接线图

4. 系统设置

系统设置方法参考 4.2.1 小节。

5. 变频器参数设置

电动机型号为 YS5024，其参数为：$P_N = 60W$，$U_N = 380V$，$I_{NY} = 0.39A$，$I_{N\triangle} = 0.66A$，接法：Y/△，$f_N = 50Hz$，$n_N = 1400r/m$。根据电动机铭牌上的参数正确设置变频器输出的额定功率、额定频率、额定电压、额定电流、额定转速，以及电动机的加减速时间等参数，见表 4-16。

表 4-16 变频器参数设定

参　数	名　　称	设　定　值	功　能　说　明
Pr. 1	上限频率	50Hz	输出频率的上限
Pr. 2	下限频率	0Hz	输出频率的下限
Pr. 3	基准频率	50Hz	电动机的额定频率
Pr. 7	加速时间	0.5s	电动机起动时间
Pr. 8	减速时间	0.5s	电动机停止时间
Pr. 9	过电流保护	0.39A	电动机的额定电流
Pr. 19	电动机额定电压	380V	电动机的额定电压
Pr. 55	频率监视基准	50Hz	端子 AM 满刻度值
Pr. 79	运行模式选择	3	设定为外部/PU（或端子 4~5 间）组合模式 1
Pr. 126	端子 4 频率设定增益	50Hz	端子 4 输入增益（最大）的频率
Pr. 158	AM 端子功能选择	1	输出频率
Pr. 267	端子 4 输入选择	0	端子 4 输入 4~20mA
Pr. 178	STF 端子功能选择	60	正转
Pr. 179	STR 端子功能选择	61	反转

注：变频器的参数设定应在 PLC 停止状态进行。

[学生练习] 请清除变频器中的全部参数，并参照表 4-16 设置变频器的参数。

6. 组态 Q00U CPU

参照任务 3 设置方法。保存名称为"任务 4.2.2 主站 Q 程序"的工程。

7. 软件设计

(1) 主站程序设计

打开名称为"任务 4.2.2 主站 Q 程序"的工程。编写主站 Q 系列 PLC 程序，如图 4-33 所示。程序各行说明如下。

第 0 行。初始化脉冲 SM402 清除 M0~M99、D0~D199。

第 8 行。D64 是灯 HL4 的标识字，Y104 链接从站 (1) 的 Y4，驱动传送带调试灯 HL4。

第 10 行。D124 是变频器速度给定值，D46 是变频电动机 M4 正转标识字，D47 是变频电动机 M4 反转标识字。Y124 链接从站 (2) 的 Y4，驱动电动机 M4 正转；Y125 链接从站 (2) 的 Y5，驱动电动机 M4 反转。

第 23 行。M60 是调试完毕标识位。

第 27 行。没有选择时，清除调试完毕标识 M61~M64。

第 33~54 行。D0 用于触摸屏组合框 ID 号关联，用于选择要调试的电动机。D0 = 4 表示调试传动带驱动电动机 M4。L1~L4 用于触摸屏指示所选中的电动机。M40 是电动机 M4 正在调试标识。

第 61 行。操作起动按钮 SB1（链接 X101）。0~3s，变频电动机以 15Hz 速度正转；3~5s，变频电动机以 20Hz 速度反转。如此循环，直到按下停止按钮 SB2（链接 X102）。D1 存放速度给定模拟量 (Hz)。D46 存放变频电动机正转控制标识字，D47 存放变频电动机反转控制标识字。D64 是调试灯标识字。

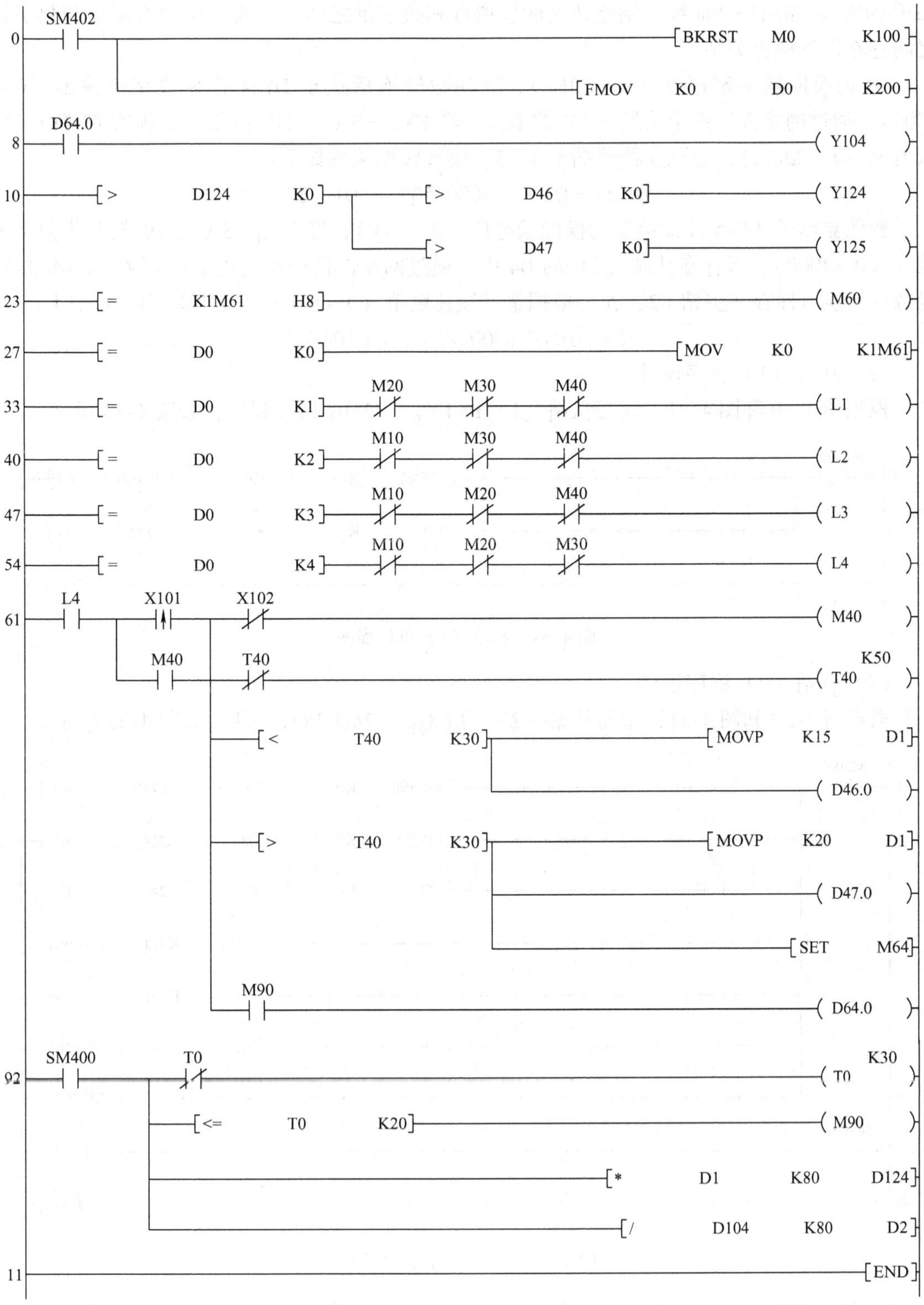

图 4-33 主站 PLC 程序

第 92 行。M90 是接通 2s、断开 1s 的标识位。根据表 4-6 所示的模拟量模块 $FX_{3U}-3A-ADP$ 的输入/输出特性曲线，给定速度的模拟量和数字量之间、反馈速度的模拟量和数字量之间存在以下换算关系。

D1 的模拟量给定速度（0~50Hz），经模数转换后送至 D124 作为数字量输出（0~4000），通过网络链接送至从站（2）的 D14，经 $FX_{3U}-3A-ADP$ 转化为变频器的模拟量输入电流（4~20mA），送至变频器端子 4~5。模数转换关系如下：

$$D124 = D1 \cdot (4000/50) = D1 \cdot 80$$

变频器端子 AM-5 反馈速度的模拟量电压（0~10V），经 $FX_{3U}-3A-ADP$ 转化为数字量输入（0~4000），保存在从站（2）的 D4 中，通过网络链接送给主站 D104 的（0~4000），经数模转换后保存在主站 D2，作为模拟量反馈速度值（0~50Hz）。数模转换关系如下：

$$D2 = D104/(4000/50) = D104/80$$

（2）从站（1）程序设计

根据图 4-30 和图 4-31，编写从站（1）的 $FX_{3U}-32MR$ PLC 程序，如图 4-34 所示。

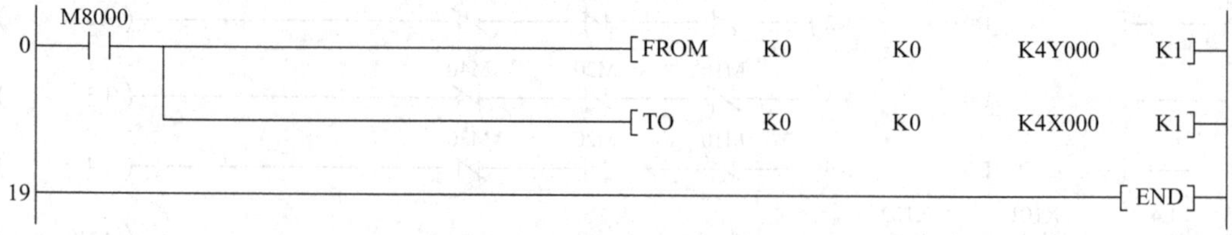

```
0   M8000
    ├──┤├──────────────────[FROM  K0   K0   K4Y000  K1]
    │                      [TO    K0   K0   K4X000  K1]
19                                                  [END]
```

图 4-34 从站（1）PLC 程序

（3）从站（2）程序设计

根据图 4-30 和图 4-31，编写从站（2）的 $FX_{3U}-32MT$ PLC 程序，如图 4-35 所示。

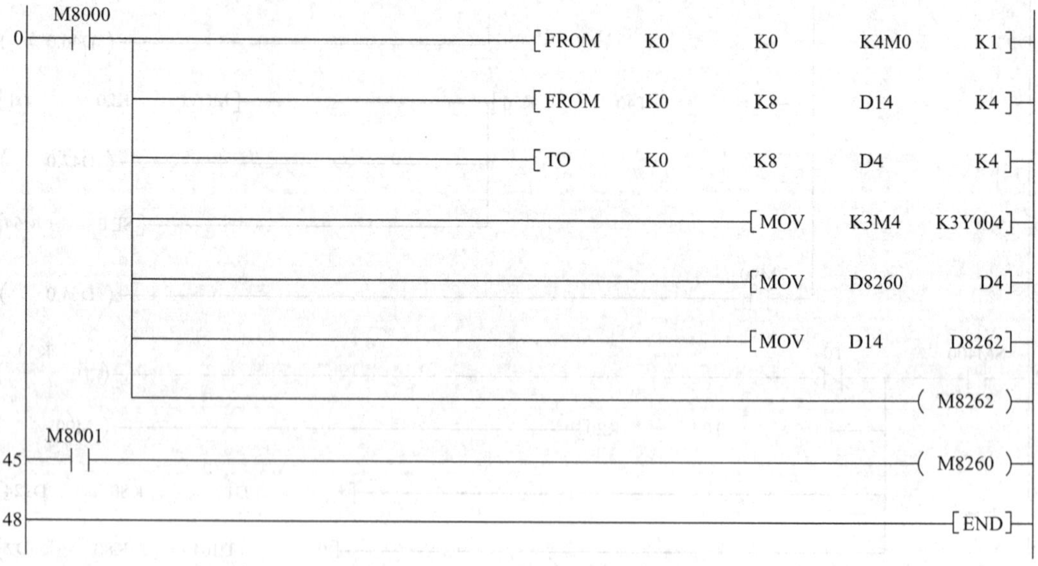

```
0   M8000
    ├──┤├──────────────────[FROM  K0   K0   K4M0    K1]
    │                      [FROM  K0   K8   D14     K4]
    │                      [TO    K0   K8   D4      K4]
    │                      [MOV   K3M4  K3Y004]
    │                      [MOV   D8260 D4]
    │                      [MOV   D14   D8262]
    │                                           (M8262)
45  M8001
    ├──┤├──────────────────────────────────────(M8260)
48                                                  [END]
```

图 4-35 从站（2）PLC 程序

D4 保存 $FX_{3U}-3A-ADP$ 第 1 输入通道（D8260）的数据，写入本站 BFM 写缓冲区 RWr0，经 CC-Link 链路扫描，送至主站 BFM 写缓冲区 RWr4（2 号站的第一个远程寄存器）。

D14 读取本站读 BFM 区 RWw0 的数，该数据来自经 CC-Link 链路扫描的，主站读 BFM 区 RWw4（2 号站的第一个远程寄存器）。D14 的数据，传送给 FX_{3U}-3A-ADP 输出通道（D8262）。M8260=OFF，设置输入通道 1 为电压输入（0~10V）；M8262=ON，设置输出通道为电流输出（0~20mA）。

8. 触摸屏组态

（1）创建新工程

打开 MCGS 组态环境。选择 TPC 类型为 TPC7062Ti，其余参数采用默认设置。

（2）命名新建工程

打开"保存为"窗口。将当前的"新建工程 x"取名为"任务 4.2.2 灌装贴标系统传送带调试"，保存在默认路径下（D:\MCGSE\WorK）。

（3）设备组态

参照任务 3 的方法，按照图 3-48，添加触摸屏与 Q 系列 PLC 的 RS232 串口连接设备。按照图 3-49，设置通用串口父设备参数。按照图 3-50，设置 Q 系列串口参数。

[学生练习] 在图 3-50 中，添加表 4-17 中所列的通道连接变量。确认后，将所有的连接变量添加到实时数据库。

表 4-17 通道连接变量

索引	连接变量	通道名称	十进制数	功能说明
0001	Y124	读/写 Y0124	292	变频电动机 M4 正转 STF
0002	Y125	读/写 Y0125		变频电动机 M4 反转 STR
0003	M60	读/写 M0060		调试完成标识位
0004	L1	读/写 L0001		调试电动机 M1 指示
0005	L2	读/写 L0002		调试电动机 M2 指示
0006	L3	读/写 L0003		调试电动机 M3 指示
0007	L4	读/写 L0004		调试电动机 M4 指示
0008	D0	读/写 DWUB0000		组合框 ID 号关联
0009	D2	读/写 DWUB0002		反馈速度（0~50Hz）

（4）组态灌装贴标系统传送带调试界面

执行"用户窗口"→"新建窗口"命令，新建窗口 0。在窗口 0 中，组态灌装贴标系统传送带调试界面，组态结果如图 4-36 所示。

1）组态标题栏。坐标为 [H:0]、[V:0]，尺寸为 [W:800]、[H:45]，文本内容"灌装贴标系统传送带调试模式"，对齐均居中。

2）组态下拉框。坐标为 [H:60]、[V:130]，尺寸为 [W:180]、[H:230]。执行"基本属性"→"构件类型"命令，选择"下拉组合框"，构件属性的 ID 号关联为"D0"，执行"选项设置"命令，选择"请选择调试电动机""灌装电动机""压盖电动机""贴标电动机"和"变频电动机"，确认后退出。添加文本"选择调试电动机"，字体"宋体小四粗"，对齐均居中。

3）组态调试指示灯。执行"插入元件"→"指示灯 2"命令。"调试电动机 M1"的图符坐标为 [H:300]、[V:100]，尺寸为 [W:80]、[H:80]。"连接表达式"为"L1"。

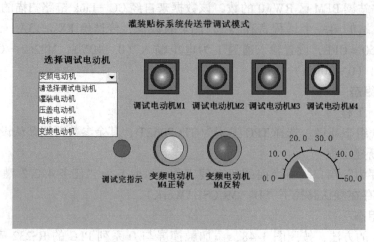

图 4-36 传送带调试模式界面

"调式电动机 M2"的图符坐标为 [H: 420]、[V: 100],"连接表达式"为"L2"。"调式电动机 M3"的图符坐标为 [H: 420]、[V: 100],"连接表达式"为"L3"。"调式电动机 M4"的图符坐标为 [H: 660]、[V: 100],"连接表达式"为"L4"。

4) 组态电动机运行指示。执行"插入元件"→"指示灯 3"命令。"变频电动机 M4 正转"的图符坐标为 [H: 320]、[V: 260],连接表达式为"Y124"。"变频电动机 M4 反转"的图符坐标为 [H: 440]、[V: 260],"连接表达式"为"Y125"。

5) 组态电动机 M4 反馈速度指示。执行"插入工具"→"旋转仪表"命令。坐标为 [H: 560]、[V: 250],尺寸为 [W: 230]、[H: 230]。旋转仪表构件属性设置如下。

主划线数目:5,次划线数目:2,标注间隔:1,小数位数:1,表达式为"D2",最大逆时针角度"90"对应的值"0.0",最大顺时针角度"90"对应的值"50.0"。

6) 组态调试完成指示。插入工具"椭圆"。坐标为 [H: 230]、[V: 280],尺寸为 [W: 40]、[H: 40]。颜色动画连接勾选"填充颜色",分段点 0 对应"灰色",分段点 1 对应"绿色",表达式为"M60",确认后退出。添加文本"调试完指示"。

组态完毕,保存。

9. 下载

(1) MCGS 组态程序下载

打开 MCGS 组态工程"任务 4.2.2 灌装贴标系统传送带调试",确定组态设置正确,没有错误后,完成组态下载。

(2) PLC 程序下载

1) 主站程序下载

确认三菱 Q 系列 PLC 编程电缆(USB - Q Mini B 型)连接良好,主站 Q00UCPU 已上电。打开"任务 4.2.2 主站 Q 程序"工程。按照如图 3-52 所示,选择"参数+程序(P)",单击"执行"按钮。完成主站程序的下载。

2) 从站程序下载

确认三菱 FX 系列 PLC 编程电缆 USB-SC09-FX 连接良好,从站 FX_{3U} CPU 均已上电。参照任务 3,完成图 4-34 从站(1)程序和图 4-35 从站(2)PLC 程序的下载。

注意：下载过程中，不要拔插数据线，以免烧坏通信口。

10. 运行调试

（1）调试准备工作

1）进行电气安全方面的初步检测，确认控制系统没有短路、导线裸露、接头松动和有杂物等安全隐患。

2）用 TPC - Q 数据线连接 MCGS 触摸屏与 Q00UCPU，确认触摸屏显示正常。

3）确认 PLC 的各项指示灯是否正常。

4）[学生练习] 对照表 4-14 和 4-15 的 I/O 地址分配，打点确认各 PLC 站的输入接线正常。

5）[学生练习] 对照表 4-14 和 4-15 的 I/O 地址分配，打点确认各 PLC 站的输出接线正常。注意，为避免输出联锁造成误动作或误判断，应逐一进行强制性输出打点。

6）[学生练习] 对照表 3-4 QJ61BT11 模块 LED 指示灯说明，确认主模块通信指示正常。

7）[学生练习] 对照表 3-7 FX_{2N} - 32CCL 模块 LED 指示灯说明，确认从站通信指示正常。

（2）运行调试

[学生练习] 按照表 4-18 所列的项目和顺序进行检查调试。检查正确的项目，请在结果栏记"√"；出现异常的项目，在结果栏记"×"，记录故障现象，小组讨论分析，找到解决办法，并排除故障。

表 4-18　任务 4.2.2 运行调试小卡片

序　号	检查调试项目	结　果	故障现象	解决措施
1	电气安全检测			
2	通信检测			
3	输入打点			
4	输出打点			
5	选择下拉框的检测			
6	传送带调试			

1）单击触摸屏下拉框，观察能否正确选择需要调试的电动机。

2）进入传送带调试模式。选择变频电动机，操作起停按钮 SB1/SB2，观察传送（变频）电动机 M4 是否满足控制要求，反馈速度指示是否正确，调试指示灯 HL4 和完成后指示灯是否满足要求。

任务 5　实现步进电动机的 PLC 控制

步进电动机是一种控制电动机，有着高精度和快速响应的特点，需要专门的驱动器才能工作。每接收 PLC 输出的一个脉冲，电动机就转过所设定的角度或者前进一步。系统精度由小小的脉冲细分设定来决定，失之毫厘，谬以千里！

知识目标：
- 了解步进电动机的用途、特点和工作原理；
- 了解步进驱动器的规格参数和接线方法；
- 掌握步进电动机速度和位移的控制算法；
- 了解步进驱动器脉冲细分功能；
- 理解高速脉冲指令 DPLSY 的使用。

能力目标：
- 会选用和设置步进驱动器、安装步进电动机；
- 能绘制步进驱动器与 PLC、步进电动机之间的接线图；
- 会连接 PLC、步进驱动器、步进电动机之间的接线；
- 能用 PLC 控制步进电动机实现精确移位控制。

5.1　知识准备

5.1.1　步进电动机概述

1. 步进电动机的作用

1) 步进电动机是一种将电脉冲信号转换为相应角位移或直线位移的电动机。

2) 每来一个电脉冲，步进电动机转动一定角度，带动机械装置移动一小段距离。

3) 其输出的角位移或线位移与输入的脉冲数成正比，转速与脉冲频率成正比。因此，步进电动机又称脉冲电机。

图 5-1a 是步进电动机及其驱动器，图 5-1b 是步进电动机外观。

a)　　　　　　　　　　　　b)

图 5-1　步进电动机及其驱动器

2. 步进电动机的特点

1) 来一个脉冲,转一个步距角。
2) 控制脉冲频率,可控制电动机转速。
3) 改变脉冲顺序,可改变转动方向。

3. 步进电动机的种类

1) 按励磁方式分,有反应式(VR)、永磁式(PM)和混合式(HB)三种。
2) 按相数分,有单相、两相、三相和多相等。

永磁式一般为两相,转矩和体积较小,步距角一般为7.5°或1.5°。反应式一般为三相,可实现大转矩输出,步距角一般为1.5°,但噪声和振动都很大,已被淘汰。混合式是指混合了永磁式和反应式的优点。它又分为两相、三相和五相,两相步距角一般为1.8°,而五相步距角一般为0.72°。

4. 步进电动机的工作原理

以三相反应式步进电动机为例,如图5-2所示。定子内圆均匀分布着六个磁极,磁极上有励磁绕组,每两个相对的绕组组成一组。转子有四个齿。

1) 三相单三拍。三个绕组依次通电一次为一个循环周期,一个循环周期包括三个工作脉冲。按A→B→C→A→…的顺序给三相绕组轮流通电,转子便一步一步转动起来。每一拍转过30°(步距角),每个通电循环周期(3拍)转过90°(一个齿距角),如图5-2所示。

 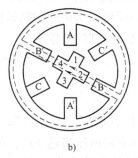 

a) b) c)

图 5-2 三相单三拍通电方式
a) A相通电 b) B相通电 c) C相通电

2) 三相单双六拍。通电循环周期如下:A→AB→B→BC→C→CA→A→…,每个循环周期分为六拍。每拍转子转过15°(步距角),一个通电循环周期(六拍)转子转过90°(齿距角)。

3) 计算公式

为了获得小步距角,电动机的定子、转子都做成多齿的,如图5-3所示。减小步距角的一个有效途径是增加转子齿数。

步进电动机的步距角 θ 与拍数 m、转子齿数 Z_r 有关,其步距角计算公式为

$$\theta = \frac{360°}{mZ_r} \tag{5-1}$$

式中,θ 的单位为°。

步进电动机的转速 n 与拍数 m、转子齿数 Z_r 及脉冲频率 f 有关,其转速计算公式为

$$n = \frac{60f}{mZ_r} \tag{5-2}$$

式中,n 的单位为 r/min。

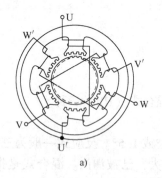  

图 5-3 小步距角的三相反应式步进电动机

a) 结构示意图 b) 定子 c) 转子

5.1.2 步进驱动器

1. 步进驱动器的作用

步进驱动器是一种能使步进电动机运转的功率放大器,工作原理如图 5-4 所示。当步进驱动器接收到一个脉冲信号,它就驱动步进电动机按设定的方向转动一个固定的角度(即步进角)。通过控制脉冲个数来控制角位移量,从而达到准确定位的目的;通过控制脉冲频率来控制步进电动机转动的速度和加速度,从而达到精确调速的目的。总之,步进驱动器就是用来实现功率放大、脉冲分配和电流控制的装置。

采用细分驱动技术可以大大提高步进电动机的步距分辨率,减小转矩波动,避免低频共振及降低运行噪声。

2. 3M458 型步进驱动器简介

1) 3M458 型步进驱动器采用交流伺服驱动原理,具备交流伺服运转特性,三相正弦电流输出,内部驱动直流电压高达 40V,能提供更好的高速性能,具有电动机静态锁紧状态下的自动半流功能,可以大大降低电动机的发热。可驱动 3S57Q-04079、3S57Q-04056、3S85Q-04097 等型号的三相混合式步进电动机。其规格参数见表 5-1,外观如图 5-5 所示。

二维码 5-1 步进驱动器

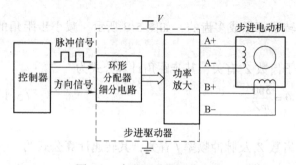 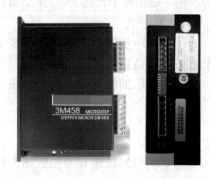

图 5-4 步进驱动器的作用图　　　　图 5-5 3M458 步进驱动器

表 5-1　3M458 型步进驱动器规格参数表

序　号	项　　目	规　格　参　数
1	供电电压	直流 24~40V
2	输出相电流	3.0~5.8A
3	控制信号输入电流	6~16mA
4	冷却方式	自然风冷
5	使用环境要求	避免金属粉尘、油雾或腐蚀性气体
6	使用环境温度	-10℃~+45℃
7	使用环境湿度	<85% 非冷凝
8	重量	0.7kg

2）典型接线图。3M458 型步进驱动器有两种接线逻辑：共阳接法和共阴接法，如图 5-6 所示。当控制信号电源 V_{CC} 选 5V 时，R0 = 0Ω；选 24V 时，R0 = 2kΩ。

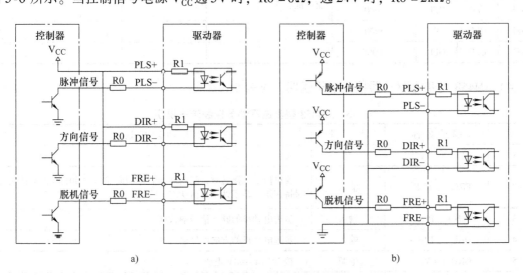

图 5-6　步进驱动器的典型接线图
a）共阳接法　b）共阴接法

3）电流调整和脉冲细分设定。在驱动器的侧面连接端子中间有一个红色的八位 DIP 功能设定开关，如图 5-7 所示，可以用来设定驱动器的工作方式和工作参数。更改该开关的设定之前必须先切断电源！

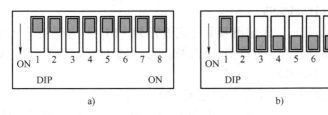

图 5-7　DIP 开关

DIP 开关的功能说明见表 5-2。图 5-7a 所示是 10000 细分，输出电流值为 3.0A，有自动半流功能；图5-7b所示为2000细分，输出电流值为5.8A，无自动半流功能。

半流功能就是电动机停止时，定子锁住转子的力会下降为一半，可以减少电动机的发热量和节能。全流功能中力矩大，但振荡也较大，发热也大。根据不同的工况选择全流或半流。只有较先进的驱动器才有此功能。

表5-2 DIP开关功能说明

脉冲细分设定				半流功能	输出相电流设定				
DIP1	DIP2	DIP3	细分（步/转）	DIP4	DIP5	DIP6	DIP7	DIP8	输出电流峰值
ON	ON	ON	400	ON时，自动半流功能禁止；OFF时自动半流功能有效	OFF	OFF	OFF	OFF	3.0A
ON	ON	OFF	500		OFF	OFF	OFF	ON	4.0A
ON	OFF	ON	600		OFF	OFF	ON	OFF	4.6A
ON	OFF	OFF	1000		OFF	OFF	ON	ON	5.2A
OFF	ON	ON	2000		OFF	ON	OFF	OFF	5.8A
OFF	ON	OFF	4000						
OFF	OFF	ON	5000						
OFF	OFF	OFF	10000						

4）3M458型步进驱动器接线端子说明，见表5-3。

表5-3 3M458型步进驱动器接线端子说明

序号	端子名称	性质	功能描述
1	NC	空	无
2	FRE+、FRE-	输入	脱机信号。接通时，驱动器会立即切断输出的相电流，电动机无保持扭矩，转子处于自由状态
3	PLS+、PLS-	输入	步进电动机的脉冲信号输入端
4	DIR+、DIR-	输入	步进电动机的方向信号输入端
5	GND、+V	电源	接DC 24~48V电压
6	W、V、U	输出	连接三相步进电动机
7	LED	指示灯	绿色表示驱动器正常，红色表示报警，报警后驱动器停止工作

5）3M458型步进驱动器与三相步进电动机、PLC之间的接线图如图5-8所示。

5.1.3 脉冲输出指令

1. 脉冲输出指令（D）PLSY

1）条件满足时，从[D.]中输出频率（速度）为[S1.]的[S2.]个脉冲串。

2）在输出过程中条件断开，立即停止脉冲输出，当条件再次满足后，从初始状态开始重新输出[S2.]指定的脉冲数。

3）[D.]用于设定输出口，允许设定范围：Y0、Y1。

4）16位运算时，[S1.]设定频率范围为1~32767Hz；32位运算时，特殊适配器允许[S1.+1, S1.]设定频率范围为1~200000Hz，基本单元中频率设定范围为1~100000Hz。

5）16位运算时，[S2.]设定脉冲数范围为1~32767（P，即脉冲）；32位运算时，

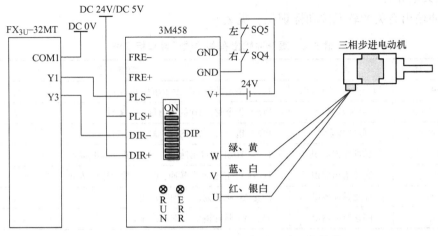

图 5-8 PLC、步进驱动器及步进电动机的接线

[S2. +1 S2.] 设定脉冲数范围为 1~2147483647。如果 [S2.] 的值为 K0 时，表示发送连续的脉冲，如果为其他值时，就表示具体的脉冲数。

如图 5-9 所示。当 X10 为 ON 时，从 Y0 输出口以每秒 2000 个脉冲的速度高速输出 10000 个脉冲。如果脉冲数超过 32767 个，必须用 32 位运算。

图 5-9 PLSY 指令

2. 带加减速功能的脉冲输出指令（D）PLSR

1) [S1.]：最高频率。16 位运算时，指令允许的频率范围：10~32767Hz。32 位运算时，指令的频率范围：10~100000Hz。

2) [S2.]：输出脉冲总数。16 位运算时，指令允许的脉冲数范围：1~32767（p）。32 位运算时，指令允许的脉冲数范围：1~2147483647（p）。

3) [S3.]：加减速时间。其设定范围：50~5000ms。

4) [D.]：脉冲输出口。其设定范围，Y0、Y1。

如图 5-10 所示。当 X10 为 ON 时，从 Y0 输出口高速输出 10000 个脉冲。加减速时间均为 200ms，脉冲稳定输出频率为 4000Hz。

二维码 5-2 脉冲输出指令

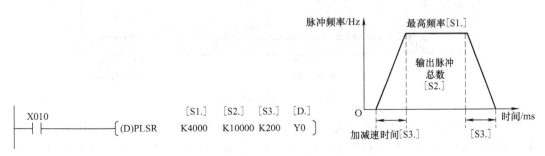

图 5-10 PLSR 指令

3. 相关软元件

跟脉冲输出有关的软元件和标识位，见表 5-4。

表 5-4 跟脉冲输出有关的软元件和标识位

软元件或标识位	含义	功能描述
M8029	指令执行结束标识	1——指定的脉冲数发生事件的结束
D8141、D8140	脉冲数累计	PLSY 指令时，Y0 的输出脉冲数累计
D8143、D8142	脉冲数累计	PLSY 指令时，Y1 的输出脉冲数累计
M8340	脉冲输出标识	1——Y0 正在输出脉冲，0——脉冲输出结束
M8350	脉冲输出标识	1——Y1 正在输出脉冲，0——脉冲输出结束
M8349	停止脉冲输出	停止 Y0 脉冲输出（即刻停止）
M8359	停止脉冲输出	停止 Y1 脉冲输出（即刻停止）

如果 M8340（或 M8350）标识位为 ON 时，请勿执行指定了同一输出编号的定位指令和脉冲输出指令。再次输出脉冲时，如果 M8349（或 M8359）为 OFF 后，请对脉冲输出指令执行 OFF→ON 操作后再次驱动。

指令执行结束标识位 M8029 应该放在本条脉冲输出指令之后，下一条脉冲输出指令之前。

5.2 任务实施：伺服灌装系统 Y 轴灌装步进电动机调试

1. 任务要求

（1）功能要求

某伺服灌装系统由 X 轴跟随伺服、Y 轴灌装步进、主轴传送带、正品检测装置、正品传送带和次品传送带等部分组成，工艺示意图如图 5-11 所示。SQ1 是 X 轴原点，SQ2 是喷嘴追上空物料瓶的同步点，SQ3 是灌装结束点。

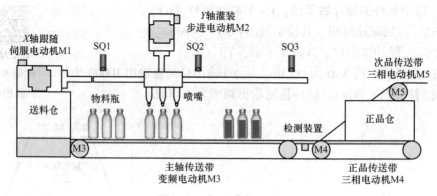

图 5-11 伺服灌装系统

Y 轴灌装喷嘴上下移动由步进电动机 M2 驱动，电动机型号为 3S57Q-04079。参数为：步距角 1.2°，相电流 5.8A，保持扭矩 1.5N·m，空载起动频率 2.1kHz。设定步进电动机 M2 旋转一周需要 2000 个脉冲。

(2) 控制要求

1) 调试界面。

通过触摸屏下拉框，选择需要调试的电动机，当前电动机指示灯亮。触摸屏有灌装步进电动机运行指示和速度显示。

2) 灌装步进电动机 M2 调试。

不要求将灌装步进电动机 M2 安装在丝杠位置上。按下起动按钮 SB1，M2 以 30r/min 的速度正转 5s→停 2s→以 45r/min 的速度反转 5s→停 2s→…，如此一直运行。按下停止按钮 SB2，M2 停止，M2 调试结束。调试过程中 HL2 以亮 2s、灭 1s 的周期闪烁。

3) 用三台 PLC 来控制。主站 Q00U 连接触摸屏。从站（1）FX_{3U}-32MR 采样主令信号并驱动指示灯。从站（2）FX_{3U}-32MT 采集现场检测信号并驱动步进电动机。用 CC-Link 组网。

2. 确定地址分配

(1) 主站（0）I/O 地址分配

主站选择 Q00U 系列 PLC，与 HMI 连接，无输入、输出信号。

(2) 从站（1）I/O 地址分配

从站（1）的输入信号有起动和停止按钮 2 个信号，输出信号有灌装电动机调试指示灯 1 个信号，均是开关量信号，本任务中选择 FX_{3U}-32MR/ES-A 型 PLC。I/O 地址分配见表 5-5。

[学生练习] 请补充表 5-5 中的 I/O 地址。

表 5-5 任务 5 中从站（1）PLC 的 I/O 地址分配表

输入地址	输入信号	功能说明	输出地址	输出信号	功能说明
	SB1	起动按钮		HL1	备用
	SB2	停止按钮		HL2	灌装电动机调试灯
	SB3	备用		HL3	备用
	SB4	备用		HL4	备用

(3) 从站（2）I/O 地址分配

从站（2）的输入信号有 SQ1、SQ2、SQ3 传感器 3 个信号，输出信号有步进驱动器脉冲信号和方向信号，共 2 个。不仅有开关量信号，还有高速脉冲输出信号。本任务中选择 FX_{3U}-32MT/ES-A 型 PLC。I/O 地址分配见表 5-6。

[学生练习] 请补充表 5-6 中的 I/O 地址。

表 5-6 任务 5 中从站（2）PLC 的 I/O 地址分配表

输入地址	输入信号	功能说明	输出地址	输出信号	功能说明
	SQ1	X 轴原点			备用
	SQ2	同步点		PLS-	步进脉冲
	SQ3	灌装结束点			备用
				DIR-	步进方向

(4) CC-Link 通信远程点数分配

PLC 各从站 I/O 地址与远程点数对应关系见表 5-7。

表 5-7 任务 5 中各从站 I/O 地址与远程点数对应一览表

PLC（1）的 I/O 地址	元件符号	CC-Link 地址	PLC（2）的 I/O 地址	元件符号	CC-Link 地址
X1	SB1	X101	M51（Y1）		X121
X2	SB2	X102	M52（X2）	SQ1	X122
X3	SB3	X103	M53（X3）	SQ2	X123
X4	SB4	X104	M54（X4）	SQ3	X124
Y1	HL1	Y101	M0		Y120
Y2	HL2	Y102	M1	STF（步进正转）	Y121
Y3	HL3	Y103	M2		Y122
Y4	HL4	Y104	M3	STR（步进反转）	Y123
Y5	HL5	Y105			

3. 硬件设计

（1）主电路的设计

三相步进电机主电路及步进驱动器配电电路参考图 5-8。

（2）控制器配电电路的设计

控制器配电电路如图 3-32 所示。

（3）通信电路的设计

CC-Link 网络通信电路接线参照图 3-11 所示。主模块电源由 Q35B 基板提供，接口模块 DC 24V 电源由各自的 PLC 提供。

（4）主站 PLC（0）的 I/O 电路设计

主站 Q00U PLC 没有输入/输出信号，不用设计 I/O 电路。

（5）从站 PLC（1）的 I/O 电路设计

根据 I/O 地址分配表 5-5，从站 PLC（1）输入信号接线电路参考图 3-33，输出信号接线电路参考图 3-34。

（6）从站 PLC（2）的 I/O 电路设计

1）根据 I/O 地址分配表 5-6，从站 PLC（2）传感器检测信号接线电路参考图 3-36。

2）根据 I/O 地址分配表 5-6，从站 PLC（2）输出信号有 2 个，通过 3M458 型步进驱动器驱动步进电动机 M2，接线电路如图 5-8 所示。驱动器电源采用 DC 24V，信号线需要串接 2kΩ 电阻。

4. 系统设置

设置方法参照任务 3 或任务 4。

5. 步进参数计算

本任务需要计算输出脉冲频率 f。要求，步进电动机转速 $n_1 = 30 \text{r/min}$，旋转 1 周需要 2000 个脉冲，即脉冲分辨率（细分数）$R = 2000 \text{p/r}$。

脉冲频率计算公式为

$$f = \frac{n_1}{60} \cdot R \tag{5-3}$$

式中，f 的单位为 Hz。

由式（5-3）可得，Y1 端口脉冲输出频率应设置为 1000Hz。

[学生练习] 如果其余条件不变，要求转速 $n_1 = 45$r/min，则 Y1 端口脉冲输出频率应设置为多少 Hz。

6. 组态 Q00U CPU

组态方法参照任务 3 或任务 4。保存名称为"任务 5 主站 Q 程序"的工程。

7. 软件设计

(1) 主站程序的设计

打开名称为"任务 5 主站 Q 程序"的工程。编写主站 Q 系列 PLC 程序，如图 5-12 所示，图中各行说明如下。

第 0 行。初始化程序。

第 8 行。M90 是亮 2s、灭 1s 标识位。将 D126 中步进速度值（单位 Hz）·60/2000，转化为速度值（单位 r/min）送至 D2。考虑 16 位运算溢出的原因，程序中按步进速度值×6 除以 200 运算处理。

第 27 行。脉冲输出停止时，远程输入 X121 = OFF，输出速度 D2 清零。

第 30 行。灌装步进电动机正转标识字 D20 > 0，驱动远程输出 Y121 链接的从站（2）的标识位 M1。

第 34 行。灌装步进电动机反转标识字 D21 > 0，驱动远程输出 Y123 链接的从站（2）的标识位 M3。

第 38 行。灌装步进电动机调试标识字 D62，驱动远程输出 Y102 链接的从站（1）的输出 Y2。

第 40 行。M60 是调试完毕标识位。

第 44 行。没有选择要调试的电动机时，清除调试完毕标识 M61 ~ M68。

第 50 ~ 82 行。D0 用于触摸屏组合框 ID 号关联，用于选择要调试的电动机。D0 = 2 表示调试灌装步进电动机。锁存继电器 L1 ~ L5 用于触摸屏显示所选中的电动机。M20 是灌装步进电动机正在调试标识位。

第 90 行。操作起动按钮 SB1（链接 X101）。0 ~ 5s，灌装步进电动机 M2 以 30r/min（D126 = 1000Hz）速度正转；7 ~ 12s，灌装步进电动机以 45r/min（D126 = 1500Hz）速度反转。5 ~ 7s 和 12 ~ 14s，步进电动机停止。如此循环，直到按下停止按钮 SB2（链接 X102）。D126 是速度给定值（Hz）。D127 是输出脉冲数，D20 存放步进正转控制标识字，D21 存放步进反转控制标识字。D62 是调试灯标识字。

(2) 从站（1）的程序设计

从站（1）的 PLC（FX_{3U}-32MR）程序，如图 5-13 所示。

(3) 从站（2）的程序设计

从站（2）的 PLC（FX_{3U}-32MT）程序，如图 5-14 所示。

主站和从站的数据链路，如图 4-30 和图 4-31 所示。

K4M0 保存主站远程输出数据 Y120 ~ Y12F，主站远程输入 X120 ~ X12F 数据来源于 K4M50。D14 ~ D17 保存主站远程寄存器数据 D124 ~ D127。

具体来说，M1 对应远程输出数据 Y121，是步进正转信号。M3 对应远程输出数据 Y123，是步进反转信号。D16 对应远程寄存器数据 D126，是速度值。D17 对应远程寄存器

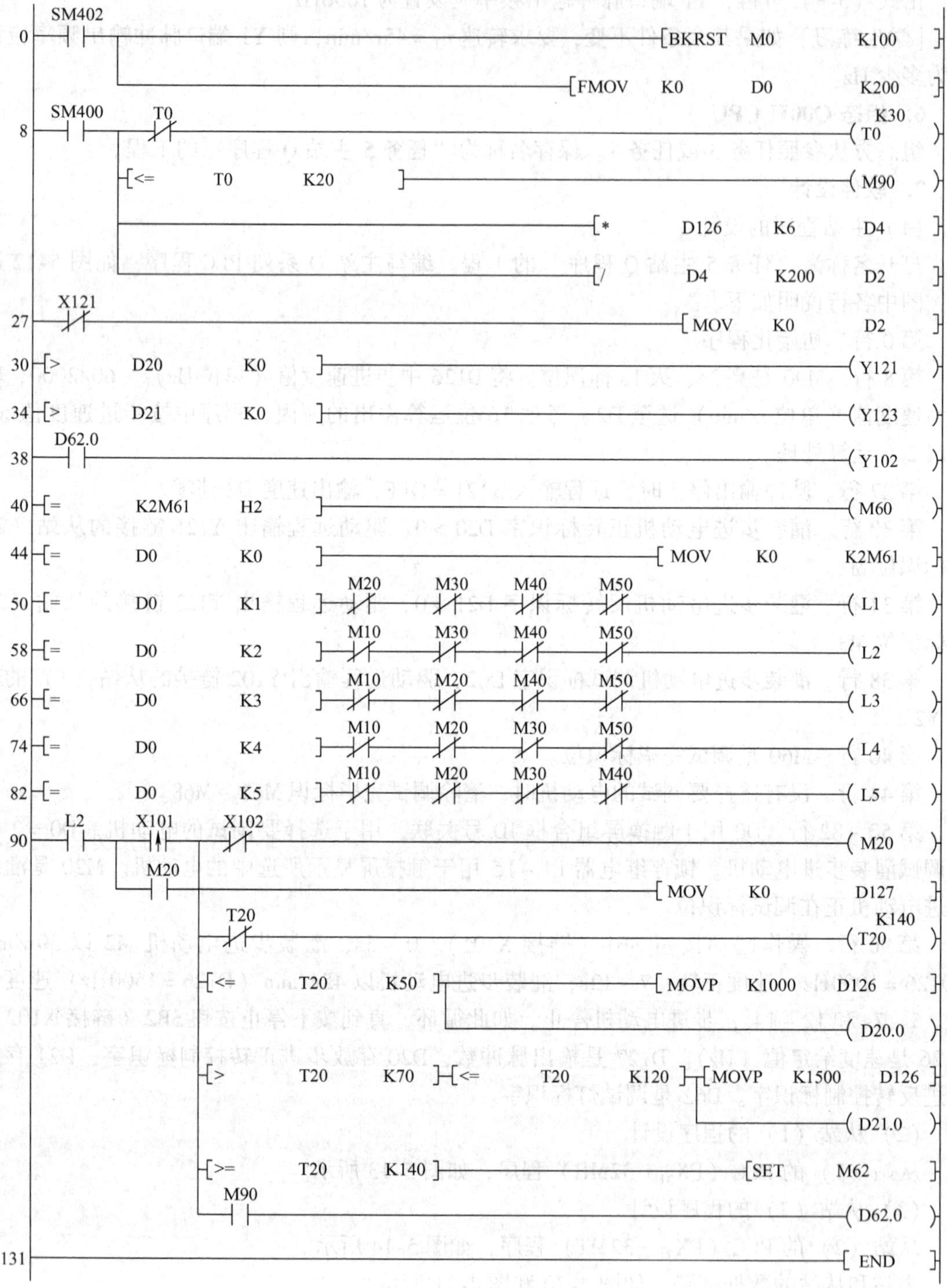

图 5-12 主站控制程序

数据 D127，是脉冲值。步进脉冲信号从 Y1 端口输出，步进方向信号从 Y3 端口输出。步进电动机运行信号 M51 送至远程输入数据 X121。

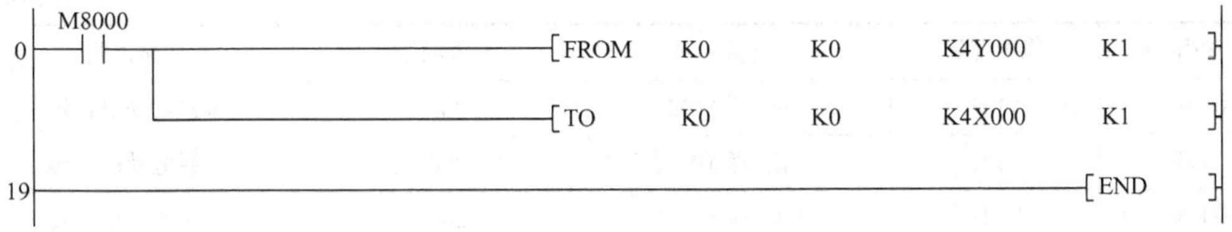

```
      M8000
0    ──┤├──┬──────────────[ FROM    K0      K0      K4Y000    K1 ]
            │
            └──────────────[ TO      K0      K0      K4X000    K1 ]

19                                                          [ END ]
```

图 5-13 从站（1）的 PLC 程序

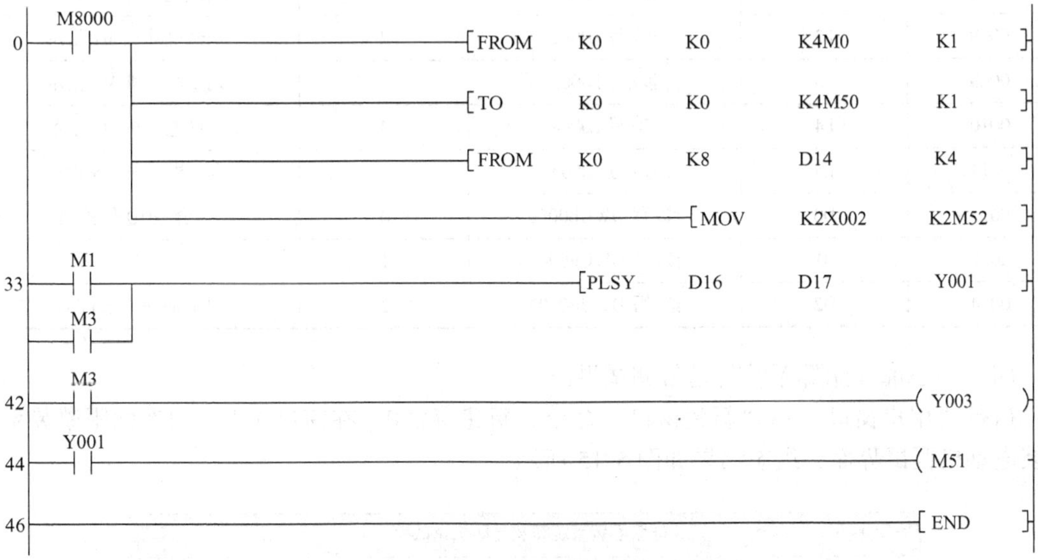

```
      M8000
0    ──┤├──┬──────────────[ FROM    K0      K0      K4M0      K1 ]
            ├──────────────[ TO      K0      K0      K4M50     K1 ]
            ├──────────────[ FROM    K0      K8      D14       K4 ]
            └──────────────[ MOV     K2X002          K2M52        ]

      M1
33   ──┤├──┬─────────────────────[ PLSY    D16     D17      Y001 ]
      M3   │
       ──┤├─┘

      M3
42   ──┤├─────────────────────────────────────────────────( Y003 )

      Y001
44   ──┤├─────────────────────────────────────────────────( M51 )

46                                                           [ END ]
```

图 5-14 从站（2）的 PLC 程序

8. 触摸屏组态

（1）创建新工程

打开 MCGS 组态环境。选择 TPC 类型为 TPC7062Ti，其余参数采用默认设置。

（2）命名新建工程

打开"保存为"窗口。将当前的"新建工程 x"取名为"任务 5 伺服灌装系统灌装电动机调试"，保存在默认路径下（D：\MCGSE\WorK）。

（3）设备组态

参照任务 3 的方法，按照图 3-48，添加 Q 系列 PLC 串口、添加触摸屏与 Q 系列 PLC 的 RS-232 串口连接设备。按照图 3-49，设置通用串口父设备参数。按照图 3-50，设置 Q 系列串口参数。

[学生练习] 在图 3-50 中添加表 5-8 中所列的通道连接变量。确认后，将所有的连接变量添加到实时数据库。

表 5-8 通道连接变量

索引	连接变量	通道名称	十进制数	功能说明
0001	X121	只读 X0121	289	步进电动机运行反馈
0002	Y120	读/写 Y0120	288	伺服电动机正转

(续)

索引	连接变量	通道名称	十进制数	功能说明
0003	Y121	读/写 Y0121	289	步进电动机正转
0004	Y122	读/写 Y0122	290	伺服电动机反转
0005	Y123	读/写 Y0123	291	步进电动机反转
0006	M60	读/写 M0060	60	调试完成标识位
0007	L1	读/写 L0001	1	调试电动机 M1 指示
0008	L2	读/写 L0002	2	调试电动机 M2 指示
0009	L3	读/写 L0003	3	调试电动机 M3 指示
0010	L4	读/写 L0004	4	调试电动机 M4 指示
0011	L5	读/写 L0005	5	调试电动机 M5 指示
0012	D0	读/写 DWUB0000	0	组合框 ID 号关联
0013	D1	读/写 DWUB0001	1	空
0014	D2	读/写 DWUB0002	2	步进速度（r/min）

(4) 组态灌装贴标系统传送带调试界面

执行"用户窗口"→"新建窗口"命令，新建窗口 0。在窗口 0 中，组态伺服灌装系统灌装电动机调试界面，组态结果如图 5-15 所示。

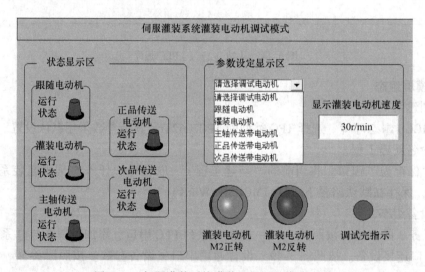

图 5-15　伺服灌装系统灌装电机调试模式界面

1) 组态标题栏。坐标为 [H：0]、[V：0]，尺寸为 [W：800]、[H：45]，文本内容"伺服灌装系统灌装电动机调试模式"，对齐均居中。

2) 组态状态显示区。

● 组态跟随电动机 M1。执行"插入工具"→"圆角矩形"命令，图符坐标为 [H：30]、[V：135]，尺寸为 [W：120]、[H：80]；执行"插入元件"→"指示灯 1"命令，图符坐标为 [H：100]、[V：160]，尺寸为 [W：38]、[H：43]。"连接表达式"为

"L1"；添加文字"跟随电动机"和文字"运行转态"。

● 组态灌装电动机 M2。执行"插入工具"→"圆角矩形"命令，图符坐标为［H：30］、［V：255］，尺寸为［W：120］、［H：80］；执行"插入元件"→"指示灯 1"命令，图符坐标为［H：100］、［V：280］，尺寸为［W：38］、［H：43］。"连接表达式"为"L2"；添加文字"灌装电动机"和文字"运行转态"。

● 组态主轴传送电动机 M3。插入"圆角矩形"，图符坐标为［H：30］、［V：375］；插入"指示灯 1"，图符坐标为［H：100］、［V：400］。"连接表达式"为"L3"。

● 组态正品传送电动机 M4。插入"圆角矩形"，图符坐标为［H：190］、［V：195］；插入"指示灯 1"，图符坐标为［H：260］、［V：220］。"连接表达式"为"L4"。

● 组态次品传送电动机 M5。插入"圆角矩形"，图符坐标为［H：190］、［V：315］；插入"指示灯 1"，图符坐标为［H：260］、［V：340］。"连接表达式"为"L5"。

● 组态状态显示区方框。执行"插入工具"→"圆角矩形"命令，图符坐标为［H：15］、［V：90］，尺寸为［W：330］、［H：380］，执行"排列"→"置于最后面"命令；添加文字"状态显示区"，字体"宋体小四粗"，对齐均居中。

3）组态参数设定显示区。

● 组态下拉框。坐标为［H：400］、［V：120］，尺寸为［W：180］、［H：200］。执行"基本属性"→"构件类型"命令，选择"下拉组合框"，构件属性的 ID 号关联为"D0"，执行"选项设置"命令，选中"请选择调试电动机""跟随电动机""灌装电动机""主轴传送带电动机""正品传送带电动机"和"次品传送带电动机"，确认后退出。

● 组态速度显示框。执行"插入工具"→"输入框abl"命令，坐标为［H：610］、［V：190］，尺寸为［W：160］、［H：50］。执行"操作属性"命令，"对应数据对象的名称"为"D2"、勾选使用单位"r/min"。添加文本"显示灌装电动机速度"。

● 组态参数设定显示区方框。执行"插入工具"→"圆角矩形"命令，图符坐标为［H：380］、［V：90］，尺寸为［W：400］、［H：200］，执行"排列"→"置于最后面"命令；添加文字"参数设定显示区"，字体"宋体小四粗"，对齐均居中。

4）组态灌装电动机运行状态指示灯。

执行"插入元件"→"指示灯 3"命令。灌装电动机 M2 正转的图符坐标为［H：390］、［V：330］，尺寸为［W：80］、［H：80］，"连接表达式"为"Y121 * X121"；灌装电动机 M2 反转的图符坐标为［H：510］、［V：330］，尺寸为［W：80］、［H：80］，"连接表达式"为"Y123 * X121"。

（5）组态调试完成指示。

插入工具"椭圆"。坐标为［H：680］、［V：360］，尺寸为［W：40］、［H：40］。颜色动画连接中勾选"填充颜色"，分段点 0 对应"灰色"，分段点 1 对应"绿色"，"连接表达式"为"M60"，确认后退出。添加文本"调试完指示"。

组态完毕，保存。

9. 下载

（1）MCGS 组态程序下载

打开 MCGS 组态工程"任务 5 伺服灌装系统灌装电动机调试"，确定组态设置正确，没有错误后，完成组态下载。

(2) PLC 程序下载

1) 主站程序下载

确认三菱 Q 系列 PLC 编程电缆（USB‐Q Mini B 型）连接好，主站 Q00UCPU 已上电。打开图 5-12 所示"任务 5 主站 Q 程序"工程。按照如图 3-52 所示，选择"参数+程序（P）"，单击"执行"按钮。完成主站程序的下载。

2) 从站程序下载

确认三菱 FX 系列 PLC 编程电缆 USB-SC09-FX 连接好，从站 FX_{3U} CPU 均已上电。参照任务 3，完成图 5-13 从站（1）的 PLC 程序和图 5-14 从站（2）的 PLC 程序的下载。

注意：下载过程中，不要拔插数据线。以免烧坏通信口。

10. 运行调试

(1) 调试准备工作

1) 进行电气安全方面的初步检测，确认控制系统没有短路、导线裸露、接头松动和有杂物等安全隐患。

2) 用 TPC‐Q 数据线连接 MCGS 触摸屏与 Q00UCPU，确认触摸屏显示正常。

3) 确认 PLC 的各项指示灯是否正常。

4) [学生练习] 对照表 5-5 和 5-6 的 I/O 地址分配，打点确认各 PLC 站的输入接线正常。

5) [学生练习] 对照 I/O 地址分配表，打点确认各 PLC 站的输出接线正常。注意，为避免输出联锁造成误动作或误判断，应逐一进行强制性输出打点；对步进电动机的信号不打点。

6) [学生练习] 观察 QJ61BT11 模块 LED 指示灯，确认主模块通信指示正常。

7) [学生练习] 观察两个 FX_{2N}-32CCL 模块 LED 指示灯，确认从站通信指示正常。

(2) 运行调试

[学生练习] 按照表 5-9 所列的项目和顺序进行检查调试。检查正确的项目，请在结果栏记"√"；出现异常的项目，在结果栏记"×"，记录故障现象，小组讨论分析，找到解决办法，并排除故障。

表 5-9 任务 5 运行调试小卡片

序　　号	检查调试项目	结　　果	故 障 现 象	解 决 措 施
1	电气安全检测			
2	通信检测			
3	输入打点			
4	输出打点			
5	选择下拉框的检测			
6	灌装电动机调试			

1) 单击触摸屏下拉框，观察能否正确选择需要调试的电动机。

2) 进入灌装电动机调试模式。选择灌装电动机，操作起/停按钮 SB1/SB2，观察灌装步进电动机 M2 是否满足控制要求，设定的速度指示是否正确，调试指示灯 HL2 和完成后的指示灯是否满足要求。

任务6 实现伺服电动机的 PLC 控制

本任务通过台达 ASDA-B2 伺服驱动器，用 PLC 控制伺服电动机实现精确定位。我们也需要不断地学习、锻炼和摸索，在点点滴滴的成长之路上逐渐找到自己的方向和人生的定位。

知识目标：
- 了解伺服电动机的工作原理和控制方式；
- 熟悉伺服驱动器的接线方法；
- 熟悉编码器的工作原理及使用；
- 掌握伺服电动机速度和位移的控制算法。

能力目标：
- 会设置伺服驱动器，安装伺服电动机；
- 能绘制伺服驱动器与 PLC、伺服电动机之间的接线图；
- 会连接 PLC、伺服驱动器、伺服电动机之间的接线；
- 能用 PLC 控制伺服电动机实现精确移位控制。

6.1 知识准备

6.1.1 伺服电动机概述

二十大报告指出：科技是第一生产力。国内制造业不断发展的今天，国产伺服电动机企业在技术上不断取得突破，汇川、华中数控、新时达等国产品牌不断壮大。

1. 伺服电动机的功能用途

伺服电动机又称执行电动机，是将输入的电压控制信号转换为轴上输出的角位移和角速度，驱动控制对象。通过改变电压控制信号的大小和极性可改变伺服电动机的转速大小和转向。

伺服电动机可控性好，反应迅速，是自动控制系统和计算机外围设备中常用的执行元件。可用于中高档数控机床的主轴驱动和速度进给伺服系统，工业用机器人的关节驱动伺服系统，火炮、机载雷达等伺服系统。

伺服系统对伺服电动机的要求如下：

1）无"自转"现象。即要求控制电动机在有控制信号时迅速转动，而当控制信号消失时必须立即停止转动。

2）空载始动电压低。电动机空载时，转子从静止到连续转动的最小控制电压称为始动电压。始动电压越小，电动机的灵敏度越高。

3）机械特性和调节特性的线性度好。

4）动态响应快。即要求电动机的机电时间常数要小，堵转转矩要大，转动惯量要小，转速能随控制电压的变化而迅速变化。

伺服电动机可分为两类：直流伺服电动机和交流伺服电动机。

2. 交流伺服电动机

交流伺服电动机是一种两相的交流电动机。它的结构主要可分为两部分，即定子部分和转子部分。定子上装有空间互差90°电角度的两个绕组：励磁绕组和控制绕组，其结构如图6-1所示。

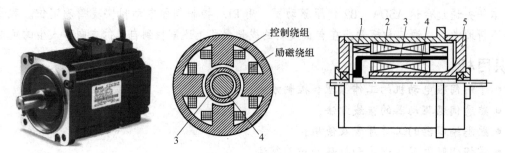

图6-1 交流伺服电动机

1—机壳 2—外定子 3—杯形转子 4—内定子 5—端盖

定子分外定子铁心和内定子铁心两部分，由硅钢片冲制后叠成。外定子铁心槽中放置空间互差90°电角度的两相绕组。内定子铁心中不放绕组，仅作为磁路的一部分，以减小主磁通磁路的磁阻。空心杯形转子由非磁性铝或铝合金制成，放在内、外定子铁心之间，并固定在转轴上。转子的壁很薄，一般在0.3mm左右，因而具有较大的转子电阻和很小的转动惯量。

ECMA-C20604RS是台达公司生产的一款电子换向式交流伺服电机，其额定电压为220V，转速为3000r/min，17位光学编码器的脉冲分辨率为160000PPR，电动机框架为60mm，额定输出功率为400W，无刹车、有油封，键槽带螺钉孔位，标准轴径规格。

6.1.2 交流伺服电动机的控制

1. 交流伺服电动机的控制

交流伺服电动机的控制原理如图6-2所示。

励磁绕组接至电压恒为$\dot{U}_1$的交流电源，控制绕组输入控制电压$\dot{U}_2$，两者频率相同，如图6-2所示。

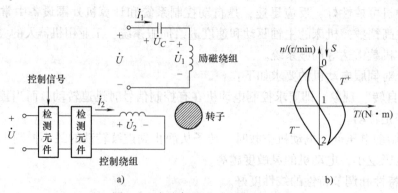

图6-2 交流伺服电动机控制原理

a）控制原理图 b）$U_2=0$时的特性曲线

当电动机起动时，若控制电压 $\dot{U}_2=0$，相当于定子单相通电，气隙中只有脉振磁动势，无起动转矩，转子不会转起来；若 $\dot{U}_2\neq0$，且 $\dot{U}_1$ 与 $\dot{U}_2$ 不同相，定子两相绕组则通以两相交流电，气隙中就产生旋转磁场，转子就会按控制信号要求而旋转。

转子绕组的电阻很大，使得临界转差率 $s_m=1$，合成电磁转矩 $T<0$，成为制动转矩，当 $\dot{U}_2=0$，转子转速下降，并迅速在 $n=0$ 时停下来。

2. 交流伺服驱动器的作用

伺服驱动器（Servo Drives）是控制伺服电动机的一种控制器，是现代运动控制的重要组成部分。主要应用于工业机器人及数控加工中心等需要高精度定位的自动化设备中。

目前主流的伺服驱动器均采用数字信号处理器（DSP）作为控制核心，可以实现比较复杂的控制算法，实现数字化、网络化和智能化。功率驱动器件普遍采用以智能功率模块（IPM）为核心的驱动电路，IPM 内部集成了驱动电路，同时具有过电压、过电流、过热和欠电压等故障检测和保护电路，在主回路中还加入软起动电路，以减小起动过程对驱动器的冲击。功率驱动单元首先通过三相全桥整流电路对输入的三相电或者市电进行整流，得到相应的直流电，再通过三相正弦 PWM 电压型逆变器变频来驱动三相永磁式同步交流伺服电动机。

伺服电动机内部的转子是永磁铁，驱动器控制的 U/V/W 三相电形成电磁场，转子在此磁场的作用下转动，同时电动机自带的编码器反馈信号给驱动器，驱动器根据反馈值与目标值进行比较，调整转子转动的角度。伺服电动机的精度决定于编码器的精度（线数）。

3. 台达 ASDA-B2 伺服驱动器

ASDA-B2 系列伺服驱动器外观如图 6-3 所示。利用精密的反馈控制和结合高速运算能力的数字信号处理器（DSP），控制 IGBT 产生精确的电流输出，用来驱动三相永磁式同步交流伺服电动机（PMSM）达到精确定位。

ASDA-B2-0421-B 表示 B2 系列的交流伺服驱动器，额定输出功率为 400W，输入电压为 220V 且单相。用于驱动 ECMA-C20604□S 等型号的交流伺服电动机。

（1）伺服驱动器各部分功能

伺服驱动器各部分名称和功能如图 6-3 所示。

1）电源指示灯。若指示灯亮，表示此时 P_BUS 尚有高电压。

2）控制回路电源。L_{1C}、L_{2C} 供给单相 AC 100~230V、50Hz/60Hz 电源。

3）主控回路电源。R、S、T 连接在 AC 200~230V、50Hz/60Hz 商用电源。

4）伺服电动机输出。与电动机电源接头 U、V、W 连接，不可与主回路电源连接。

5）内外部回生电阻。使用外部回生电阻时，P、C 端接电阻，P、D 端开路。使用内部回生电阻时，P、C 端开路，P、D 端需要短路。750W 及以上才有内部回生电阻，

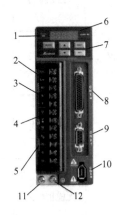

图 6-3 ASDA-B2 伺服驱动器
1—电源指示灯 2—控制回路电源 3—主控回路电源
4—伺服电动机输出 5—内外部回生电阻 6—显示部分
7—操作部分 8—控制连接器 9—编码器连接器
10—RS-485 和 RS-422 连接器 11—散热座 12—接地端

400W 及以下则无内部回生电阻。

6) 显示部分。5 位数的 LED 显示伺服状态或报警。

7) 操作部分。操作状态有功能、参数、监控的设定。
- MODE：模式的状态设定。
- SHIFT：左移键。
- UP：显示部分的内容加 1。
- DOWN：显示部分的内容减 1。
- SET：确认设定键。

8) 控制连接器。与 PLC 或者控制 I/O 端口连接。

9) 编码器连接器。用以连接伺服电动机检测器（Encoder）。

10) RS-485 和 RS-422 连接器。与个人计算机或控制器连接。

11) 散热座。固定伺服器及散热之用。

12) 接地端。

(2) 伺服驱动器操作模式简介

伺服驱动器有多种操作模式，见表 6-1。模式的选择是通过参数 P1-01 来设定，当新模式设定后，必须将驱动器重新上电，即可生效。

二维码 6-1 伺服驱动器

表 6-1 ASDA-B2 伺服驱动器操作模式

模式名称		模式代码	模式码	说明
单一模式	位置模式（端子输入）	Pt	00	驱动器接受位置命令，控制电动机至目标位置。位置命令由端子输入，信号形态为脉冲
	位置模式（内部寄存器输入）	Pr	01	驱动器接受位置命令，控制电动机至目标位置。位置命令由内部寄存器提供（共 8 组寄存器），可利用 DI 信号选择寄存器编号
	速度模式	S	02	驱动器接受速度命令，控制电动机至目标转速。速度命令可由内部寄存器提供（共 3 组寄存器），或由外部端子输入仿真电压（-10~+10V）。命令是根据 DI 信号来选择
	速度模式（无模拟输入）	Sz	04	驱动器接受速度命令，控制电动机至目标转速。速度命令仅可由内部寄存器提供（共 3 组寄存器），无法由外部端子提供。命令是根据 DI 信号来选择
	转矩模式	T	03	驱动器接受转矩命令，控制电动机至目标转矩。转矩命令可由内部寄存器提供（共三组寄存器），或由外部端子输入模拟电压（-10~+10V）。命令是根据 DI 信号来选择
	转矩模式（无模拟输入）	Tz	05	驱动器接受转矩命令，控制电动机至目标转矩。转矩命令仅可由内部寄存器提供（共 3 组寄存器），无法由外部端子提供。命令是根据 DI 信号来选择
混合模式		S-Pt	06	S 与 Pt 可通过 DI 信号切换
		T-Pt	07	T 与 Pt 可通过 DI 信号切换
		S-T	10	S 与 T 可通过 DI 信号切换

(3) 伺服驱动器面板各部分名称

ASDA–B2 伺服驱动器的参数共有 187 个，P0-xx，P1-xx，P2-xx，P3-xx，P4-xx，可以在驱动器的面板上进行设置，面板各部分名称如图 6-4 所示，各个按钮的说明如下。

图 6-4　ASDA–B2 面板各部分名称

1) 显示器。五组七段显示器用于显示监控值、参数值及设定值。
2) 电源指示灯。主电源回路中电容量的充电显示。
3) "MODE"键。进入参数模式，或者脱离参数模式及设定模式。
4) "SHIFT"键。参数模式下可改变群组码。设定模式下闪烁字符左移对应修正较高的设定值。
5) "UP"键。变更监控码、参数码或设定值。
6) "DOWN"键。变更监控码、参数码或设定值。
7) "SET"键。显示及储存设定值。

(4) 参数设定流程

1) 驱动器电源接通时，显示器会先持续显示监控显示符约一秒钟。然后才进入监控模式。
2) 按"MODE"键可进行"参数模式""监视模式""异常模式"3 种模式的切换，若无异常发生则略过"异常模式"。
3) 在监控模式下，若按下"UP"或"DOWN"键可切换监控参数。此时监控显示符会持续显示约 1s。
4) 在监控模式下，若按下"MODE"键可进入参数模式。按下"SHIFT"键时可切换群组码。"UP/DOWN"键可变更参数码（参数的后二字符）。
5) 在参数模式下，按下"SET"键，系统立即进入设定模式。显示器同时会显示此参数对应的设定值。此时可利用"UP/DOWN"键修改参数值，或按下"MODE"键脱离设定模式并回到参数模式。
6) 在设定模式下，可按下"SHIFT"键使闪烁字符左移，再利用"UP/DOWN"快速修正较高的设定值。
7) 设定值修正完毕后按下"SET"键，即可进行参数储存或执行命令。
8) 完成参数设定后显示器会显示结束代码「–END–」，并自动回复到监控模式。

(5) 空载 JOG 操作

JOG 寸动方式来试运行电动机及驱动器，不需要接额外控制线。寸动速度建议在低速下进行。设定参数 P2-30 辅助机能为 1，软件强制伺服起动。设定参数 P4-05 为寸动速度，进入参数模式 P4-05 后,可依下列设定方式进行寸动模式操作,如图 6-5 所示。

1) 按下"SET"键,显示寸动速度值。初值为 20r/min。

2) 按下"UP"或"DOWN"键可修正寸动速度值。范例中调整为 100r/min。

3) 按下"SET"键,显示"JOG"并进入寸动模式。

4) 进入寸动模式后按下"UP"或"DOWN"键使伺服电动机朝正方向旋转或逆方向旋转,放开按键则伺服电动机立即停止运转。寸动模式操作必须在"Servo On"时才有效。

(6) 部分参数说明

本任务中伺服驱动器工作于位置控制模式,PLC 的 Y0 输出脉冲作为伺服驱动器的位置指令。脉冲的数量决定了伺服电动机的旋转位移,脉冲的频率决定了伺服电动机的旋转速度。Y2 输出信号作为伺服驱动器的方向指令。对于控制要求较为简单,伺服驱动器可采用自动增益调整模式。伺服驱动器部分参数说明见表 6-2。

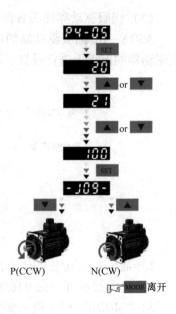

图 6-5 寸动模式操作

表 6-2 伺服驱动器部分参数说明

参数编号	参数名称	数值	功能说明
P0-02	LED 初始状态	00 01 02 03 04 05 06 07 ⋮	电动机反馈脉冲数(电子齿轮比之后); 脉冲指令输入脉冲数(电子齿轮比之后); 控制指令脉冲与反馈脉冲误差数; 电动机反馈脉冲数(编码器单位); 脉冲指令输入脉冲数(电子齿轮比之前、编码器单位); 误差脉冲数(电子齿轮之后、编码器单位); 脉冲指令输入频率(kHz); 电动机转速(r/min) ⋮
P1-00	外部脉冲列指令输入形式设定	0 1 2	AB 相脉冲列; 正转脉冲及逆转脉冲列; 脉冲列 + 符号
P1-01	控制模式及控制指令输入源的设定	00 01 ⋮	位置模式(端子输入); 位置模式(内部寄存器输入); 其余模式见表 6-1
P1-44	电子齿轮比的分子 (N)	1	指令脉冲输入比值的设定; 指令脉冲输入 f_1 → $\boxed{\dfrac{N}{M}}$ → 位置指令 $f_2 = f_1 \times \dfrac{N}{M}$ 指令脉冲输入比值范围:$1/50 < N/M < 200$
P1-45	电子齿轮比的分母 (M)	1	
P2-00	位置控制比例增益	35	位置控制增益值加大时,可提升位置应答性及缩小位置控制误差量。若设定太大时易产生振动及噪声,其设定范围为 0~2047
P2-02	位置控制前馈增益	50	位置控制指令平滑变动时,增益值加大可改善位置跟随误差量。若位置控制指令不平滑变动时,降低增益值可降低机构的运行振动现象。设定范围为 0~100

(续)

参数编号	参数名称	数值	功 能 说 明
P2-08	特殊参数输入	10 20 22 406 400	参数复位（复位后请重新投入电源）； P4 – 10 可写入； P4-11 ~ P4 – 19 可写入； 开启强制 DO（数字输出）模式； 在开启强制 DO 模式下，可立即切换回正常 DO 模式

1）电子齿轮。

电子齿轮是指令脉冲当量与电动机编码器反馈当量的比值。电子齿轮提供简单易用的行程比例变更，通常大的电子齿轮比会导致位置指令步阶化，可透过低通滤波器将其平滑化来改善此一现象。假设电子齿轮比等于 1 时，指令端每 1 个脉冲所对应的电动机转动脉冲为 1 个脉冲，那么电子齿轮比等于 0.5 时，则指令端每两个脉冲所对应的电动机转动脉冲为 1 个脉冲。

二维码 6-2 电子齿轮

如图 6-6 所示丝杠系统，编码器分辨率为 2500PPR，丝杆螺距 P_B =3mm。使用电子齿轮和不使用电子齿轮两种情况下，每个脉冲对应工作物的移动距离计算如下。

2500 分辨率的编码器，用上 A/B 两相的四倍频，分辨率实际是 $R = 4 \times 2500 \text{PPR} = 10000 \text{PPR}$。

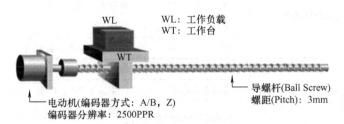

图 6-6 丝杠系统

未使用电子齿轮时，即电子齿轮比为 1，每一个脉冲对应工作台移动的距离 s_1 为

$$s_1 = \frac{P_B}{R} = \frac{3 \times 1000}{4 \times 2500} \mu m = \frac{3000}{10000} \mu m$$

式中，s_1 单位为 μm。

使用电子齿轮时，即电子齿轮比为 $\frac{N}{M} = \frac{10000}{3000}$，每一个脉冲对应工作台移动的距离 s_2 为

$$s_2 = \frac{P_B}{R} \times \frac{N}{M} = \frac{3 \times 1000}{4 \times 2500} \times \frac{N}{M} \mu m = 1 \mu m$$

式中，s_2 单位为 μm。

显然，经过适当的电子齿轮比设定后，工作台移动量为 $1\mu m/\text{pulse}$。

2）位置闭合回路系统。

位置控制模式应用于精密定位的场合，例如具有方向性的指令脉冲输入可由外界的脉冲来操纵电动机的转动角度。在位置闭合回路系统中，以速度模式为主体，外部增加增益型位置控制器及前置补偿，如图 6-7 所示。

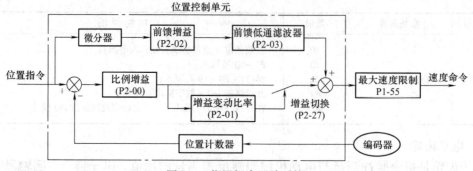

图 6-7 位置闭合回路系统

(7) 伺服驱动器的接线
1) 驱动器端子说明见表 6-3。

表 6-3 伺服驱动器端子说明

端子号	名 称	说 明		
L_{1C}、L_{2C}	控制回路电源输入端	连接单相交流电源(根据产品型号,选择适当的电压规格)		
R、S、T	主回路电源输入端	连接三相交流电源(根据产品型号,选择适当的电压规格)		
U、V、W、FG	电动机连接线	U	红	伺服电动机主电源的电力线
		V	白	
		W	黑	
		FG	绿	连接至驱动器的接地处
P⊕、D、C、⊖	回生电阻端子或制动单元或 P⊕、⊖接点	使用内部电阻	P⊕、D 端短路,P⊕、C 端开路	
		使用外部电阻	电阻接于 P⊕、C 端,且 P⊕、D 端开路	
		使用外部制动单元	电阻接于 P⊕、⊖两端,且 P⊕、D 与 P⊕、C 开路	
⏚两处	接地端子	连接至电源地线及电动机的地线		
CN1	I/O 连接器	连接上位控制器		
CN2	编码器连接器	端子记号、线色和引脚号见图 6-8		
CN3	通信端口连接器	连接 RS-485 或 RS-232		
CN4	预备接头	保留		
CN5	模拟电压输出端子	模拟数据监视(输出),MON1,MON2,GND		

2) 电源接线。

伺服驱动器电源接线分为单相与三相两种。单相电源接 R、S 端子,仅允许用于 1.5kW 及以下的机种。电力线需使用 600V 乙烯树脂电缆,配线长度 30m 以下。制动用电源为 DC 24V,严禁与控制信号电源 V_{DD} 共用。

本任务中,ASD-B2-0421-□驱动器和 ECMA-C20604□S 伺服电动机的控制回路电源线选择为 1.3mm², 主回路电源线选择为 2.1mm², 电动机电力线选择为 0.82mm², 回生电阻端电源线选择为 2.1mm²。其余需要查阅手册。

3) 伺服驱动器标准接线方式。

伺服驱动器位置（PT）模式接线如图 6-8 所示。400W 以下无内部回生电阻。速度模式和扭矩模式的标准接线参阅相关手册。CN1 不可用双电源输入以免烧毁芯片。

二维码 6-3 伺服驱动器的接线

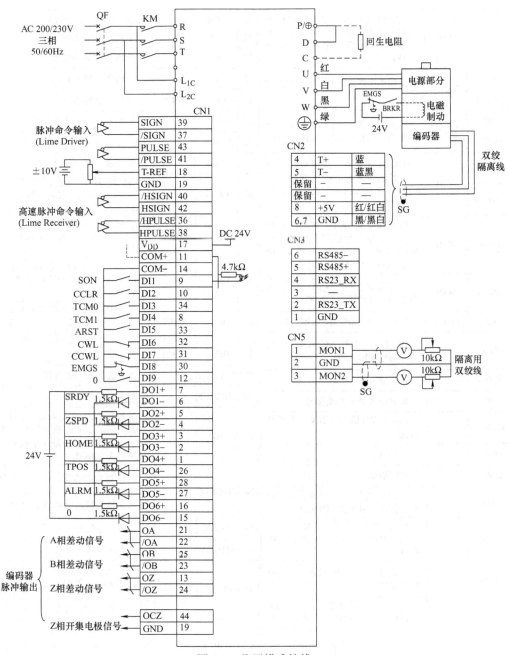

图 6-8 位置模式接线

4) CN1 I/O 连接器引脚布局

驱动器通过 CN1 连接器与上位控制器交互数据。CN1 有 44 个引脚，包括 6 组输出及 9

组输入,差动输出的编码器 A+/A−、B+/B−、Z+/Z−信号,以及模拟扭矩指令输入、模拟速度/位置指令输入和脉冲位置指令输入等,各端子功能说明见表 6-4。

表 6-4 CN1 I/O 连接器端子说明(PT 操作模式)

引脚号	端子符号	信号名称	功能说明	引脚号	端子符号	信号名称	功能说明
1	DO4+	TPOS	目标位置到达。当电动机指令与实际位置的误差(PULSE)小于参数 P1-54 设定值时,此输出为 ON	22	/OA		编码器/A 脉冲输出
				23	/OB		编码器/B 脉冲输出
				24	/OZ		编码器/Z 脉冲输出
2	DO3−	TSPD	目标速度到达(PT 模式无此功能)	25	OB		编码器 B 脉冲输出
3	DO3+			26	DO4−	TPOS	目标位置到达
4	DO2−	ZSPD	零速度检测。当电动机转速小于参数 P1-38 设定值时,此输出为 ON	27	DO5−	ALRM	伺服警示(除了正反极限、紧急停止、通信异常、低电压外,为 WARN 警告输出)
5	DO2+			28	DO5+		
6	DO1−	SRDY	伺服准备妥当。当驱动器通电后,控制回路与电动机电源回路均无异常(ALRM)发生时,此输出为 ON	29	GND		模拟输入信号的接地端
7	DO1+			30	DI8	EMGS	紧急停止。必须时常导通(ON),否则驱动器显示异常(ALRM)
8	DI4−	TCM1	扭矩指令选择 1。TCM1 TCM0 =00(T 模式为模拟量输入,Tz 模式为 0)、01(P1−12)、10(P1−13)、11(P1−14)	31	DI7	CCWL	正转禁止极限。必须时常导通(ON),否则驱动器显示异常(ALRM)
9	DI1	SON	伺服起动。当 ON 时,伺服回路起动,电动机线圈励磁	32	DI6	CWL	反转禁止极限。必须时常导通(ON),否则驱动器显示异常(ALRM)
10	DI2−	CCLR	脉冲清除。清除偏差计数器	33	DI5	ARST	异常复位。当异常(ALRM)发生后,此信号用来复位驱动器,使 Ready(SRDY)信号重新输出
11	COM+		DI 与 DO 的电压输入公共端,或外部电源输入端(12~24V)	34	DI3	TCM0	扭矩指令选择 0
12	DI9−		数字输入	35	PULL HI		指令脉冲的外加电源
13	OZ		编码器 Z 脉冲差动输出	36	/HPULSE		高速位置指令脉冲(−)
14	COM−		V_{DD}(或外部 12~24V)电源的负端	37	SIGN		位置指令符号(+),可用差动(Line Driver,单相最高脉冲频率为 500kHz)集电极开路(单相最高脉冲频率为 200kHz)方式输入
15	DO6−		数字输出				
16	DO6+		数字输出	38	HPULSE		高速位置指令脉冲(+),只接收差动(+5V,Line Drive)方式输入,单相最高脉冲频率为 4MHz
17	V_{DD}		+24V 电源输出(供 DI、DO 信号使用,可承受 500mA)				
18	T_REF		电动机的扭矩指令,−10~+10V 代表 −100%~+100% 额定扭矩指令	39	/SIGN		位置指令符号(−)
				40	/HSIGN		高速位置指令符号(−)
19	GND		模拟指令信号的接地端,V_{DD} 电压的基准	41	PULSE		位置指令脉冲(+),可用差动(Line Driver,单相最高脉冲频率为 500kHz)或集电极开路(单相最高脉冲频率为 200kHz)方式输入
20	V_REF		(1)电动机的速度指令,−10~+10V 代表 −3000~+3000r/min 的转速指令(预设),可改变参数以改变对应的范围。(2)电动机的位置指令,−10~+10V 代表 −3~+3 圈的位置指令(预设)				
				42	HSIGN		高速位置指令符号(+),只接收差动(+5V,Line Drive)方式输入,单相最高脉冲频率为 4MHz
				43	/PULSE		位置指令脉冲(−)
21	OA		编码器 A 脉冲输出	44	OCZ		编码器 Z 脉冲,开集电极输出

CN1 连接器的接线端外形与引脚布置如图 6-9 所示。

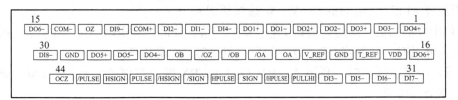

图 6-9 CN1 连接器接线端子布局

5）CN2 编码器信号接线

CN2 连接器的接线端外形与引脚布置图如图 6-10 所示。各端子功能说明见表 6-5。

 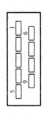

图 6-10 CN2 连接器接线端子布局

表 6-5 CN2 连接器端子说明

驱动器接头端			电机出线端		
引脚号	端子符号	功能说明	军规接头	快速接头	颜色
4	T +	串行通信信号输入/输出（+）	A	1	蓝
5	T −	串行通信信号输入/输出（−）	B	4	蓝黑
—	—	保留	—	—	—
—	—	保留	—	—	—
8	+5V	电源 +5V	S	7	红/红白
7，6	GND	电源地线	R	8	黑/黑白
—	—	屏蔽	L	9	—

6）电磁制动。

图 6-8 中，BRKR 被设为 OFF，代表电磁制动不动作，电动机呈机械锁死状态。BRKR 被设为 ON，代表电磁制动动作，电动机可自由运行。BRKR 输出时机说明如下：

在伺服停止（Servo Off）后，经过 P1-43 所设定的时间且电动机转速仍高于 P1-38 设定

153

时，BRKR 输出 OFF（电磁制动锁定）。

在伺服停止（Servo Off）后，尚未到达 P1-43 所设定的时间但电动机转速已低于 P1-38 设定时，BRKR 输出 OFF（电磁制动锁定）。

制动线圈无极性之分。请勿将制动用电源和控制信号电源（V_{DD}）共同使用。

(8) 伺服驱动器安装注意事项

1) 检查 R、S、T 与 L_{1C}、L_{2C} 的电源和接线是否正确。

2) 确认伺服电动机输出端 U、V、W 相序接线是否正确，接错电动机可能不转或乱转进而出现报警 ALE31（电动机 U、V、W 接线错误）。

3) 使用外部回生电阻时，需将 P⊕、D 端开路、外部回生电阻应接于 P⊕、C 端；若使用内部回生电阻时，则需将 P⊕、D 端短路，且 P⊕、C 端开路。

4) 异常或紧急停止时，利用 ALARM 或是 WARN 输出将电磁接触器（KM）断电，以切断伺服驱动器电源。

5) 当电源切断时，因为驱动器内部大电容导致的残余大电荷，请不要接触 R、S、T 及 U、V、W 这六条大电力线。等充电灯熄灭后，方可接触。

6) R、S、T 及 U、V、W 这六条大电力线不要与其他信号线靠近，尽可能间隔 30cm 以上。

7) 如果编码器 CN2 连线需要加长，请使用双绞线屏蔽接地的信号线。

4. 伺服驱动系统的接地

伺服驱动器、EMI 滤波器和 PLC 等设备的金属外壳必须可靠地安装在同一块金属平面上，而且两者间的接触面积要尽可能的大。以上设备和金属平面必须分别接地，如图 6-11 所示。

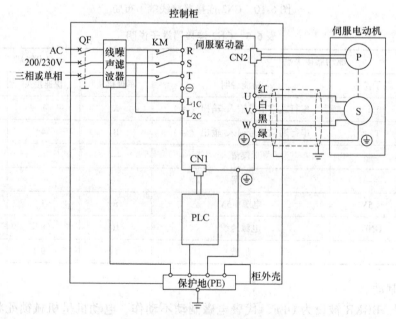

图 6-11 伺服驱动系统的接地

伺服电动机两端的隔离铜网必须以最短距离及最大接触面积接地。接地线要粗，制作成一点接地，伺服电动机的接地端子与伺服驱动器的接地端子 PE 务必相连。

6.1.3 编码器

1. 编码器介绍

编码器（Encoder）为传感器（Sensor）类的一种，主要用来检测机械运动的速度、位置、角度、距离或计数。除了应用在机械外，许多的电动机控制如伺服电动机均需配备编码器以供伺服控制器作为换相、速度及位置的检出。图 6-12 是编码器的外观。

二维码 6-4 编码器

按测量方式分编码器可分为旋转编码器和直尺编码器。

旋转编码器，通过测量被测物体的旋转角度并将测量到的旋转角度转化为脉冲电信号输出。

直尺编码器，通过测量被测物体的直线行程长度并将测量到的行程长度转化为脉冲电信号输出。

按编码方式分编码器可分为绝对式编码器、增量式编码器和混合式编码器。

2. 增量式编码器

增量式编码器的内部结构和工作原埋如图 6-13 所示，由主码盘（光栅板）、鉴向盘（固定光栅）、光学系统和光电转换器等组成。光源、光电变换器和鉴向盘安装在连接轴承的静止部位。主码盘安装在轴承的转动部位，其上有环形通、暗的刻线。它将位移转换成周期性的电信号，再把这个电信号转变成计数脉冲，用脉冲的个数表示位移的大小。

图 6-12 编码器

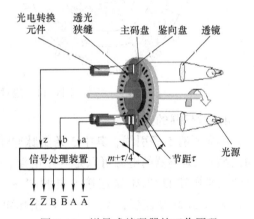

图 6-13 增量式编码器的工作原理

A、B 光电转换元件，也称为 cos、sin 元件。当检测对象旋转时，光电编码器便会输出 A、B 两路相位相差 90°的数字脉冲信号。方波信号组合成 A、B、$\overline{A}$、$\overline{B}$ 四组正弦波信号，每组信号相差 90°相位差（相对于一个周波为 360°）。由于 A、B 两相相差 90°，可通过 A 相在前还是 B 相在前的比较，以判别编码器的正转与反转。正转时，A 信号的相位超前 B 信号 90°；反转时，B 信号相位超前 A 信号 90°。

为了得到码盘转动的绝对位置，还须设置一个基准点 Z——"零位标识槽"。码盘每转一圈，零位标识槽对应的光敏元件产生一个脉冲，称为"一转脉冲"。通过零位脉冲，可获得编码器的零位参考位。

增量式编码器每旋转360°提供的通或暗刻线（即脉冲数）的数量称为分辨率，也称线数。一般分辨率为5~10000PPR。

编码器使用时，需要注意三个方面的参数：安装尺寸（定位止口、轴径、安装孔位等）、分辨率（是否满足设计使用精度要求）、电气接口。

3. 绝对式编码器

绝对式编码器的工作原理如图6-14所示，码盘（与传动轴相连）上有格雷码刻度盘。码盘上各圈圆环分别代表一位二进制的数字码道，在同一个码道上印制黑白等间隔图案，形成一套编码。黑色不透光区和白色透光区分别代表二进制的"0"和"1"。在一个四位光电码盘上，有四圈数字码道，每一个码道表示二进制的一位，里侧是高位，外侧是低位，在360°范围内可编码数为$2^4 = 16$个。最大为12位4096线数（并行输出）、13位8192线数（串行输出）。

每一个位置对应一个确定的格雷码数据（脉冲形式输出），因此它的示值只与测量的起始和终止位置有关，而与测量的中间过程无关。

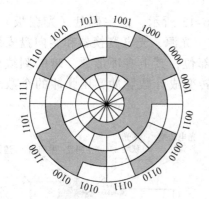

十进制	格雷码	十进制	格雷码
0	0000	8	1100
1	0001	9	1101
2	0011	10	1111
3	0010	11	1110
4	0110	12	1010
5	0111	13	1011
6	0101	14	1001
7	0100	15	1000

图6-14 绝对式编码器的工作原理

4. 编码器的安装

编码器有5条引线，其中3条是脉冲输出线，1条是COM端线，1条是电源线（OC门输出型）。编码器的电源可以是外接电源，也可直接使用PLC的DC 24V电源。电源"－"端要与编码器的COM端连接，电源"＋"与编码器的电源端连接。编码器的COM端与PLC输入COM端连接，A、B、Z两相脉冲输出端直接与PLC的输入端连接。

（1）机械方面

1）编码器轴与用户端输出轴之间采用弹性软连接，以避免因用户轴的窜动、跳动而造成编码器轴系和码盘的损坏。

2）安装时注意轴负载的许用值。

3）应保证编码器轴与用户输出轴的不同轴度小于0.20mm，与轴线的偏角小于1.5°。

4）安装时严禁敲击和摔打碰撞，以免损坏轴系和码盘。

5）长期使用时，定期检查固定编码器的螺钉是否松动（每季度一次）。

(2) 电气方面

1) 接地线应尽量粗,截面面积一般应大于 1.5mm²。
2) 编码器的输出线彼此不要搭接,以免损坏输出电路。
3) 编码器的信号线不要接到直流或交流电流上,以免损坏输出电路。
4) 与编码器相连的电动机等设备,应接地良好,不要有静电。
5) 配线时应采用屏蔽电缆,要将屏蔽线接地。
6) 开机前,应仔细检查:产品说明书与编码器型号是否相符、接线是否正确。
7) 长距离传输时,应考虑信号衰减因素,选用具备输出阻抗低、抗干扰能力强的型号。
8) 避免在强电磁波环境中使用。

6.1.4 伺服控制应用举例

1. 控制要求

1) 伺服电动机(ECMA-C20604RS)。规格:电压及转速为 AC 220V/3000r/min,输入电流为 2.6A;额定转矩为 1.27N·m,电动机额定功率为 400W;17 位光学编码器的 R_2 = 160000PPR。

2) 伺服驱动器(ASDA-B2-0421-B)。规格:输出功率为 400W,输入电压为 AC 220V 单相。

3) 参数约定:伺服电动机转一周需要 2000p,工作台移动速度 v = 10mm/s;丝杠螺距 P_B = 4mm/r。

4) 高速脉冲为 Y0 输出,伺服方向为 Y2 输出。

5) 按下按钮 SB1,伺服电动机 M5 正转带动工作台从 A 点(SQ1)向左移动到 B 点(SQ2),停止;按下按钮 SB2,工作台右移返回 A 点,停止。伺服控制工作过程如图 6-15 所示。

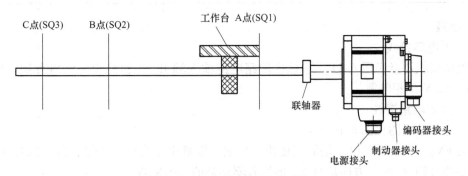

图 6-15 伺服控制工作过程示意图

2. 伺服驱动器的参数计算与选择

(1) 电子齿轮比 G 的计算

要求伺服电动机转一周需要 2000 个脉冲(p),即 PLC 的脉冲分辨率 R_1 = 2000PPR,则

$$G = \frac{N}{M} = \frac{f_2}{f_1} = \frac{R_2}{R_1} = \frac{160000}{2000} = \frac{160}{2} \tag{6-1}$$

式中，N——电子齿轮比的分子；M——电子齿轮比的分母；f_2——控制器（PLC）的脉冲频率；f_1——伺服电动机的脉冲频率；R_2——控制器（PLC）的脉冲分辨率；R_1——伺服电动机的脉冲分辨率。

（2）PLC 输出指令频率 f_1 的计算

已知工作台移动速度 $v = 10\text{mm/s}$，PLC 的脉冲分辨率 $R_1 = 2000\text{PPR}$，丝杠螺距 $P_B = 4\text{mm/r}$，则

$$f_1 = \frac{vR_1}{P_B} = \frac{10 \times 2000}{4}\text{Hz} = 5000\text{Hz} \tag{6-2}$$

（3）伺服驱动器参数设置

伺服驱动器参数设置见表 6-6。

表 6-6 伺服驱动器参数设定

参数	参 数 名 称	设定值	功 能 说 明
P1-00	外部脉冲列指令输入形式设定	2	2：脉冲列正逻辑
P1-01	控制模式及控制命令输入源设定	00	位置控制模式
P1-44	电子齿轮比的分子 N	160	$1/50 < N/M < 200$
P1-45	电子齿轮比的分母 M	2	
P2-00	位置控制比例增益	35	位置控制增益加大时，可提升位置应答性及缩小位置控制误差量。但若设定太大时，易产生振动及噪声
P2-02	位置控制前馈增益	5000	位置控制命令平滑变动时，增益值加大可改善位置跟随误差。若位置控制命令不平滑变动时，降低增益值可降低机构的运转振动现象
P2-08	特殊参数输入	0	10：参数复位

3. 接线

（1）主电路接线

主电路接线图参考图 6-11，注意主回路电源输入端 R、S 和控制回路电源输入端 L_{1C}、L_{2C} 接 AC 220V 单相电源。

（2）控制电路接线

控制电路接线图如图 6-16 所示。

因为 FX_{3U}-32MT 型 PLC 是漏型输出，Y 输出端低电平有效。所以，脉冲信号 Y0 接伺服驱动器的/PULSE 端，方向信号 Y2 接伺服驱动器的/SIGN 端。

伺服驱动器的脉冲输入使用差动（Line driver）方式输入，电源为 DC 5V，最大输入脉冲分辨率为 500kHz。如果使用 24V 电源时，引脚 37、41 必须串接 1kΩ 电阻。

伺服驱动器的脉冲输入使用开集电极方式输入，电源为 DC 24V，最大输入脉冲分辨率为 200kHz。使用内部电源时，17 引脚 V_{DD} 接引脚 35PULL HI；使用外部电源 DC 24V 时，电源正端接引脚 35 的 PULL HI，电源负端接引脚 14 的 COM-。

COM+是 DI 与 DO 的电压输入公共端，使用内部电源 V_{DD}，故 V_{DD} 连接 COM+。

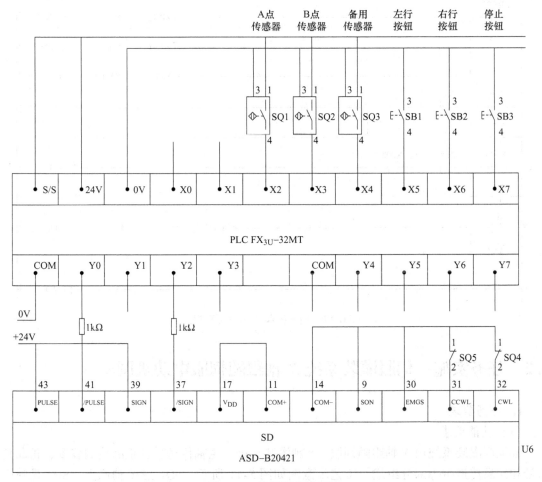

图 6-16 控制电路接线图

伺服起动信号 SON 为 ON 时，表示伺服回路起动，电动机线圈励磁。

紧急停止信号 EMGS，正常时必须导通，否则驱动器显示异常。

正转禁止极限信号 CCWL，串接左极限常闭触点 SQ5。正常时必须导通，否则驱动器显示异常（ALRM）。

反转禁止极限信号 CWL，串接右极限常闭触点 SQ4。正常时必须导通，否则驱动器显示异常（ALRM）。

4. 控制程序

伺服控制应用举例的程序如图 6-17 所示，图中各行说明如下。

第 0 行，初始化程序。将 PLC 输出指令频率 $f_1 = 5000Hz$ 赋值给 D1。

第 16 行，左行控制。内部继电器 M32 保存左行信息。输入 X3 是左行到 B 点检测信号，输出 Y2 是方向信号。

第 22 行，右行控制。内部继电器 M33 保存右行信息。输入 X2 是右行到 A 点检测信号。

第 27 行，脉冲输出。从 Y0 端口按数据寄存器 D1 的频率连续输出脉冲。

159

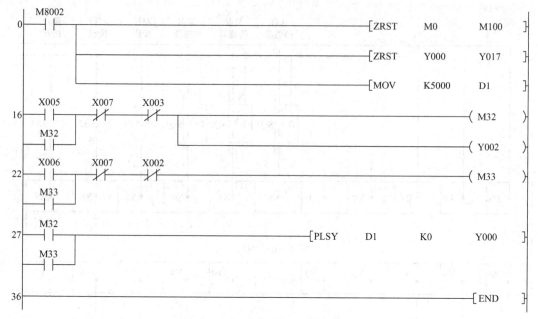

图 6-17 伺服控制应用举例程序

6.2 任务实施：伺服灌装系统 X 轴跟随伺服电动机调试

1. 任务要求

（1）功能要求

某伺服灌装系统由 X 轴跟随伺服、Y 轴灌装步进、主轴传送带、正品检测装置、正品传送带和次品传送带等部分组成，工艺示意图如图 5-11 所示。SQ1 是 X 轴原点，SQ2 是喷嘴追上空物料瓶的同步点，SQ3 是灌装结束点。

X 轴跟随由伺服电动机 M1 驱动，通过丝杠带动滑块来模拟灌装平台的左右移动。伺服电动机 M1 型号为 ECMA-C20604RS，电压及转速为 AC 220V、3000r/min，17 位光学编码器分辨率 R_2 = 160000PPR。要求伺服电动机 M1 旋转一周需要 4000 个脉冲。

（2）控制要求

1）调试界面。

通过触摸屏下拉框，选择需要调试的电动机，当前电动机指示灯亮。触摸屏有跟随伺服电动机 M1 运行指示、设定速度显示和位置显示。

2）跟随伺服电动机 M1 的调试。

X 轴跟随伺服电动机 M1 安装在丝杠位置上。初始状态伺服电动机断电，并手动调节回原点 SQ1，按钮 SB1 实现正向点动运转功能，按钮 SB3 实现反向点动运转功能。选择开关 SA1 可选择 2 种速度，SA1 接通时要求速度为 4mm/s，SA1 断开时要求速度为 12mm/s。在按下 SB1 或者 SB3 实现点动运转时，应允许切换 SA1，改变当前运转速度。调试中按下 SB2 后，伺服电动机自动回原点 SQ1，电动机 M1 调试结束。电动机 M1 调试过程中，HL1 灯以 2Hz 频率闪烁，停止时 HL1 灯常亮。

3）用三台 PLC 来控制。主站 Q00U 连接触摸屏。从站（1）的 FX$_{3U}$-32MR 采样主令信号并驱动指示灯。从站（2）的 FX$_{3U}$-32MT 采集现场检测信号并驱动伺服电动机。用 CC-Link 组网。

2. 确定地址分配

（1）主站（0）的 I/O 地址分配

主站选择 Q00U 系列 PLC，与 HMI 连接，无输入、输出信号。

（2）从站（1）的 I/O 地址分配

从站（1）的输入信号有正向点动按钮、反向点动按钮、自动回原点按钮和速度选择开关 4 个，输出信号有跟随电动机调试指示灯 1 个，均是开关量信号，本任务选择 FX$_{3U}$-32MR/ES-A 型 PLC。I/O 地址分配见表 6-7。

[学生练习] 请补充表 6-7 中的 I/O 分配。

表 6-7 任务 6 从站（1）PLC 的 I/O 地址分配表

输入地址	输入信号	功能说明	输出地址	输出信号	功能说明
	SB1	正向点动按钮		HL1	跟随调试灯
	SB2	自动回原点按钮		HL2	备用
	SB3	反向点动按钮		HL3	备用
	SB4	备用		HL4	备用
	SA1	速度选择开关		HL5	备用

（3）从站（2）的 I/O 地址分配

从站（2）输入信号有 SQ1、SQ2、SQ3 传感器 3 个，输出信号有伺服驱动器脉冲和方向信号 2 个。不仅有开关量信号，还有高速脉冲输出信号。本任务选择 FX$_{3U}$-32MT/ES-A 型 PLC。I/O 地址分配见表 6-8。

[学生练习] 请补充表 6-8 中的 I/O 分配。

表 6-8 任务 6 从站（2）PLC 的 I/O 地址分配表

输入地址	输入信号	功能说明	输出地址	输出信号	功能说明
	SQ1	X 轴原点		/PULSE	伺服驱动器脉冲
	SQ2	同步点			备用
	SQ3	灌装结束点		/SIGN	伺服驱动器方向

（4）CC-Link 通信远程点数分配

PLC 各从站 I/O 地址与远程点数对应关系见表 6-9。

表 6-9 任务 6 各从站 I/O 地址与远程点数对应一览表

PLC（1）的 I/O 地址	元件符号	CC-Link 地址	PLC（2）的 I/O 地址	元件符号	CC-Link 地址
X1	SB1	X101	M50（Y0）		X120
X2	SB2	X102	M52（X2）	SQ1	X122
X3	SB3	X103	M53（X3）	SQ2	X123
X4	SB4	X104	M54（X4）	SQ3	X124
X6	SA1	X106	M65	回原点完成	X12F
Y1	HL1	Y101	M0	伺服电动机正转	Y120
Y2	HL2	Y102	M1		Y121
Y3	HL3	Y103	M2	伺服电动机反转	Y122
Y4	HL4	Y104	M3		Y123
Y5	HL5	Y105	M15	自动回原点	Y12F

（5）数据寄存器分配

PLC 从站（2）与和主站的内部数据寄存器和通信数据寄存器分配见表 6-10。

表 6-10　任务 6 中主站的内部数据寄存器和通信数据寄存器分配表

PLC（2）数据寄存器	主站数据寄存器	功能说明
	D0	组合框 ID 号关联
	D1	伺服电动机速度（r/min）
	D2	步进电动机速度（r/min）
D4	D104	编码器速度
D14	D124	伺服电动机的脉冲频率（Hz）
D15	D125	伺服电动机位移
D16	D126	步进电动机的脉冲频率（Hz）
D17	D127	步进电动机位移

3. 硬件设计

（1）主电路设计

主电路接线图参考图 6-11，注意主回路电源输入端 R、S 和控制回路电源输入端 L_{1C}、L_{2C} 接 AC 220V 单相电源。

（2）控制器配电电路设计

控制器配电电路如图 3-32 所示。

（3）通信电路设计

CC – Link 网络通信电路接线参照图 3-11。主模块电源由 Q35B 基板提供，接口模块 DC 24V 电源由各自的 PLC 提供。

（4）主站 PLC（0）的 I/O 电路设计

主站 Q00U PLC 没有输入/输出信号，不用设计 I/O 电路。

（5）从站 PLC（1）的 I/O 电路设计

1）根据 I/O 地址分配表 6-7，从站 PLC（1）输入信号接线电路如图 6-18 所示。包括 2 个点动按钮和 1 个速度选择开关。

2）根据 I/O 地址分配表 6-7，从站 PLC（1）输出信号接线电路如图 6-19 所示。有 1 个跟随调试指示灯。

（6）从站 PLC（2）I/O 电路设计

1）根据 I/O 地址分配表 6-8，从站 PLC（2）传感器检测信号接线电路如图 6-20 所示。

2）根据 I/O 地址分配表 6-8，从站 PLC（2）输出信号有 2 个，通过 ASD – B20421 伺服驱动器驱动伺服电动机 M1，接线电路如图 6-21 所示。伺服驱动器的脉冲输入使用差动方式输入，且电源采用 DC 24V 时，信号线需要串接 1kΩ 电阻。CWL 串接右极限常闭触点 SQ4，CCWL 串接左极限常闭触点 SQ5。

4. 系统设置

设置方法参照任务 3 或任务 4。

5. 伺服驱动器的参数计算与选择

（1）电子齿轮比 G 的计算

要求伺服电动机转一周需要 4000 个脉冲，即 PLC 的脉冲分辨率 $R_1 = 4000$PPR，又已知

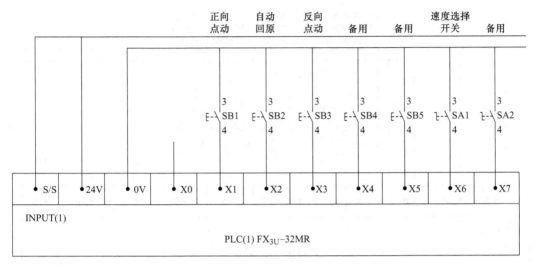

图 6-18 从站 PLC（1）输入接线图

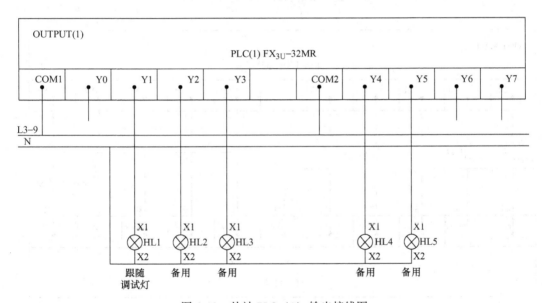

图 6-19 从站 PLC（1）输出接线图

伺服电动机编码器分配率 $R_2 = 160000$ PPR。根据式（6-1），可求得 $G = 160/4$。

（2）PLC 输出指令频率 f_1 的计算

[学生练习] 已知 PLC 的脉冲分辨率 $R_1 = 4000$ PPR，丝杠螺距 $P_B = 4$ mm/r，根据式（6-2），当工作台移动速度 $v = 12$ mm/s，求 PLC 输出指令 f_1；当工作台移动速度 $v = 4$ mm/s，求 PLC 输出指令 f_1。

（3）伺服驱动器参数设置

伺服驱动器参数设置参见表 6-6，注意电子齿轮比。

[学生练习] 设置本任务的伺服驱动器参数。

6. 组态 Q00U CPU

组态方法参照任务 3 或任务 4。保存名称为"任务 6 主站 Q 程序"的工程。

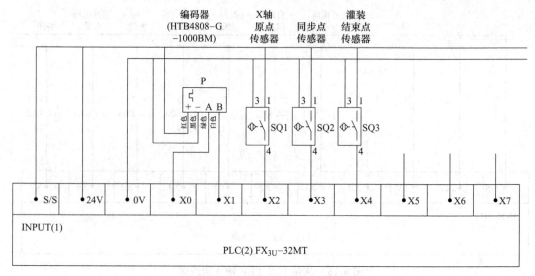

图 6-20 从站 PLC（2）输入接线图

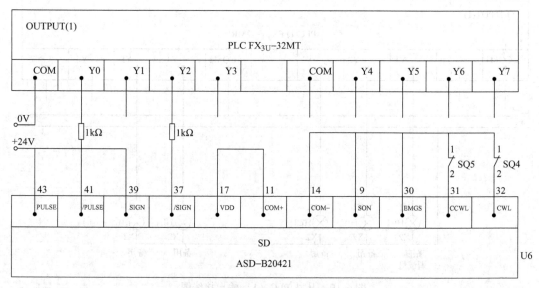

图 6-21 从站 PLC（2）输出接线图

7. 软件设计

（1）主站程序设计

打开名称为"任务 6 主站 Q 程序"的工程。编写主站 Q 系列 PLC 程序，如图 6-22 和图 6-23 所示。

图 6-22 中各行说明如下。

第 0 行。初始化程序。设定时钟继电器 SM415 的时间间隔为 SD415（单位为 ms）。设定位移脉冲数 D125，其值为 K0，表示发送连续的脉冲。

第 12 行。设定脉冲频率 D124。当选择开关接通时，值为 4000，工作台以 4mm/s 的速度移动。当选择开关断开时，D124 = 12000，工作台以 12mm/s 的速度移动。

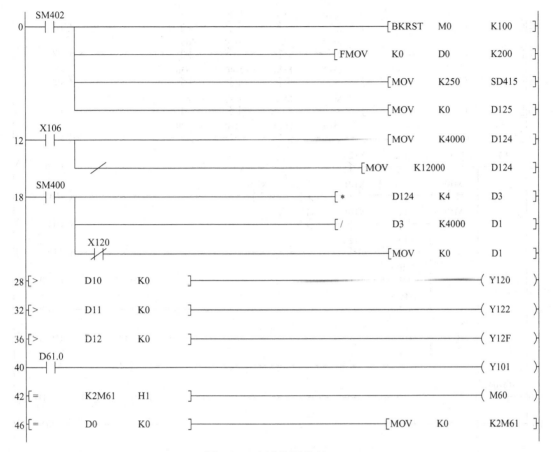

图 6-22 主站控制程序（1）

第 18 行。将 D124 中伺服电动机的脉冲频率 Hz，经单位换算，转化为速度值（mm/s），并将其送至 D1。脉冲输出停止时 X120 = OFF，输出速度 D1 清零。

第 28 行。跟随伺服电动机正转标识字 D10 > 0，驱动 Y120 链接的从站（2）的 M0 标识位。

第 32 行。跟随伺服电动机反转标识字 D11 > 0，驱动 Y122 链接的从站（2）的 M2 标识位。

第 36 行。伺服电动机自动回原点标识字 D12 > 0，驱动远程输出 Y12F 链接的从站（2）的 M15 标识位。

第 40 行。跟随伺服电动机调试标识字 D61，驱动 Y101 链接的从站（1）的 Y1 输出。

第 42 行。M60 为调试完毕标识位。

第 46 行。没有选择时，清除 M61～M68 调试完毕标识。

图 6-23 中各行说明如下。

第 52－84 行。D0 用于触摸屏组合框 ID 号关联，用于选择要调试的电动机。D0 = 1 表示调试伺服电动机。锁存继电器 L1～L5 用于触摸屏指示选中的要调试的电动机。M10 是伺服电动机正在调试标识位。

第 92 行。X 轴手动回原点后，操作正向点动按钮 SB1（链接 X101），D10.0 得电，驱

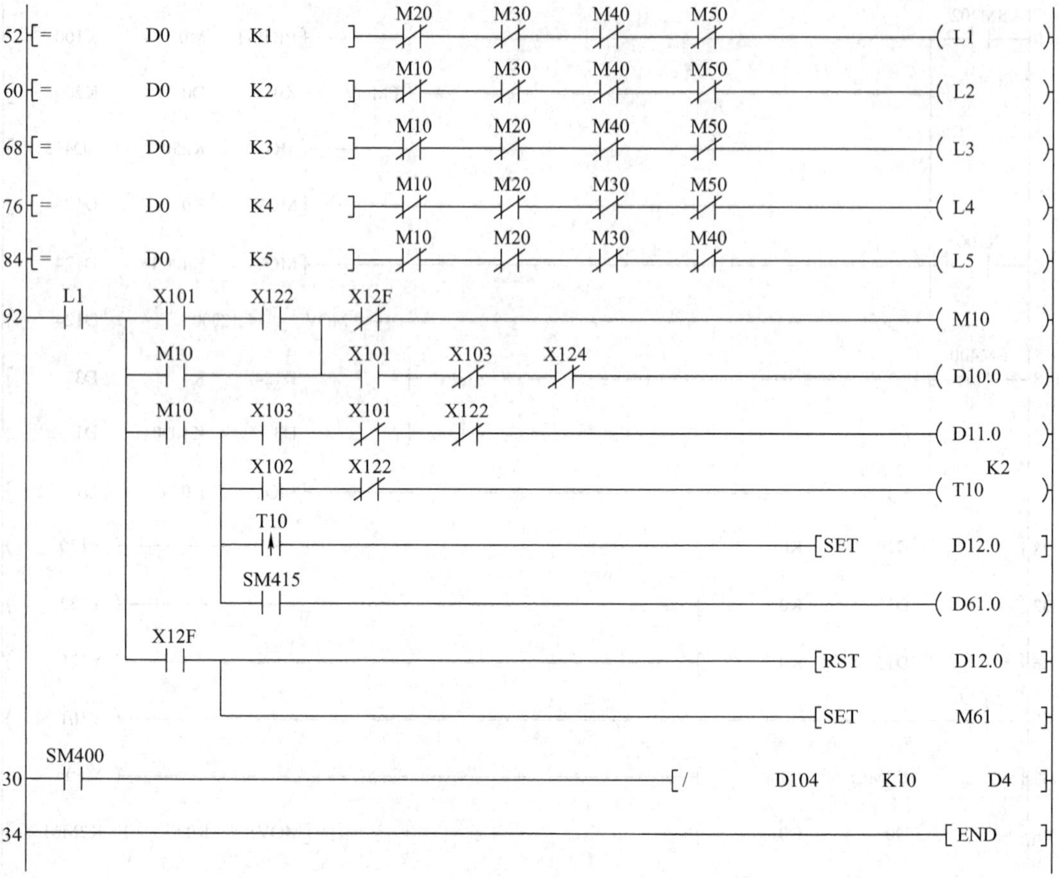

图 6-23 主站控制程序（2）

动跟随伺服电动机 M1 以（D124）指定速度正转、点动左行，最后到灌装结束点 SQ3（链接 X124）停止。操作方向点动按钮 SB3（链接 X103），D11.0 得电，驱动伺服电动机 M1 以（D124）指定速度反转、点动右行，最后到 X 轴原点位 SQ1（链接 X122）停止。操作自动回原点按钮 SB2（链接 X102），D12.0 得电，驱动伺服电动机 M1 左行返回原点 SQ1（在 SQ1 的下降沿结束）。D10 存放伺服电动机正转控制标识字，D11 存放伺服电动机反转控制标识字，D12 存放伺服电动机自动回原点控制标识字。D61 是调试灯标识字。

第 130 行。将编码器反馈的位移值 D104（mm）转换为 D4（cm），送至触摸屏显示。

(2) 从站（1）程序设计

从站（1）FX_{3U}-32MR PLC 程序如图 6-24 所示。

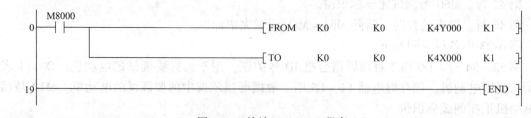

图 6-24 从站（1）PLC 程序

(3) 从站（2）程序设计

从站（2）FX$_{3U}$-32MT PLC 程序如图 6-25 所示。

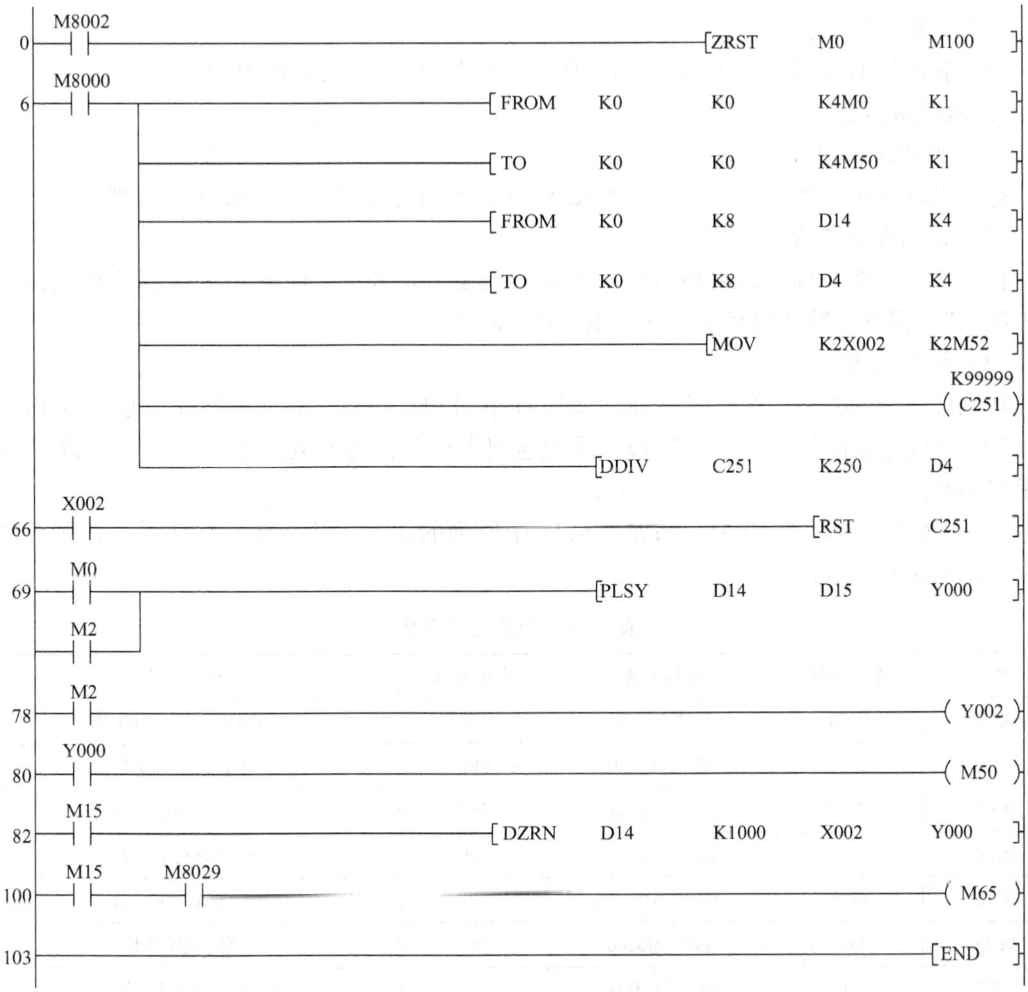

```
0    ──┤M8002├──────────────────────────────[ZRST  M0    M100]
6    ──┤M8000├──┬───────────────[FROM  K0   K0   K4M0   K1]
                ├───────────────[TO    K0   K0   K4M50  K1]
                ├───────────────[FROM  K0   K8   D14    K4]
                ├───────────────[TO    K0   K8   D4     K4]
                ├───────────────────────[MOV   K2X002  K2M52]
                ├───────────────────────────K99999──(C251)
                └───────────────[DDIV  C251  K250   D4]
66   ──┤X002├──────────────────────────────────[RST  C251]
69   ──┬┤M0├──┬──────────────────[PLSY  D14   D15   Y000]
       └┤M2├──┘
78   ──┤M2├────────────────────────────────────(Y002)
80   ──┤Y000├──────────────────────────────────(M50)
82   ──┤M15├────────────────[DZRN  D14  K1000  X002  Y000]
100  ──┤M15├──┤M8029├──────────────────────────(M65)
103  ──────────────────────────────────────────[END]
```

图 6-25 从站（2）PLC 程序

主站和从站的数据链路，如图 4-30 和图 4-31 所示。

K4M0 保存主站远程输出数据 Y120～Y12F，主站远程输入 X120～X12F 数据来源于 K4M50。D14～D17 保存主站远程寄存器数据 D124～D127，将 D4～D7 数据写入主站远程寄存器 D104～D107。

具体来说，M0 对应远程输出数据 Y120，是伺服电动机正转信号。M2 对应远程输出数据 Y122，是伺服电动机反转信号。D14 对应远程寄存器数据 D124，是速度值。D15 对应远程寄存器数据 D125，是脉冲值。伺服脉冲信号从 Y0 输出，伺服方向信号从 Y2 输出。伺服电动机运行信号 M50 送至远程输入数据 X120。M15 对应远程输出数据 Y12F，是自动回原点信号。自动回原点时，在 X2 的上升沿，伺服电动机以爬行速度 K1000 运行；在 X2 的下降沿，其停止。M65 是自动回原点完成信号，对应远程输入数据 X12F。

由于编码器 HTB4808-G-1000BM 分辨率为 $R_3 = 1000$PPR，丝杠螺距 $P_B = 4$mm/r，因此

位移值 S 与脉冲总数 N 之间的关系为

$$S = \frac{N}{R_3} \times P_B = \frac{N}{250} \tag{6-3}$$

式中，S 的单位为 mm。

所以脉冲值 C251 除以 250 后得到位移值，保存到从站（2）的 D4 中。

8. 触摸屏组态

（1）创建新工程

打开 MCGS 组态环境。选择 TPC 类型为 TPC7062Ti，其余参数采用默认设置。

（2）命名新建工程

打开"保存为"窗口。将当前的"新建工程 x"取名为"任务 6 伺服灌装系统跟随电动机调试"，保存在默认路径下（D：\MCGSE\WorK）。

（3）设备组态

参照任务 3 的方法，按照图 3-48，添加 Q 系列 PLC 串口、添加触摸屏与 Q 系列 PLC 的 RS-232 串口连接设备。按照图 3-49，设置通用串口父设备参数。按照图 3-50，设置 Q 系列串口参数。

[学生练习] 在图 3-50 中，添加表 6-11 中所列的通道连接变量。确认后，将所有的连接变量添加到实时数据库。

表 6-11 通道连接变量

索引	连接变量	通道名称	十进制数	功能说明
0001	X120	只读 X0120	288	伺服电动机运行反馈
0002	Y120	读/写 Y0120	288	伺服电动机正转
0003	Y121	读/写 Y0121	289	步进电动机正转
0004	Y122	读/写 Y0122	290	伺服电动机反转
0005	Y123	读/写 Y0123	291	步进电动机反转
0006	M60	读/写 M0060	60	调试完成标识
0007	L1	读/写 L0001	1	调试电动机 M1 指示
0008	L2	读/写 L0002	2	调试电动机 M2 指示
0009	L3	读/写 L0003	3	调试电动机 M3 指示
0010	L4	读/写 L0004	4	调试电动机 M4 指示
0011	L5	读/写 L0005	5	调试电动机 M5 指示
0012	D0	读/写 DWUB0000	0	组合框 ID 号关联
0013	D1	读/写 DWUB0001	1	伺服电动机速度/（r/min）
0014	D2	读/写 DWUB0002	2	步进电动机速度/（r/min）
0015	D4	读/写 DWUB0004	4	伺服驱动下的位移/cm

（4）组态灌装贴标系统传送带调试界面

执行"用户窗口"→"新建窗口"命令，新建窗口 0。在窗口 0 中，组态伺服灌装系统跟随电动机调试界面，组态结果如图 6-26 所示。

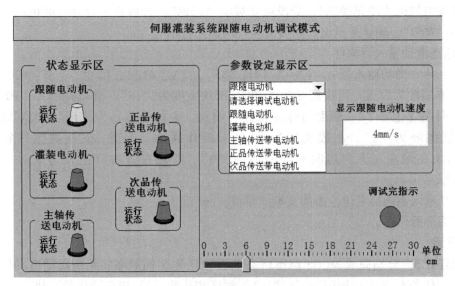

图6-26 伺服灌装系统跟随电动机调试模式界面

1) 组态标题栏。坐标为[H：0]、[V：0]，尺寸为[W：800]、[H：45]，文本内容"伺服灌装系统跟随电动机调试模式"，对齐均居中。

2) 组态状态显示区。

组态跟随电机M1。执行"插入工具"→"圆角矩形"命令，图符坐标为[H：30]、[V：135]，尺寸为[W：120]、[H：80]。执行"插入元件"→"指示灯1"命令，图符坐标为[H：100]、[V：160]，尺寸为[W：38]、[H：43]。"连接表达式"为"L1"；添加文字"跟随电动机"和文字"运行转态"。

分别组态灌装电动机M2（"连接表达式"为"L2"）、组态主轴传送电动机M3（"连接表达式"为"L3"）、组态正品传送电动机M4（"连接表达式"为"L4"）、组态次品传送电动机M5（"连接表达式"为"L5"），以及组态状态显示区方框。图符坐标和尺寸参考任务5。

3) 组态参数设定显示区。

● 组态下拉框。坐标为[H：400]、[V：120]，尺寸为[W：180]、[H：200]。执行"基本属性"→"构件类型"命令，选择"下拉组合框"，"构件属性的ID号"关联为"D0"，执行"选项设置"命令，选中"请选择调试电动机""跟随电动机""灌装电动机""主轴传送带电动机""正品传送带电动机"和"次品传送带电动机"，确认后退出。

● 组态速度显示输入框。执行"插入工具"→"输入框" abl 命令，坐标为[H：610]、[V：190]，尺寸为[W：160]、[H：50]。执行"操作属性"命令，"对应数据对象"的名称为"D1"、勾选使用单位"mm/s"。添加文本"显示跟随电动机速度"。

● 组态参数设定显示区方框。执行"插入工具"→"圆角矩形"命令，图符坐标为[H：380]、[V：90]，尺寸为[W：400]、[H：200]，执行"排列"→"置于最后面"命令；添加文字"参数设定显示区"，字体"宋体小四粗"，对齐均居中。

4) 组态调试完成指示。

插入工具"椭圆"。坐标为[H：680]、[V：350]，尺寸为[W：40]、[H：40]。颜

色动画连接中勾选"填充颜色",分段点 0 对应"灰色",分段点 1 对应"绿色","连接表达式"为"M60",确认后退出。添加文本"调试完指示"。

5) 组态滑动输入器构件。

插入工具"滑动输入器"。坐标为[H:335]、[V:410],尺寸为[W:420]、[H:61]。"基本属性"设置:滑块高度为"30",滑块宽度为"15",滑轨高度为"10",滑块指向"指向左(上)"。"刻度与标注属性"设置:主划线数目为"10",次划线数目为"5",标注间隔为"1",小数位数为"0"。"操作属性"设置:对应数据对象的名称"D4",滑块在最左(下)边时对应的值为"0",滑块在最右(上)边时对应的值为"30"。确认后退出。

在滑动输入器图形右边,添加文本"单位:cm"。

组态完毕后保存。

9. 下载

参照任务 5,分别完成 MCGS 组态组态工程"任务 6 伺服灌装系统跟随电动机调试"、主站程序"任务 6 主站 Q 程序"、从站(1)程序和从站(2)PLC 程序的下载。

注意:下载过程中,不要拔插数据线。以免烧坏通信口。

10. 运行调试

(1) 调试准备工作

1) 进行电气安全方面的初步检测,确认控制系统没有短路、导线裸露、接头松动和有杂物等安全隐患。

2) 用 TPC-Q 数据线连接 MCGS 触摸屏与 Q00UCPU,确认触摸屏显示正常。

3) 确认 PLC 的各项指示灯是否正常。

4) [学生练习] 对照表 6-7 和 6-8 的 I/O 地址分配,打点确认各 PLC 站的输入接线正常。旋转 X 轴,观察编码器的输入信号,即从站(2)的 X0 和 X1 指示灯是否有变化。

5) [学生练习] 对照 I/O 地址分配表,打点确认各 PLC 站的输出接线正常。注意,为避免输出联锁造成误动作或误判断,应逐一进行强制性输出打点;对伺服电动机驱动信号不打点。

6) [学生练习] 观察 QJ61BT11 模块 LED 指示灯,确认主模块通信指示正常。

7) [学生练习] 观察两个 FX_{2N}-32CCL 模块 LED 指示灯,确认从站通信指示正常。

(2) 运行调试

[学生练习] 按照表 6-12 所列的项目和顺序进行检查调试。检查正确的项目,请在结果栏记"√";出现异常的项目,在结果栏记"×",记录故障现象,小组讨论分析,找到解决办法,并排除故障。

表 6-12 任务 6 运行调试小卡片

序号	检查调试项目	结果	故障现象	解决措施
1	电气安全检测			
2	通信检测			
3	输入打点			
4	输出打点			

(续)

序号	检查调试项目	结果	故障现象	解决措施
5	选择下拉框的检测			
6	伺服电动机正转（左行）点动调试			
7	伺服电动机反转（右行）点动调试			
8	伺服电动机速度切换调试			
9	伺服电动机自动回原点调试			

1）单击触摸屏下拉框，观察能否正确选择需要调试的电动机。

2）进入伺服电动机调试模式。选择伺服电动机，分别操作按钮 SB1、SB3、SB2，观察伺服电动机 M1 是否满足控制要求，设定的速度指示是否正确，调试指示灯 HL1 和调试完成指示灯是否满足要求。

第2篇

综合控制系统的安装与调试

任务7 混料罐控制系统的安装与调试

本任务是对"现代电气控制系统安装与调试"国赛项目的改造，是综合控制系统的设计与调试，集继电器控制技术、PLC技术、变频器技术、网络通信技术、触摸屏技术于一体。需要同学们的耐心细致、科学严谨、善于自学、创新开拓的精神。

知识目标：
- 熟悉混料罐控制系统的工艺要求；
- 熟悉温度控制器的设置方法；
- 掌握手动与自动切换公共程序的编写方法；
- 掌握触摸屏画面自动切换、查看液位变化曲线和自动弹出报警界面等知识；
- 培养常用工控设备的综合运用能力；
- 掌握综合控制系统的一般设计方法；
- 掌握综合控制系统的基本调试步骤。

能力目标：
- 能根据工艺要求设计混料罐控制系统的硬件电路；
- 能根据工艺要求设计混料罐控制系统的PLC控制程序；
- 能根据工艺要求设计混料罐控制系统的触摸屏程序；
- 能完成硬件接线并测试接线的正确性；
- 会根据现场信号和运行情况调试及优化控制程序；
- 会撰写本任务的运维用户使用手册。

7.1 混料罐控制系统工艺

7.1.1 混料罐控制系统的工艺要求

1. 控制系统运行说明

在炼油、化工、制药和水处理等行业中，将不同液体混合是必不可少的工序，而且这些行业中多为易燃易爆、有毒有腐蚀性的介质，不适合人工现场操作。本混料罐系统借助PLC来控制，对提高企业生产和管理自动化水平有很大的帮助，同时又提高了生产效率、使用寿命和质量，减少了企业产品质量的波动。

混料罐系统见图7-1，该系统由以下电气控制回路组成。

1）进料泵1由电动机M1驱动。M1为三相异步电动机，只进行单向正转运行。

2）进料泵2由电动机M2驱动。M2为三相异步电动机，由变频器进行多段速控制。变频器参数设置为：第一段速的运行频率为10Hz，第二段速的运行频率为30Hz，第三段速的运行频率为 40Hz，第四段速的运行频率为 50Hz，加速时间 1.2s，减速时间 0.5s。

3) 出料泵由电动机 M3 驱动，M3 为三相异步电动机（带速度继电器），只进行单向正转运行。

4) 混料泵由电动机 M4 驱动，M4 为双速电动机，需要考虑过载、联锁保护。

5) 液料罐中的液位由电动机 M5 通过丝杠带动滑块来模拟。M5 为伺服电动机。伺服电机参数设置为：伺服电动机旋转一周需要 2000 个脉冲。

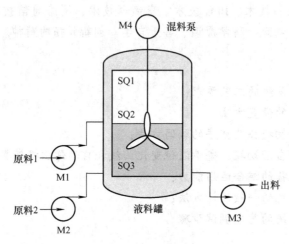

图 7-1　混料罐系统

2. 控制系统设计要求

1) 本系统使用三台 PLC。指定 Q00UCPU 为主站，2 台 FX$_{3U}$ 为从站，用 CC-Link 组网。

2) MCGS 触摸屏连接到系统的主站 PLC 上（Q00UCPU 的 RS-232 口）。

3) 电动机控制、I/O 信号、HMI 与 PLC 组合分配方案见表 7-1。

表 7-1　现场 I/O 信号、HMI 及 PLC 组合分配一览表

序号	现场对象	PLC
1	HMI SB1～SB5	Q00UCPU
2	M1、M3、M4 HL1～HL3	FX$_{3U}$-32MR
3	M2、M5、PG SQ1～SQ3、SQ4、SQ5、ST	FX$_{3U}$-32MT

4) 根据本控制要求设计电气控制原理图，并将系统电气原理图以及各个 PLC 的 I/O 接线图绘制在标准图纸上。

5) 将编程中所用到的各个 PLC 的 I/O 地址、主要的中间继电器和存储器地址填入 I/O 地址分配表中。

6) 根据所设计的电路图完成元器件和电气线路的安装和连接。不得擅自更改设备中已有元器件的位置和线路。

3. 系统控制要求

混料罐控制系统设备具备两种工作模式。模式一：调试模式；模式二：混料模式。

(1) 欢迎界面

设备上电后触摸屏显示欢迎界面,参考如图 7-2。触摸界面任一位置,触摸屏即进入调试界面,设备进入调试模式。

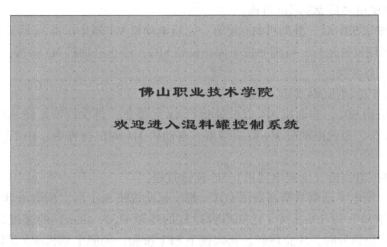

图 7-2 欢迎界面

(2) 调试模式

触摸屏进入调试界面后,指示灯 HL1、HL2 以 0.5Hz 频率闪烁点亮,等待电动机调试。调试界面可以参考图 7-3 进行制作。通过按下"选择调试按钮",可依次选择需要调试的电动机 M1~M5,对应电动机指示灯亮,指示灯 HL1、HL2 停止闪烁。按下调试起动按钮 SB1,选中的电动机将进行调试运行;每个电动机调试完成后,对应的指示灯熄灭。

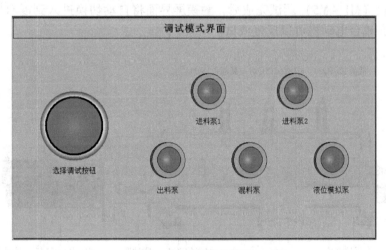

图 7-3 调试模式界面

1) 进料泵 1 中电动机 M1 调试过程。

按下起动按钮 SB1 后,电动机 M1 起动运行,6s 后停止,电动机 M1 调试结束。电动机 M1 调试过程中,HL1 常亮。

2) 进料泵 2 中电动机(变频电动机)M2 调试过程。

按下起动按钮 SB1 后,电动机 M2 以 10Hz 对应的段速起动;再次按下按钮 SB1,电动机 M2 以 30Hz 对应的段速运行；再次按下按钮 SB1，电动机 M2 以 40Hz 对应的段速运行；再次按下按钮 SB1，电动机 M2 以 50Hz 对应的段速运行；按下停止按钮 SB2，电动机 M2 停止。电动机 M2 调试过程中，HL1 以亮 2s、灭 1s 的周期闪烁。

3) 出料泵中电动机 M3 调试过程。

按下起动按钮 SB1 后，电动机 M3 起动，3s 后电动机 M3 停止；再 3s 后又自动起动。电动机 M3 按此周期反复运行，可随时按下停止按钮 SB2，停止电动机 M3 运行；电动机 M3 调试过程中，HL2 灯常亮。

4) 混料泵中电动机 M4 调试过程。

按下起动按钮 SB1，电动机 M4 以低速运行 4s 后停止；再次按下按钮 SB1 后，电动机 M4 以高速运行 6s。至此电动机 M4 调试结束。电动机 M4 调试过程中，HL2 以亮 2s、灭 1s 的周期闪烁。

5) 液位模拟电动机（伺服电动机）M5 调试过程。

初始状态，断电手动调节至高液位 SQ1。按下起动按钮 SB1 后，伺服电动机 M5 正转带动滑块（模拟液位）以 10mm/s（已知滑台丝杠的螺距 P_B 为 4mm）的速度向左移动；当 SQ2 检测到中液位信号时，停止旋转。再次按下 SB1 按钮，伺服电动机 M5 正转带动滑块以 8mm/s 的速度向左移动；当 SQ3 检测到低液位信号时，停止旋转。至此伺服电动机 M5 调试结束。

伺服电动机 M5 调试过程中，按下停止按钮 SB2，伺服电动机 M5 立即停止，再次按下按钮 SB1，伺服电动机 M5 继续行驶。伺服电动机 M5 调试过程中，HL1 和 HL2 同时以 2Hz 的频率闪烁。

液位模拟电动机和液位传感器安装位置示意图如图 7-4 所示。

所有电动机（M1~M5）调试完成后，触摸屏界面将自动切换进入到混料模式。在未进入混料模式时，单台电动机可以反复调试。

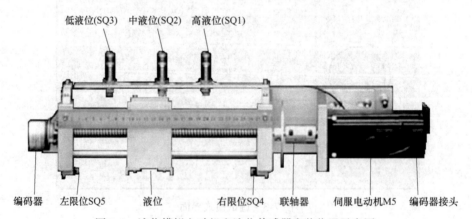

图 7-4 液位模拟电动机和液位传感器安装位置示意图

(3) 混料模式

自动切换进入到混料模式后，混料模式界面请参考图 7-5 所示。主要包含：
1) 各个泵的工作状态指示；
2) 液位检测开关 SQ1~SQ3 的状态指示灯；

3) 液位跟随电动机 M5 的实际运行位置（编码器检测）连续变化；
4) 配方选择开关 SA7 以及循环选择开关 SA8；
5) 系统已循环运行次数（停止或失电时都不会被清零）等信息。

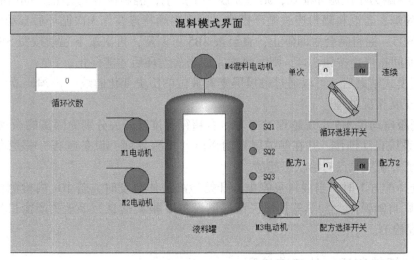

图 7-5　混料模式界面

混料模式下工艺流程与控制要求如下。

1) 混料模式时初始状态。指示灯 HL3 开始以 1Hz 频率闪烁，液位模拟电动机 M5 所带动的滑块位于低液位 SQ3 处，混料模式起动按钮 SB3、停止按钮 SB4、急停按钮 SB5 全部位于初始状态、所有电动机（M1～M5）停止等。

2) 循环方式以及配方进行选择。开始混料之前，首先应选择系统的工作方式和配方。循环选择开关 SA8 为 0 时，系统为连续循环模式；SA8 为 1 时，系统为单次循环模式。配方选择开关 SA7 为 1 时，选择配方 1；SA7 为 0 时，选择配方 2。

3) 配方 1 时，混料罐的工艺流程如下。

按下混料起动按钮 SB3，进料泵 M1 打开，液位增加（伺服电动机 M5 以 8mm/s 速度右行）；当 SQ2 检测到达中液位时，进料泵 M2 以 40Hz 运行，液位加速上升（电动机 M5 以 12mm/s 速度右行），同时混料泵 M4 开始低速运行；当 SQ1 检测到达高液位时，进料泵 M1、M2 均关闭，液位不再上升（电动机 M5 停止），同时混料泵 M4 开始高速运行，持续 5s 后 M4 停止；此时开始检测液体温度（用温度控制器和热电阻 Pt100 来检测），温度超过 30℃ 时，出料泵 M3 开始运行，液位开始下降（电动机 M5 以 20mm/s 速度左行）；当 SQ3 检测到达低液位时，M3 停止，液位不再下降（电动机 M5 停止）。至此，混料罐完成一个周期的运行，整个混料过程中，HL3 常亮。

4) 配方 2 时，混料罐的工艺流程如下。

按下混料起动按钮 SB3，进料泵 M1 打开，进料泵 M2 以 10Hz 运行，液位增加（伺服电动机 M5 以 10mm/s 速度右行）；当 SQ2 检测到达中液位时，进料泵 M1 关闭，进料泵 M2 以 30Hz 运行，液位继续上升（电动机 M5 以 8mm/s 速度右行），同时混料泵 M4 开始低速运行；当 SQ1 检测到达高液位时，进料泵 M2 关闭，液位不再上升（电动机 M5 停止），同时混料泵 M4 开始高速运行；持续 5s 后，出料泵 M3 开始运行，液位开始下降（电动机 M5 以

10mm/s 速度左行）；当 SQ2 检测到达中液位时，混料泵 M4 停止；当 SQ3 检测到达低液位时，M3 停止，液位不再下降（电动机 M5 停止）。至此，混料罐完成一个周期的运行，整个混料过程中，HL3 常亮。

5）若混料罐为单次循环模式，则每完成一个周期，混料罐自动停止，同时指示灯 HL3 以 1Hz 频率闪烁；若混料罐为连续循环模式，则混料罐将连续作 3 次循环后自动停止，期间按急停按钮 SB5，混料罐会立即停止；直至按 SB5 可恢复，再次按下起动按钮 SB3，混料罐继续运行；期间按停止按钮 SB4，则混料罐完成当前循环后才能停止。

6）加工模式结束后，可以通过触摸屏查看液位的历史变化曲线（由编码器计数测出）。

(4) 非正常情况处理

1）当伺服电动机 M5 出现越程时（左、右超行程位置开关分别为两侧的微动开关 SQ5、SQ4），伺服系统自动锁住，并在触摸屏自动弹出"报警界面，设备越程"报警信息。解除报警后，系统重新从原点初始状态起动。

2）在选择配方 1 时，当混料泵停止，开始检测液体温度时，若 10s 内检测液体温度未超过 30℃，则自动弹出"加热器损坏，请检测设备"报警信息。手动关闭窗口后再次自动进入 10s 温度检测。

7.1.2 混料罐控制系统的工艺流程

1. 调试模式的工艺流程

根据控制要求，调试模式的工艺流程如图 7-6 所示。

2. 混料模式的工艺流程

根据控制要求，混料模式的工艺流程如图 7-7 所示。

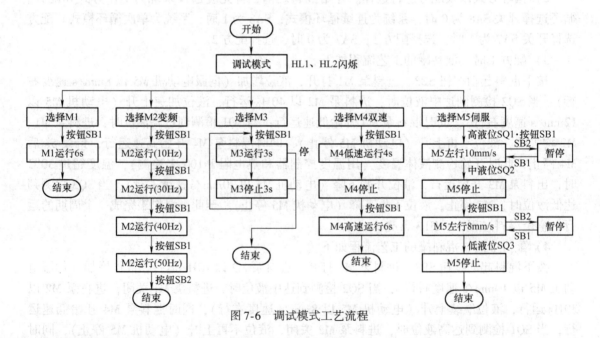

图 7-6 调试模式工艺流程

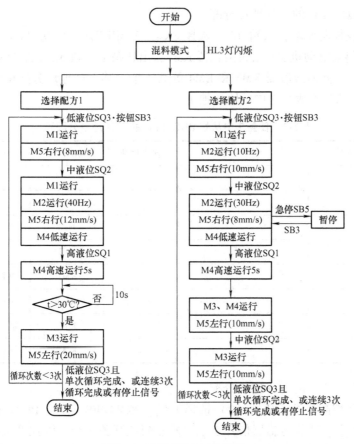

图 7-7 混料模式工艺流程

7.2 混料罐控制系统的设计

7.2.1 混料罐控制系统的硬件设计

1. 确定地址分配

（1）主站 I/O 地址分配

根据表 7-1 及控制要求，主站选择 Q00U 系列 PLC，与 HMI 连接，输入信号有 5 个按钮。I/O 地址分配见表 7-2。

［学生练习］请补充表 7-2 中的输入地址。

表 7-2 任务 7 主站 PLC（0）的 I/O 地址分配表

输入地址	输入信号	功能说明	输出地址	输出信号	功能说明
	SB1	调试起动			
	SB2	调试停止			
	SB3	混料起动			
	SB4	混料停止			
	SB5	混料急停			

(2) 从站 PLC (1) 的 I/O 地址分配

根据表 7-1 及控制要求,从站 (1) 选择 FX$_{3U}$-32MR/ES-A 型 PLC。输出信号有指示灯 3 个,还有进料泵电动机 M1 正转接触器 KM1、出料泵电动机 M3 正转接触器 KM2、混料泵电动机 M4 的高、低速接触器 KM3 和 KM4 等共 4 个。其 I/O 地址分配见表 7-3。

[学生练习] 请补充表 7-3 中的输出地址。

表 7-3 任务 7 中从站 PLC (1) 的 I/O 地址分配表

输入地址	输入信号	功能说明	输出地址	输出信号	功能说明
					空
				HL1	调试灯 1
				HL2	调试灯 2
				HL3	混料灯
				KM1	进料泵 M1 正转接触器
				KM2	出料泵 M3 正转接触器
				KM3	混料泵 M4 低速接触器
				KM4	混料泵 M4 高速接触器

(3) 从站 PLC (2) 的 I/O 地址分配

根据表 7-1 及控制要求,从站 (2) 选择 FX$_{3U}$-32MT/ES-A 型 PLC。输入信号有编码器 PG 高速输入 2 个、液位传感器信号 3 个、左右限位开关 2 个、温控开关信号 1 个。输出信号有控制伺服驱动器的信号 2 个,控制变频器的信号 4 个。其 I/O 地址分配见表 7-4。

[学生练习] 请补充表 7-4 中的 I/O 地址。

表 7-4 任务 7 中从站 PLC (2) 的 I/O 地址分配表

输入地址	输入信号	功能说明	输出地址	输出信号	功能说明
	A	编码器 A 相		/PULSE	伺服脉冲
	B	编码器 B 相			备用
	SQ1	高液位传感器		/SIGN	伺服方向
	SQ2	中液位传感器			备用
	SQ3	低液位传感器		STF	变频电动机 M2 正转起动
	SQ4	右限位开关		RH	变频电动机 M2 高速
	SQ5	左限位开关		RM	变频电动机 M2 中速
		空		RL	变频电动机 M2 低速
	ST	温控开关		STR	备用

(4) 主站内部地址分配

主站 Q00U 系列 PLC 内部地址分配见表 7-5。

表 7-5 任务 7 中主站 PLC（0）内部址分配表

内部继电器 M	功能说明	数据寄存器 D	功能说明	锁存继电器 L	功能说明
M0	选择调试按钮	D0	调试选择 ID	L0	
M1	调试标识	D1		L1	选择电动机 M1 调试
M2	自动标识	D2		L2	选择电动机 M2 调试
M3	循环选择开关	D3		L3	选择电动机 M3 调试
M4	配方选择	D4		L4	选择电动机 M4 调试
M5	温度过低标识	D10	M1 运动标识	L5	选择电动机 M5 调试
M6	设备越程标识	D11			
M7	低液位标识	D20			
M8	中液位标识	D21	M2 运动（10Hz）标识		
M9	高液位标识	D22			
M10	M1 调试中标识	D23	M2 运动（30Hz）标识		
M20	M2 调试中标识	D24	M2 运动（40Hz）标识		
M30	M3 调试中标识	D25	M2 运动（50Hz）标识		
M40	M4 调试中标识	D28	M2 频率选择		
M50	M5 调试中标识	D30	M3 运动标识		
M51	伺服电动机第 1 次左移标识	D40	M4 低速运动标识		
M52	伺服电动机第 2 次左移标识	D41	M4 高速运动标识		
M53	伺服电动机停止标识	D50	M5 右行标识		
M60	调试完成标识	D51	M5 左行标识		
M61	M1 调试结束	D60			
M62	M2 调试结束	D61	灯 1 标识		
M63	M3 调试结束	D62	灯 2 标识		
M64	M4 调试结束	D63	灯 3 标识		
M65	M5 调试结束	D64			
M70	循环 3 次完成标识	D65			
M71	急停标识	D70	配方 1 步进状态字		
M72	停止标识	D71	配方 2 步进状态字		
M73	触摸屏中关闭曲线标识	D80	配方 1 步进控制字		
		D81	配方 2 步进控制字		
		D104	伺服电动机位移		
		D120			
		D121			
		D124	伺服电动机速度		
		D125			
		D200	循环次数（掉电保持）		

2. 电路设计

正门操作面板的主令电气和仪表等元器件布置如图1-2所示。操作面板的电源、主令电气和AC 220V指示灯等接线端子都引到了面板背面的端子排上，各电气元器件的接线端子分布如图1-3所示。现代电气控制系统实训装置的总电源配电图如1-4所示。

(1) 控制器配电电路设计

三台PLC控制器和温度控制器的配电电路如图7-8所示。主站PLC (0) 和从站PLC (1) 安装在PLC控制单元背面挂板上（如图1-6所示），由后门三相电源供电。从站PLC (2) 和变频器安装在PLC控制单元前面挂板上（如图1-5所示），温度控制器安装在正门操作面板上（如图1-2所示），由前门单相电源供电。AC 220V电源线选用$1.0mm^2$的红色和浅蓝色线。

E5CC-800型温度控制器的端子说明如下。

1、2是继电器控制输出端，4、5是铂电阻传感器输入端，5、6是热电偶传感器输入端，7、8是辅助报警输出2端，9、10是辅助报警输出1端，11、12是AC 100～240V电源输入端。

(2) 通信电路设计

三台PLC通过CC-Link总线进行通信，通信电路如图7-9所示。主站通信模块为QJ61BT11N，从站通信模块均为FX_{2N}-32CCL接口模块，使用屏蔽双绞线电缆将各站的DA与DA端子、DB与DB端子、DG与DG端子进行连接。当FX_{2N}-32CCL作为终站时，在DA和DB端子接上一个110Ω的终端电阻。

(3) 主站PLC (0) 的I/O电路设计

主站PLC (0) 的I/O电路如图7-10所示。由表7-2可知，主站PLC (0) 中仅输入调试起动按钮SB1、调试停止按钮SB2、调试混料起动按钮SB3、混料停止按钮SB4和混料急停按钮SB5。DC 24V电源由PLC控制单元背面挂板提供。如果选用前门的按钮，则需要通过穿墙栅栏式端子接到安装在PLC控制单元背面挂板上的主站PLC (0) 上。

控制电路的AC 220V电源选用$1.0mm^2$的红和浅蓝线，DC 24V电源选用$1.0mm^2$的棕和蓝线，信号线选用$0.75mm^2$的黑线。以下控制电路均采用同样方式。

(4) 从站PLC (1) 的I/O电路设计

由表7-3可知，从站PLC (1) 只有输出信号。

指示灯驱动电路如图7-11所示，输出信号可连接到后门的指示灯。

接触器驱动电路如图7-12所示，输出信号需要通过穿墙栅栏式端子（X14-3；39～43）接到安装在电控制单元挂板（图1-7）上的接触器上。Y10、Y11、Y12和Y13分别连接到接触器KM1、KM2、KM3和KM4的A1线圈端子。KM1用于控制进料泵M1正转，KM2用于控制出料泵M3正转，KM3用于控制混料泵M4低速，KM4用于控制混料泵M4高速。KM3和KM4不能同时得电，故需要有接触器互锁控制。此外，混料泵有过载保护。

(5) 从站PLC (2) 的I/O电路设计

由表7-4可知，从站PLC (2) 既有输入信号，又有输出信号。

编码器、液位传感器和限位开关等现场检测信号输入电路如图7-13所示，现场检测信号先接到端子排（X10；39～58）上，再接到PLC (2) 的输入端。由于液位传感器选用NPN型接近开关，电流只能从PLC输入端流出，从传感器信号端流入，所以PLC的S/S端子必须接24V电源。

温控开关 ST 输入信号电路如图 7-14 所示。温控器继电器控制输出端接 PLC（2）的输入 X10 上。

从站 PLC（2）的输出信号接线如图 7-15 所示，有 6 路输出信号。端子标记"Y0 A09/5B"表示线号为 Y0 的导线去向为本目标图纸第 09 页（图 7-16）的 5B 区，而图 7-16 的 5B 区端子标记"A08/3F Y0"表示线号为 Y0 的导线来源于本目标图纸第 08 页（图 7-15）的 3F 区。其他同理。

（6）伺服驱动器和变频器电路设计

伺服驱动器 ASD-B20421 和变频器 E740 的电路图如图 7-16 所示。伺服驱动器的信号输入端通过 CN1 连接器连接到端子排 X20 上。COM+ 是 DI 与 DO 的电压输入公共端，使用内部电源 V_{DD}，故 V_{DD} 连接 COM+。COM- 端是信号的公共端。紧急停止信号 EMGS 正常时必须导通，故短接。伺服起动信号 SON 为 ON 时，表示伺服回路起动，故短接。正转禁止极限信号 CCWL，串接左极限常闭触点 SQ5。反转禁止极限信号 CWL，串接右极限常闭触点 SQ4。脉冲命令输入信号的 DC 24V 电源由 PLC 控制单元前面挂板提供。变频器的正转信号 STF 接 Y4，高、中、低三段速信号 RH、RM、RL 分别接 Y5、Y6 和 Y7。

端子标记"A08/3F Y0"表示线号为 Y0 的导线来源于本目标图纸第 08 页图的 3F 区，其他同理。

（7）主电路设计

混料罐控制系统的主电路设计如图 7-17 所示。三相电源由前门引出。进料泵 1 电动机 M1 由接触器 KM1 控制。进料泵 2 电动机 M2 由变频器-U5 控制。出料泵电动机 M3 由接触器 KM2 控制。混料泵电动机 M4 是双速电机，低速由接触器 KM3 控制，高速由接触器 KM4 控制，注意高低速切换时，电机需要换相。模拟液位的伺服电机 M5 由伺服驱动器-U6 控制，伺服电机带有编码器 PG。

实际控制柜中，伺服电动机的电源线已经连接完毕，并用开关 S20 控制电源通断。

主电路的单相电源导线用 $1.0mm^2$ 的黄、绿、红和浅蓝线区分。地线用黄绿线连接。

接线时，先接配电电路，再接控制电路，最后接主电路。

7.2.2 混料罐控制系统的参数计算与设置

1. 系统通信模块设置

1）对主站 PLC（0）的设置。通过站号设置开关，设置为 00。通过传送速率/模式设置开关，设置为 2（2.5Mbit/s）。

2）对从站 PLC（1）的设置。站号设定为 1。占用站数设置为 0。传输速度设定为 2（2.5Mbit/s）。

3）对从站 PLC（2）的设置。站号设定为 2。占用站数设置为 0。传输速度设定为 2（2.5Mbit/s）。

2. 伺服驱动器的参数计算与选择

（1）电子齿轮比 G 的计算

工艺要求伺服电动机转一周需要 2000 个脉冲，即 PLC 的脉冲分辨率 $R_1=2000$PPR，又已知伺服电动机编码器分辨率 $R_2=160000$PPR。根据式（6-1），可求得 $G=160/2$。

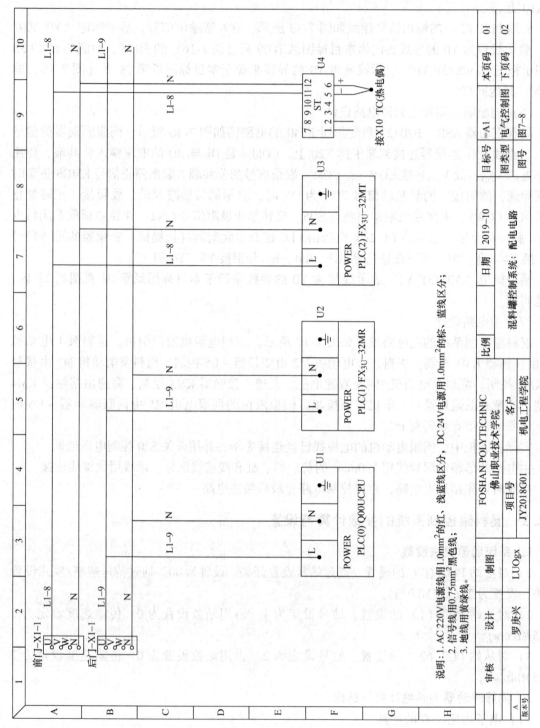

图7-8 三台PLC控制器和温度控制器的配电电路

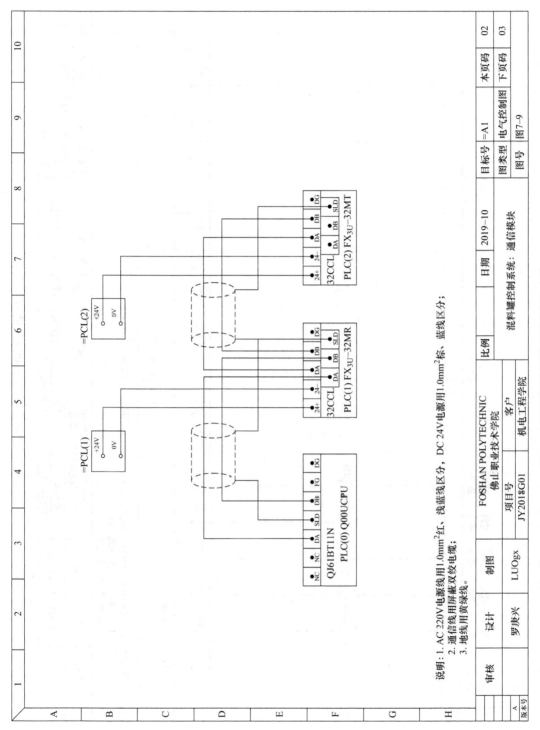

图7-9 混料罐控制系统的通信模块电路

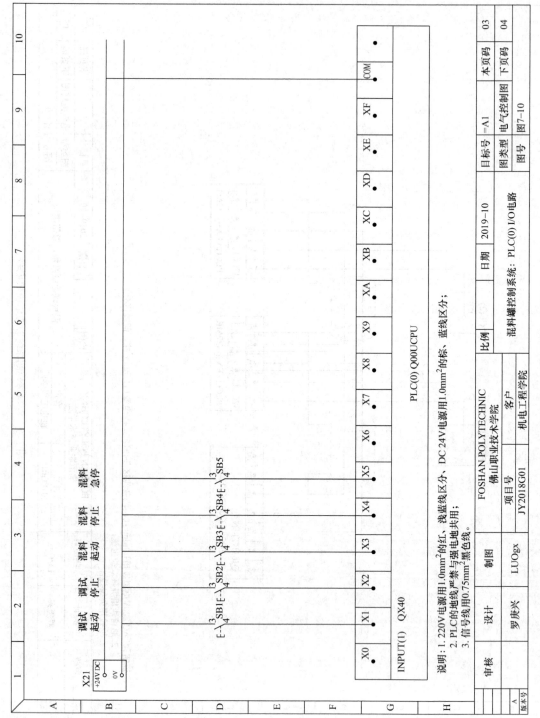

图7-10 PLC(0)的I/O电路

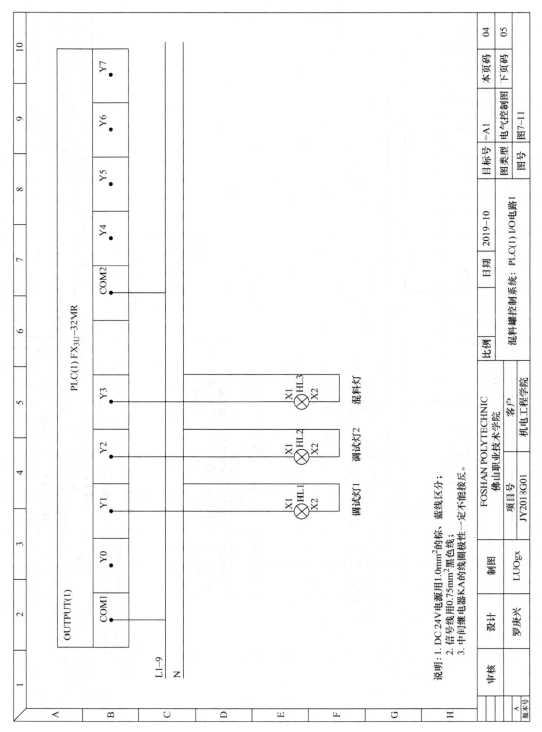

图 7-11 PLC(1)I/O电路1(指示灯驱动电路)

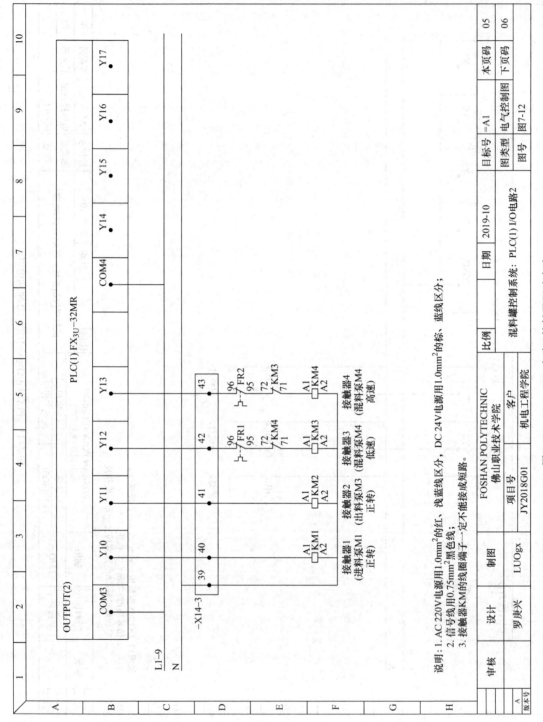

图7-12 PLC(1)I/O电路2(接触器驱动电路)

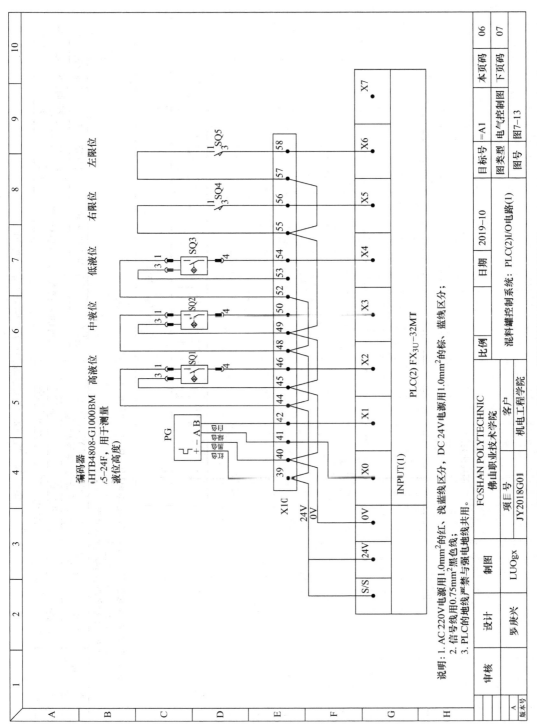

图7-13 PLC(2)I/O电路(1)[现场检测信号输入信号电路]

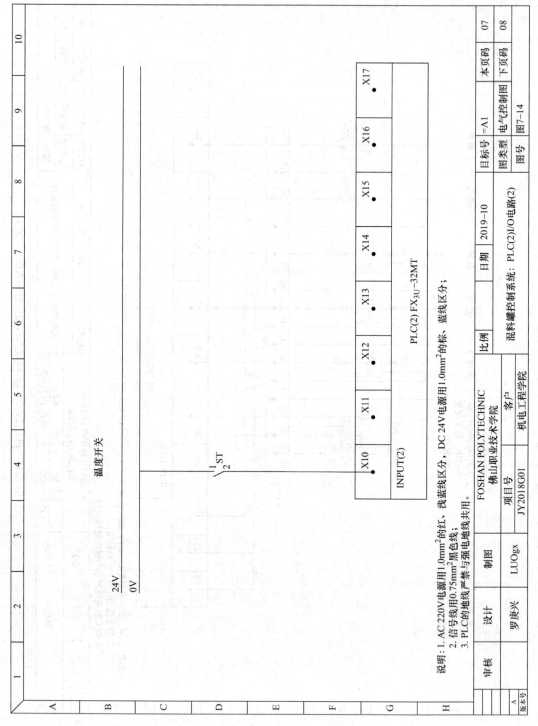

图7-14 PLC(2)I/O电路(2)[温控开关ST输入信号电路]

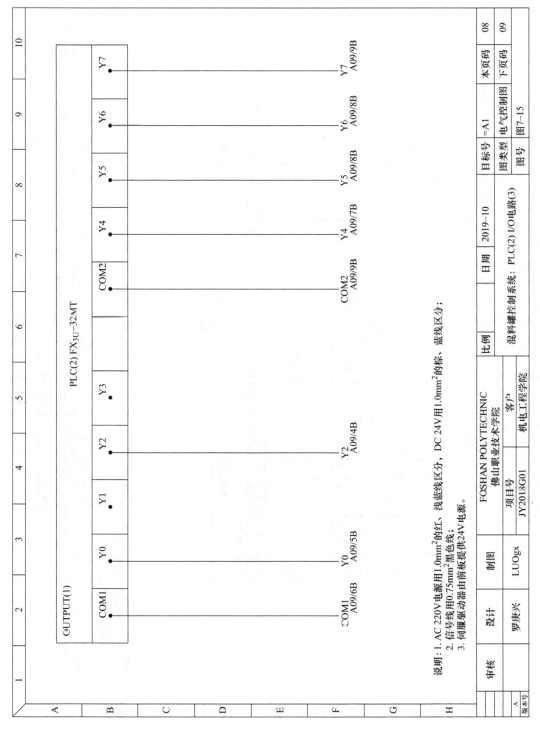

图7-15 PLC(2)I/O电路(3)[PLC(2)的输出信号接线]

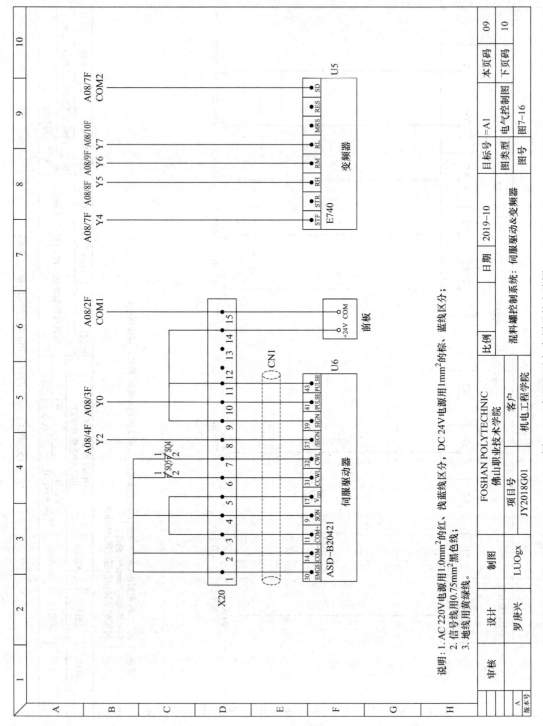

图7-16 伺服驱动与变频器的电路图

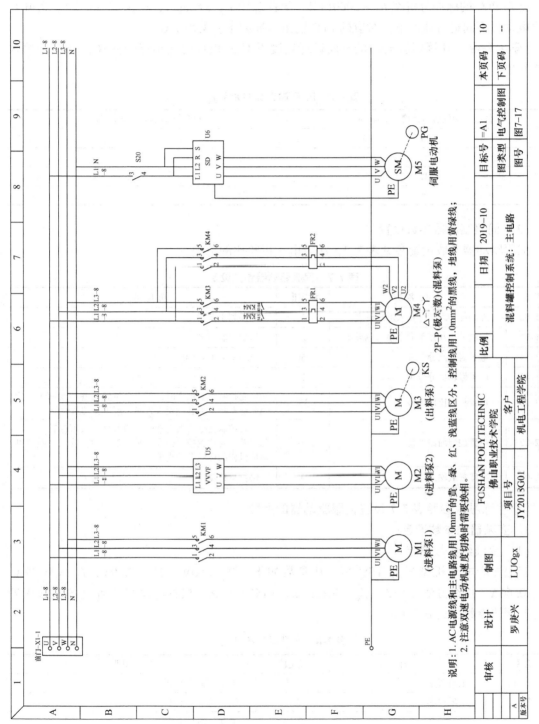

图 7-17 混料罐控制系统的主电路

(2) PLC 输出指令频率 f_1 的计算

已知 PLC 的脉冲分辨率 $R_1 = 2000$PPR，丝杠螺距 $P_B = 4$mm/r，根据式（6-2），可知在伺服电动机不同运行速度下，对应的 PLC 输出脉冲频率 f_1 见表 7-6。

[学生练习] 计算伺服电动机不同运行速度下对应 PLC 的输出指令频率，将结果填入表 7-6 中。

表 7-6 PLC 输出脉冲频率 f_1

伺服电动机运行速度 v/(mm/s)	PLC 输出指令频率 f_1/Hz
8	
10	
12	
20	

(3) 伺服驱动器参数设置

伺服驱动器参数设置参见表 7-7，注意电子齿轮比的范围。

表 7-7 伺服驱动器参数设定

参数	参数名称	设定值	功能说明
P1-00	外部脉冲列指令输入形式设定	2	脉冲列正逻辑
P1-01	控制模式及控制命令输入源设定	00	位置控制模式
P1-44	电子齿轮比分子 N	160	$1/50 < N/M < 200$
P1-45	电子齿轮比分母 M	2	
P2-00	位置控制比例增益	35	位置控制增益加大时，可提升位置应答性及缩小位置控制误差量。但若设定太大时易产生振动及噪声
P2-02	位置控制前馈增益	5000	位置控制命令平滑变动时，增益值加大可改善位置跟随误差。若位置控制命令不平滑变动时，降低增益值可降低机构的运转振动现象
P2-08	特殊参数输入	0	10：参数复位

[学生练习] 参照表 7-7 设置伺服驱动器的参数。

3. 变频器的参数设定

(1) 变频器参数设定

三相异步电动机型号为 YS5024，其参数如下：$P_N = 60$W，$U_N = 380$V，$I_{NY} = 0.39$A，$I_{N\triangle} = 0.66$A，接线方法：Y/△，$f_N = 50$Hz，$n_N = 1400$r/min。根据电动机铭牌上的参数正确设置变频器参数，见表 7-8。

表 7-8 变频器参数设定

参数	名称	设定值	功能说明
Pr.1	上限频率	50Hz	输出频率的上限
Pr.2	下限频率	0Hz	输出频率的下限
Pr.3	基准频率	50Hz	电动机的额定频率
Pr.4	多段速设定（高速）	50Hz	电动机高速运行频率
Pr.5	多段速设定（中速）	30Hz	电动机中速运行频率
Pr.6	多段速设定（低速）	10Hz	电动机低速运行频率

(续)

参数	名称	设定值	功能说明
Pr.7	加速时间	0.1s	电动机起动时间
Pr.8	减速时间	0.1s	电动机停止时间
Pr.9	过电流保护	0.39A	电动机的额定电流
Pr.19	电动机额定电压	380V	电动机的额定电压
Pr.24	多段速设定（4速）	20Hz	电动机第4段速运行频率
Pr.25	多段速设定（5速）	40Hz	电动机第5段速运行频率
Pr.79	运行模式选择	3	设定为外部/PU（或外部多段速）组合模式1
Pr.178	STF端子功能选择	60	正转
Pr.179	STR端子功能选择	61	反转

注：变频器的参数设定应在PLC停止状态进行。

[学生练习] 参照表7-8设置变频器的参数，设置前需先清除变频器的全部参数。

（2）多段速设定

根据系统控制要求以及图4-21，变频器运行频率和变频器控制端子组合对应关系见表7-9。

表7-9 变频器运行频率和控制端子组合对应关系

变频器运行频率 f/Hz	控制端子组合
10	RL
20	RM·RL
30	RM
40	RH·RL
50	RH

7.2.3 混料罐控制系统的程序设计

1. 组态主站 Q00U CPU

1）单击打开三菱编程软件 GX Works2，选择新建工程，如图3-22所示。PLC选择Q00U，其余选择如图3-22所示，单击"确定"进入编程界面。

2）组态PLC参数。执行"参数"→"PLC参数"命令，双击打开"Q参数设置"对话框。单击"I/O分配设置"选项卡。第1行的"类型"选择"输入"，"型号"输入"QX40"，"起始XY"栏目下写入"0000"；第2行的"类型"选择"输出"，"型号"输入"QY10"，"起始XY"栏目下写入"0010"；第3行的"类型"选择"智能"，"型号"输入"QJ61BT11N"，"起始XY"栏目下写入"0020"，主站I/O分配设置如图7-18所示。单击"检查"按钮确认无误后，单击"设置结束"按钮。

3）组态网络参数。执行"网络参数"→"CC-Link"命令，双击打开"网络参数CC-Link设置"对话框。组态"网络参数"里的数值，如图7-19所示。参数设置如下。

模块块数：1块。起始I/O号：0020（与图7-18起始XY的设置对应）。类型：主站。模式设置：远程网络（Ver.1模式）。总连接台数：2。远程输入（RX）：X100。远程输出

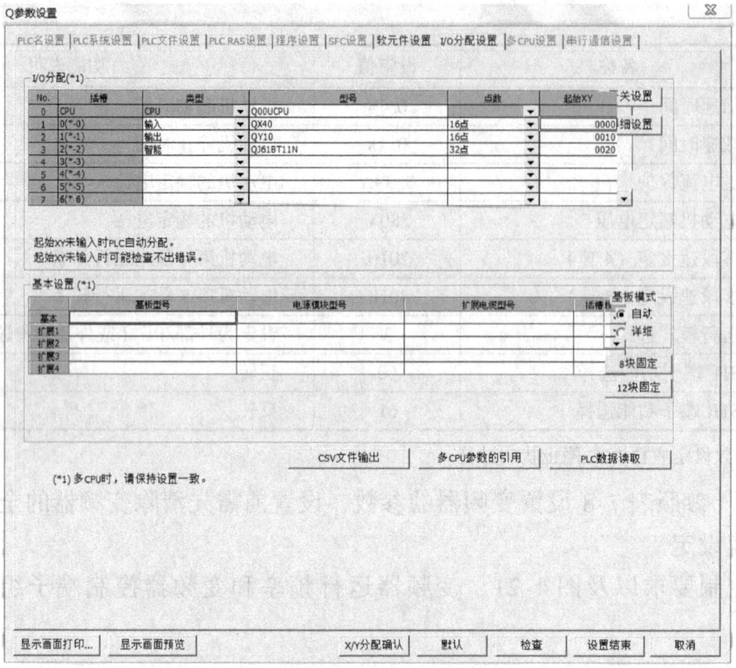

图 7-18 主站 I/O 分配设置

（RY）：Y100。远程寄存器 RWr：D100。远程寄存器 RWw：D120。

4）组态"站信息设置"。单击图 7-19 中的"站信息"，打开"CC‐Link 站信息模块 1"对话框，站类型设置为"远程设备站"，如图 7-20 所示。单击"检查"按钮确认无误后单击"设置结束"按钮，返回图 7-19 所示的对话框。单击"检查"按钮确认无误后单击"设置结束"按钮，退出"网络参数 CC‐Link 设置"对话框。

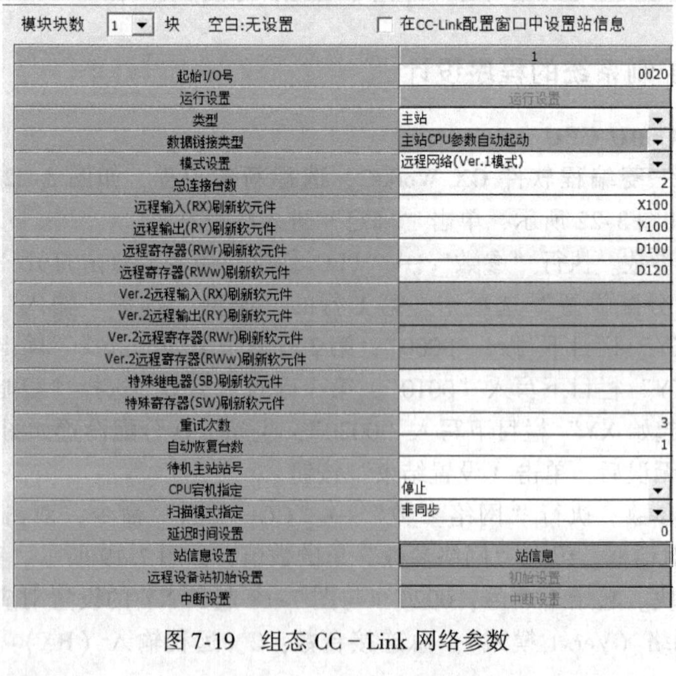

图 7-19 组态 CC‐Link 网络参数

图 7-20 组态 CC-Link 站信息

5) 保存工程,名称为"任务 7 主站 Q 程序"。

2. CC-Link 数据链路

根据图 7-19 的 CC-Link 网络参数设置,结合控制系统数据交换的需要,主站与两个从站之间的 CC-Link 数据链路,如图 7-21 所示。1 号站分配的远程输入 RX 首地址为 X100,远程输出 RY 首地址为 Y100,远程寄存器 RWr 首地址为 D100,远程寄存器 RWw 首地址为

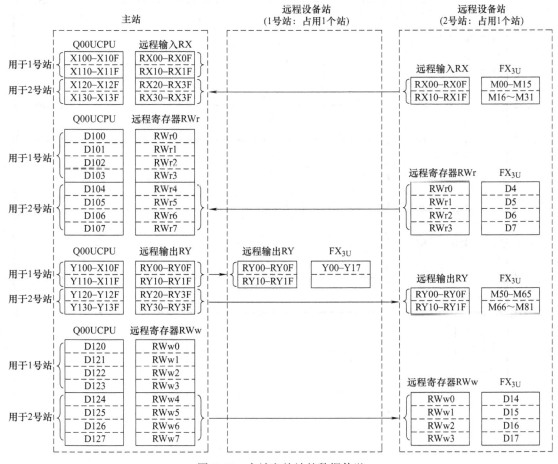

图 7-21 主站和从站的数据传送

D120。2号站分配的远程输入RX首地址为X120，远程输出RY首地址为Y120，远程寄存器RWr首地址为D104，远程寄存器RWw首地址为D124。

3. 主站PLC（0）程序设计

在"任务7 主站Q程序"的工程中，编写主站Q系列PLC程序，如图7-22所示。

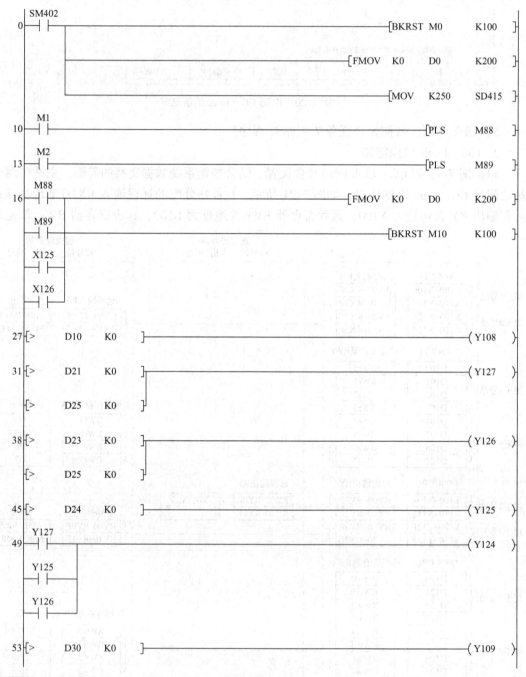

图7-22 主站PLC控制程序 a)

图 7-22a 和 b 中主要程序行说明如下。

第 0 行：PLC 上电时，清除相关标识位，系统赋初值。

第 10～16 行：系统工作模式切换或者发生越程时，清除相关标识位。注意内部继电器 M1 和 M2 存放的是从触摸屏来的通信信号，需要通过内部继电器 M88 和 M89 产生复位脉冲。

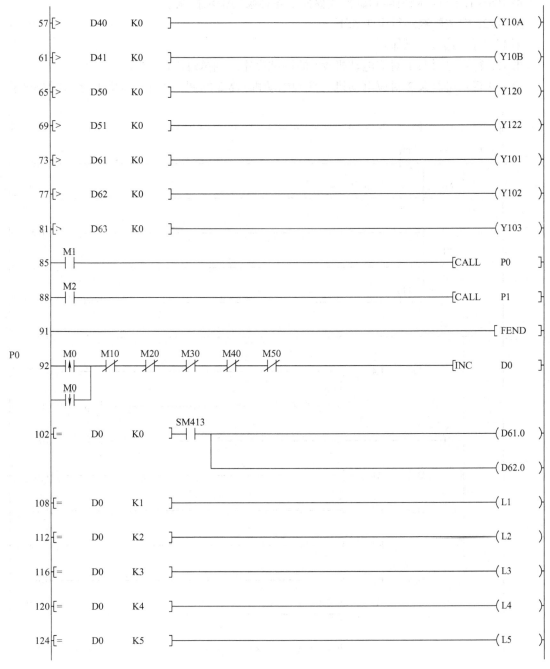

图 7-22 主站 PLC 控制程序 b)

第27~81行：集中输出控制程序。
第85行：调用调试模式程序P0。
第88行：调用混料模式程序P1。
第92行：通过寄存器D0选择调试电动机。
第102行：进入调试模式，同时调试灯以0.5Hz的频率闪烁，等待调试电动机的选择。
第108~124行：触摸屏调试模式界面中各种泵的指示控制。
图7-22c中主要程序行说明如下。
第128行：选择调试循环。
第133行：进料泵1对应电动机M1的调试程序。调试灯HL1常亮。
第149行：进料泵2对应电动机（变频电动机）M2的调试程序。D28是运行频率选择

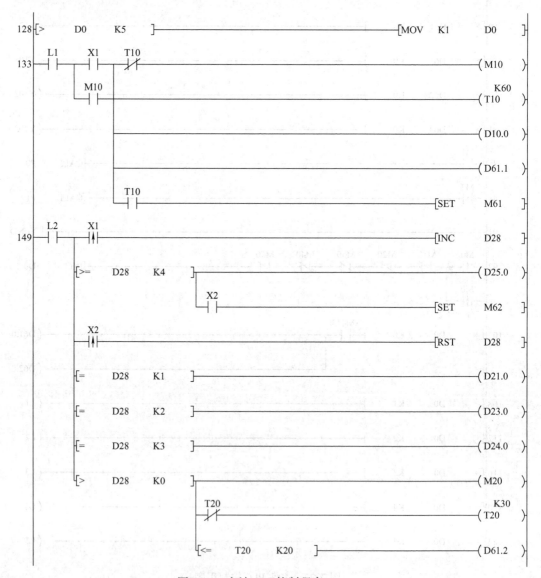

图7-22 主站PLC控制程序c)

的控制字。D28=1，表示变频电动机以速度 10Hz 运行；D28=2，表示变频电动机以速度 30Hz 运行；D28=3，表示变频电动机以速度 40Hz 运行；D28≥4，表示变频电动机以速度 50Hz 运行。调试时调试灯 HL1 以亮 2s、灭 1s 的频率闪烁。

图 7-22d 中主要程序行说明如下。

第 196 行：出料泵对应电动机 M3 的调试程序。调试灯 HL2 常亮。

第 219 行：混料泵对应双速电动机 M4 的调试程序。M40 既是调试中标识，又可与低速运行标识位 D40.0 常闭触点串联作为高速起动的条件。调试灯 HL2 以亮 2s、灭 1s 的频率闪烁。

图 7-22e 中主要程序行说明如下。

第 265 行：液位模拟电动机（伺服电动机）M5 的调试程序。伺服电动机第一次左移标识 M51，伺服电动机第二次左移标识 M52，伺服电动机停止标识 M53。同时调试灯以 2Hz 频率闪烁。

第 310 行：所有电动机调试完毕后，置位调试完成标识 M60。

第 314 行：结束调试模式子程序 P0。

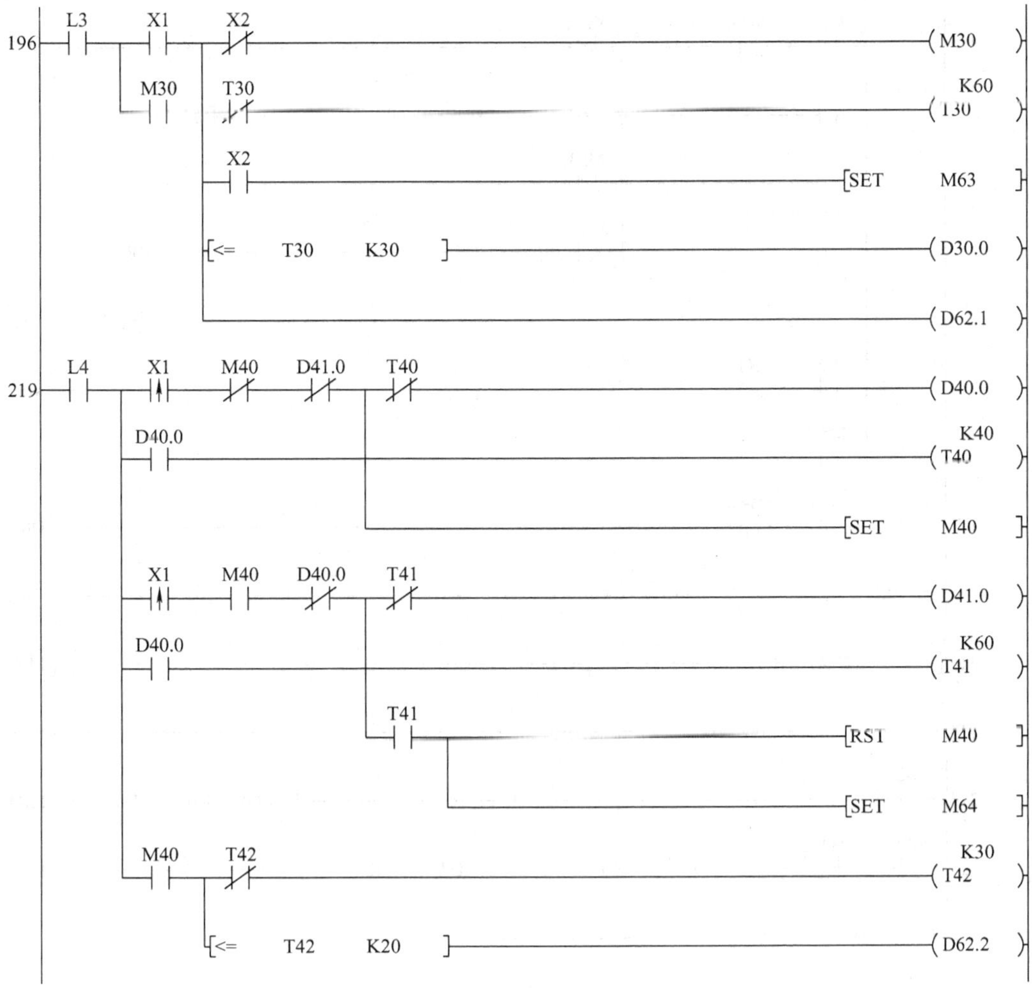

图 7-22 主站 PLC 控制程序 d)

第 315 行：混料控制程序开始，清除数据 D0～D99。
第 321 行：初始状态时，混料灯 HL3 以 1Hz 的频率闪烁。
第 330 行：混料过程，混料灯 HL3 常亮。

图 7-22f 中主要程序行说明如下。

第 335 行：急停控制，内部继电器 M71 是急停标识。
第 339 行：配方 1 和配方 2 的选择程序。步进状态字 D70 表示选择配方 1，步进状态字 D71 表示选择配方 2。

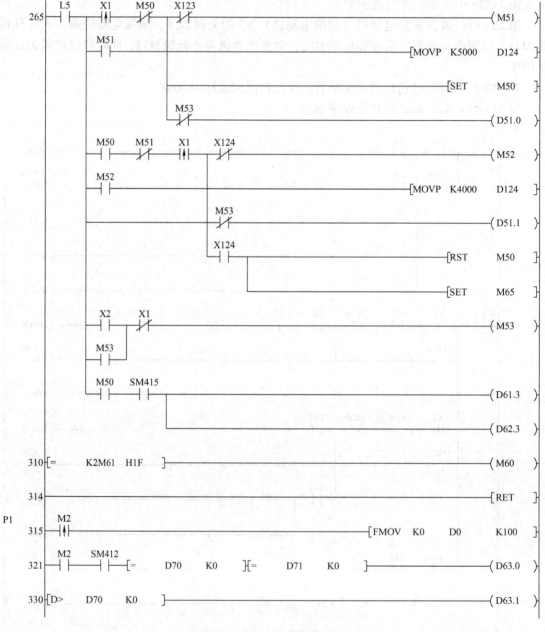

图 7-22　主站 PLC 控制程序 e)

第 356~361 行：循环次数控制程序。置位循环 3 次完成标识 M70。

第 365 行：触摸屏中关闭曲线标识 M73 有效，循环次数数据寄存器 D200 清零。

第 369~375 行：配方 1 和配方 2 的步进程序。D80 是配方 1 的步进控制字，D81 是配方 2 的步进控制字。

第 381 行：配方 1 步进状态 1 动作。进料泵电动机 M1 运行，伺服电动机 M5 右行（速度 8mm/s）。液位从低液位 X124（SQ3）上升到中液位 X123（SQ2）。

图 7-22g 中主要程序行说明如下。

第 398 行：配方 1 步进状态 2 动作。进料泵电动机 M1 运行，进料泵电动机 M2 以速度 40Hz 运行，伺服电动机 M5 以 12mm/s 速度右行，混料泵电动机 M4 低速运行；液位上升到高液位 X122（SQ1）。

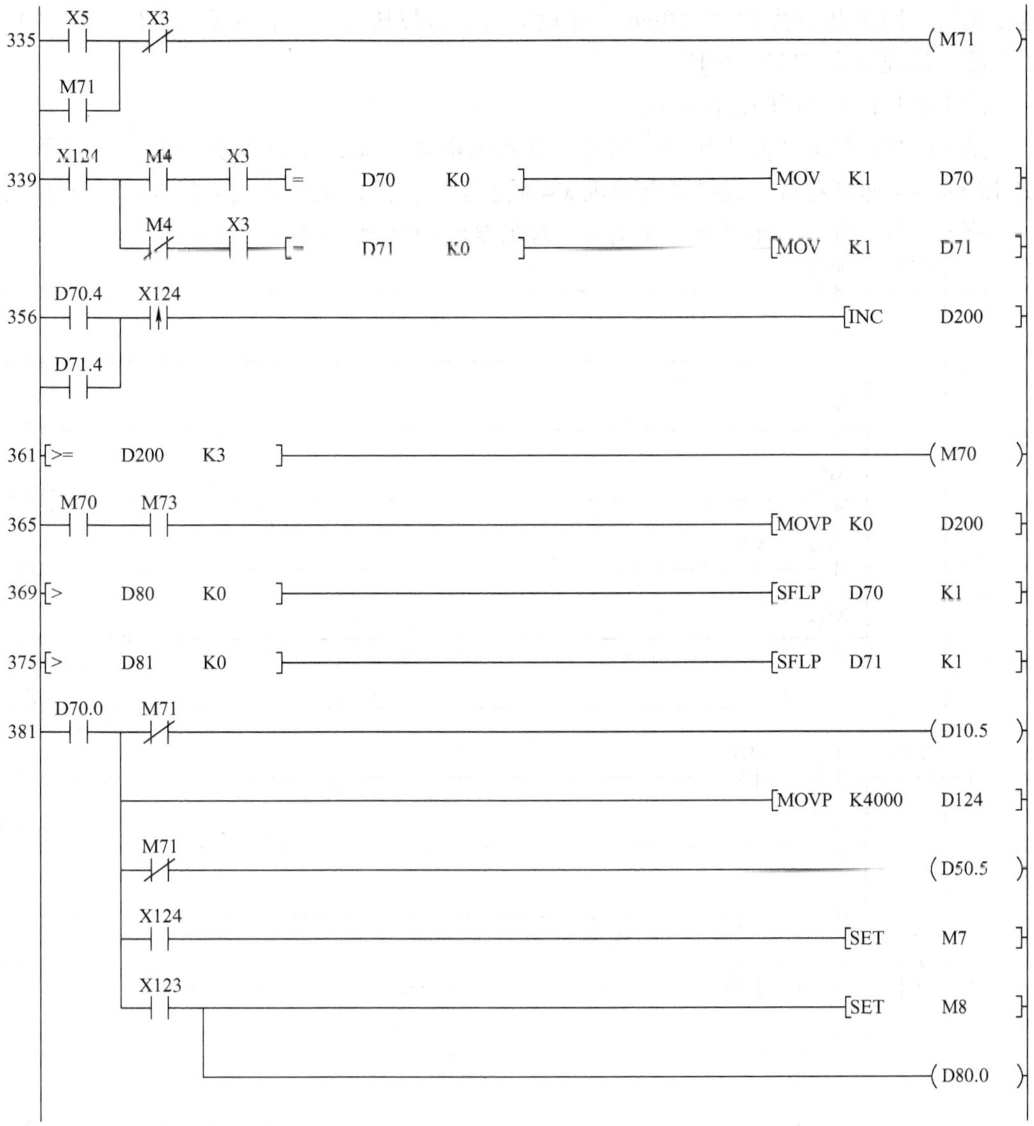

图 7-22 主站 PLC 控制程序 f)

第419行：配方1步进状态3动作。混料泵电动机M4高速运行5s。

第433行：配方1步进状态4动作。若10s内温度过低，置位温度过低报警标识M5。温度正常后，远程输入X128得电，状态转移。温度过低报警标识M5复位后，能再次进行10s内温度检测。

图7-22h中主要程序行说明如下。

第447行：配方1步进状态5动作。出料泵电动机M3运行，伺服电动机M5以20mm/s速度左行，液位下降到低液位远程输入X124（SQ3）。如果为连续循环模式，循环选择开关断开（M3=OFF），则D70=1。如果为单次循环模式（M3=ON），或者循环3次完成（M70=ON），或者停止标识（M72=1），则D70=0，结束配方1循环。

第479行：配方2步进状态1动作。进料泵电动机M1运行，进料泵电动机M2以10Hz速度运行，伺服电动机M5以10mm/s速度右行。液位从低液位远程输入X124（SQ3）上升到中液位远程输入X123（SQ2）。

图7-22i中主要程序行说明如下。

第499行：配方2步进状态2动作。进料泵电动机M2以30Hz速度运行，伺服电动机M5以8mm/s速度右行，混料泵电动机M4低速运行；液位上升到高液位X122（SQ1）。

第517行：配方2步进状态3动作。混料泵电动机M4高速运行5s。

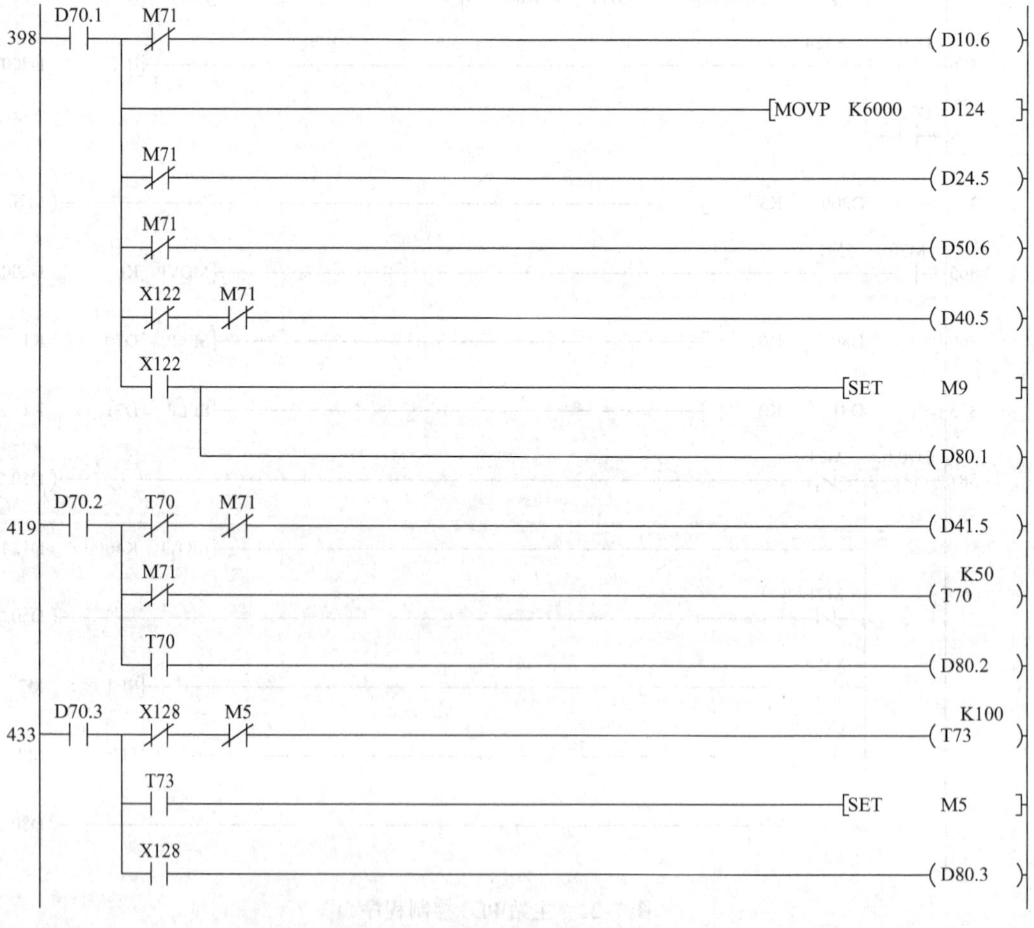

图7-22 主站PLC控制程序g)

第 528 行：配方 2 步进状态 4 动作。出料泵电动机 M3 运行，混料泵电动机 M4 高速运行，伺服电动机 M5 以 10mm/s 速度左行，液位下降到中液位远程输入 X123（SQ2）。

图 7-22j 中主要程序行说明如下。

第 547 行：配方 2 步进状态 5 动作。出料泵电动机 M3 运行，伺服电动机 M5 以 10mm/s 速度左行，液位下降到低液位远程输入 X124（SQ3）。如果为连续循环模式，循环选择开关断开（M3 = OFF），则 D71 = 1。如果为单次循环模式（M3 = ON），或者循环 3 次完成（M70 = ON），或者停止标识（M72 = 1），则 D71 = 0，结束配方 2 循环。

第 576 行：控制停止标识 M72。

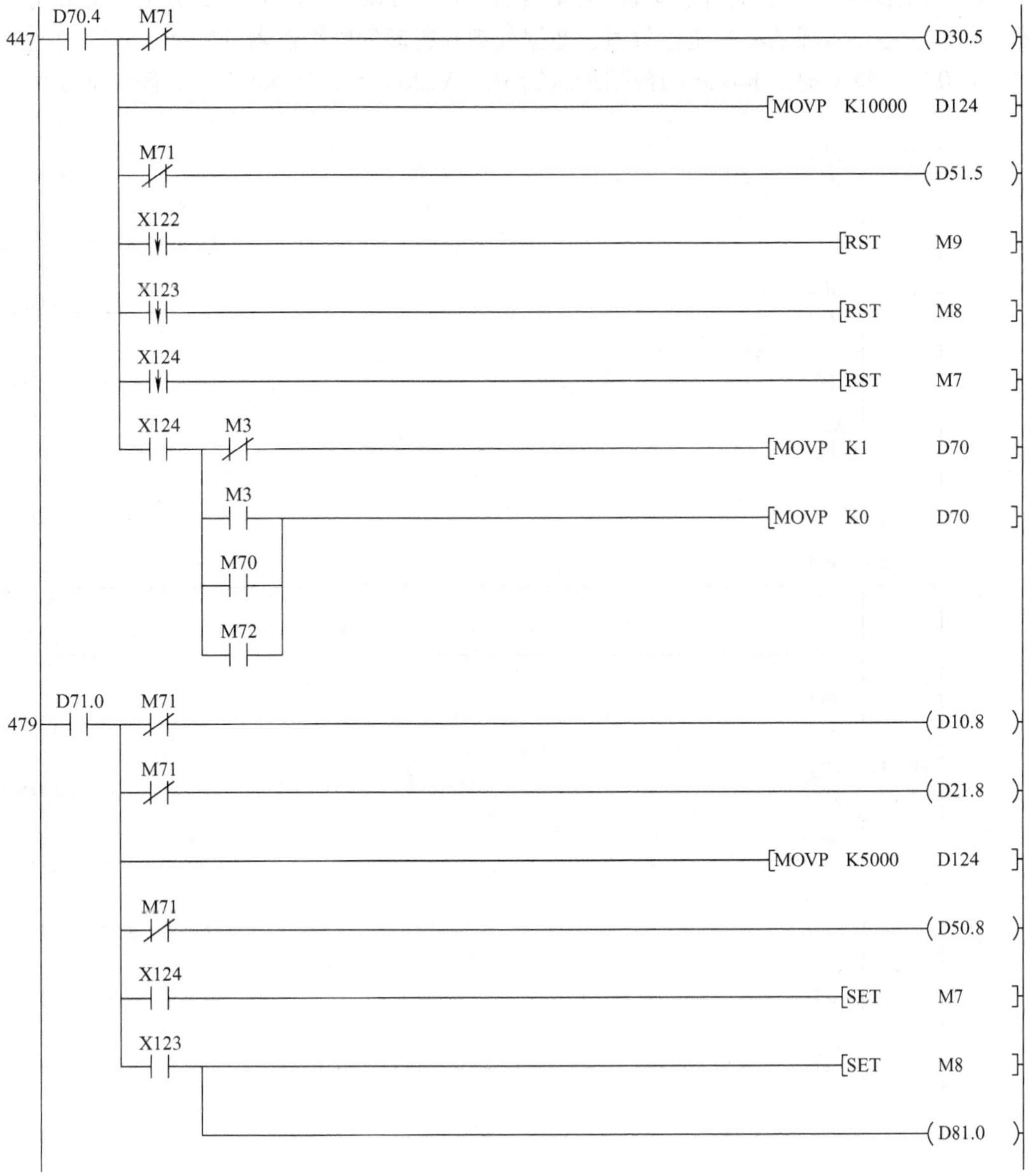

图 7-22 主站 PLC 控制程序 h）

第 580 行：控制设备越程标识 M6。

第 583 行：结束混料模式子程序 P1。

[学生练习] 请为主站 PLC 控制程序添加注释。

4. 从站 PLC (1) 程序设计

编写从站 PLC (1) 程序，如图 7-23 所示。从站 PLC (1) 仅仅作为主站的一个远程 I/O 站，实现数据输出功能。程序说明如下。

读取 0 号模块（读缓冲存储器区 BFM#0 的数据），并将其保存到 PLC 的输出继电器 Y0~Y17 中，即把主站的 Y100~Y10F 输出到从站 (1) 的输出继电器 Y0~Y17。

5. 从站 PLC (2) 程序设计

编写从站 PLC (2) 程序，如图 7-24 所示。从站 PLC (2) 不仅要实现数据采集和数据输出功能，还要实现采集高速计数值、数据处理和驱动伺服控制器的功能。程序说明如下。

第 0 行：将本地站 K4M0 的数据传送给主站 X120~X12F，K4M50 保存主站远程输出数

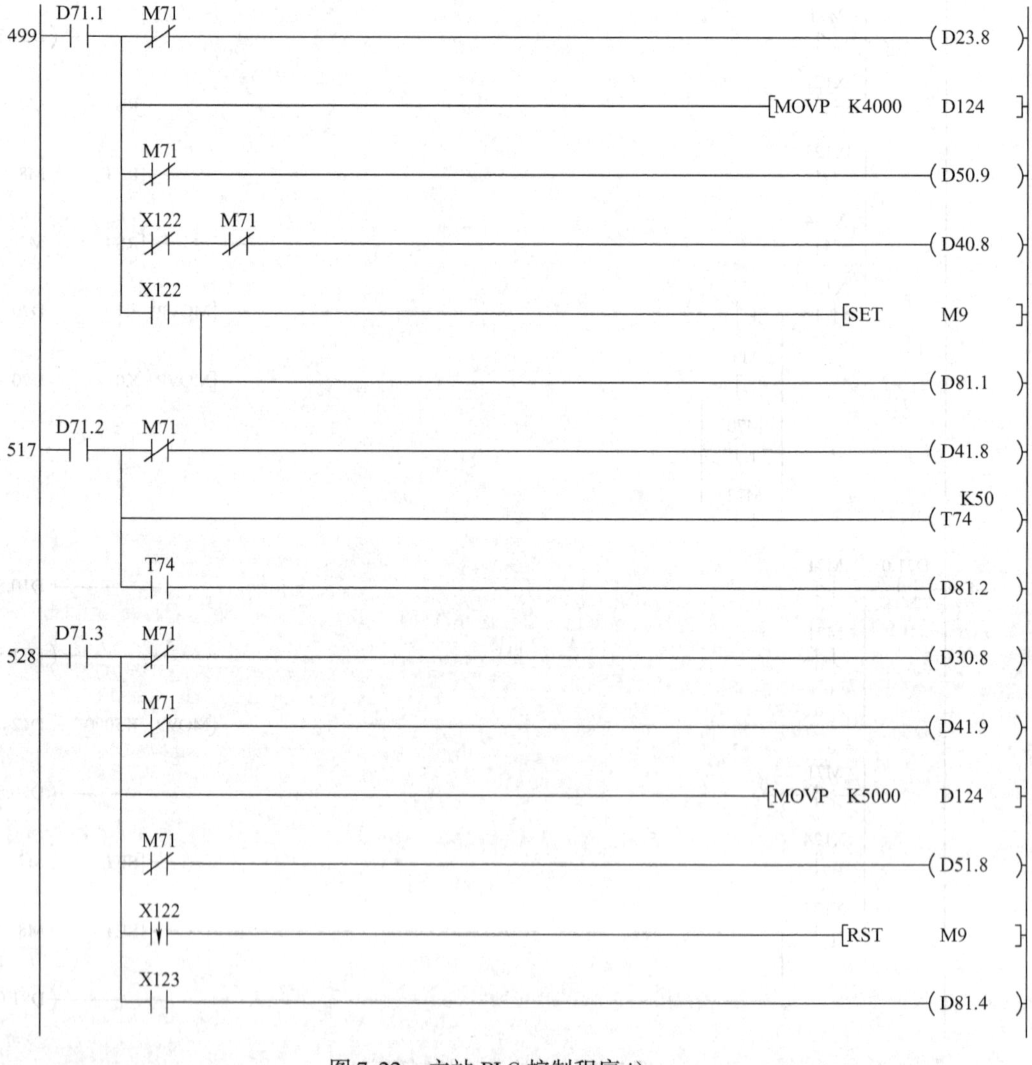

图 7-22　主站 PLC 控制程序 i)

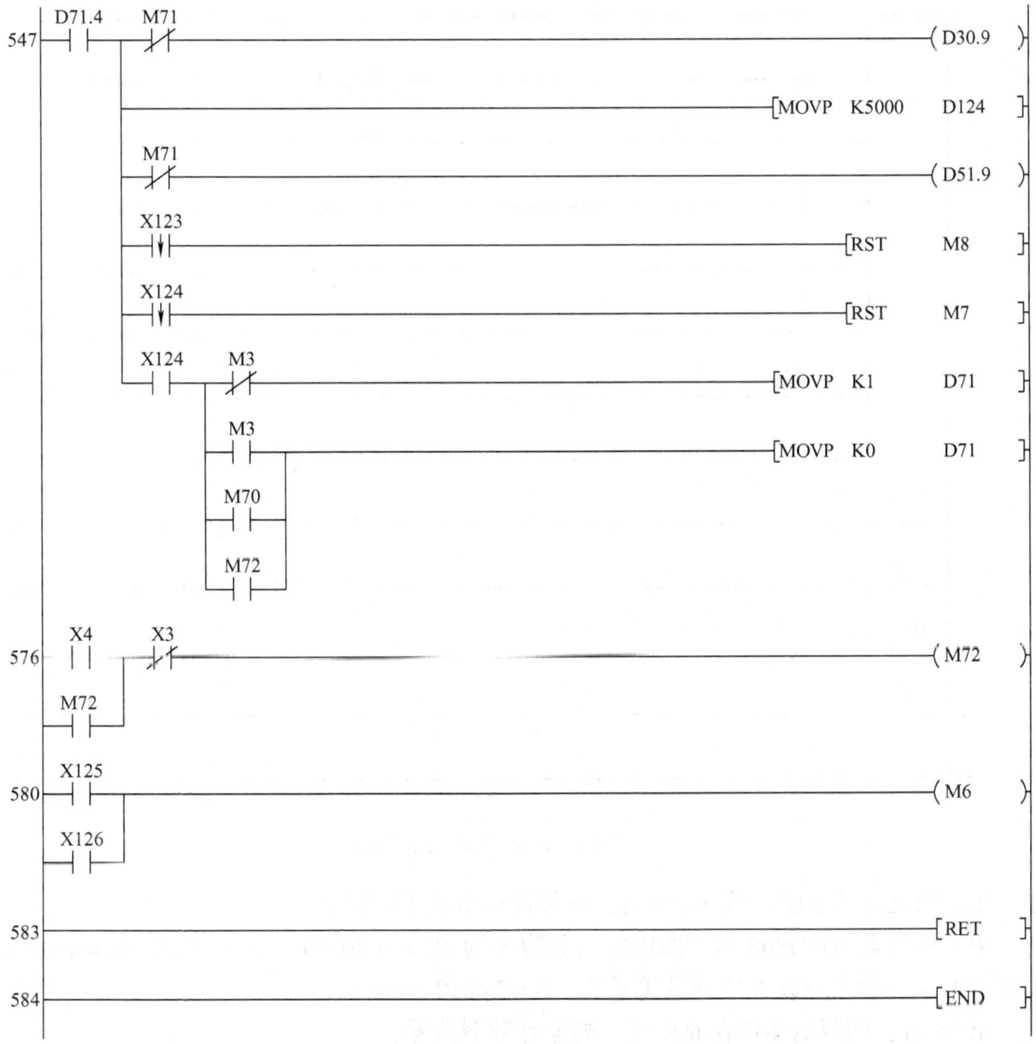

```
        D71.4    M71
547    ─┤├──────┤/├─────────────────────────────────────────( D30.9 )

                 │                                  ┌MOVP  K5000   D124┐
                 │
                 │  M71
                 ├──┤/├──────────────────────────────────────( D51.9 )
                 │
                 │  X123
                 ├──┤↓├───────────────────────────────────┌RST    M8 ┐
                 │
                 │  X124
                 ├──┤↓├───────────────────────────────────┌RST    M7 ┐
                 │
                 │  X124    M3
                 ├──┤├──┬──┤/├──────────────────────────┌MOVP  K1   D71┐
                 │      │
                 │      │   M3
                 │      └──┤├──┬───────────────────────┌MOVP  K0   D71┐
                 │            │
                 │            │  M70
                 │            ├──┤├──┐
                 │            │      │
                 │            │  M72 │
                 │            └──┤├──┘

        X4    X3
576    ─┤├──┬─┤/├────────────────────────────────────────────( M72 )
        M72  │
       ─┤├───┘

        X125
580    ─┤├──┬───────────────────────────────────────────────( M6 )
        X126 │
       ─┤├───┘

583    ──────────────────────────────────────────────────────┌RET ┐

584    ──────────────────────────────────────────────────────┌END ┐
```

图 7-22 主站 PLC 控制程序 j）

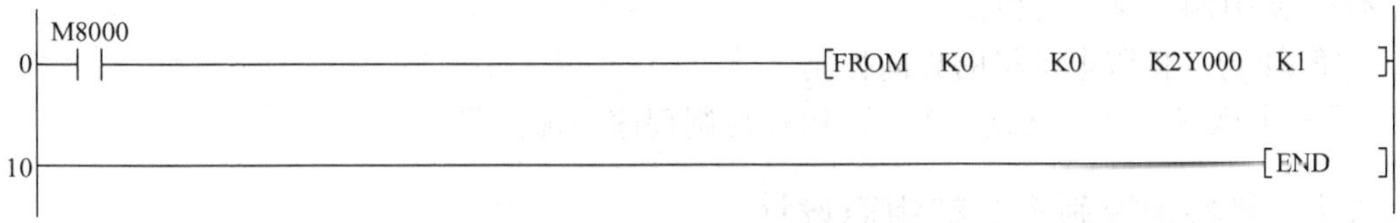

```
       M8000
0     ─┤├──────────────────────────────┌FROM  K0   K0   K2Y000  K1 ┐

10    ─────────────────────────────────────────────────────────┌END ┐
```

图 7-23 从站 PLC（1）程序

据 Y120～Y12F。将本地站数据 D4～D7 传送给主站 D104～107，D14～D17 保存主站远程寄存器数据 D124～D127。本地 X002～X011 的数据传送给本地 M2～M9，本地 M54～M57 的数据传送给本地 Y004～Y007。起动高速计数器 C251，高速计数器的脉冲总数 N 折算为位移值 S 并保存到 D4 中，D4 对应主站远程寄存器数据 D104。

考虑从站（2）FX_{3U}-32MT PLC 的输入 X0、X1 要留给编码器用，Y0～Y3 要作为高速

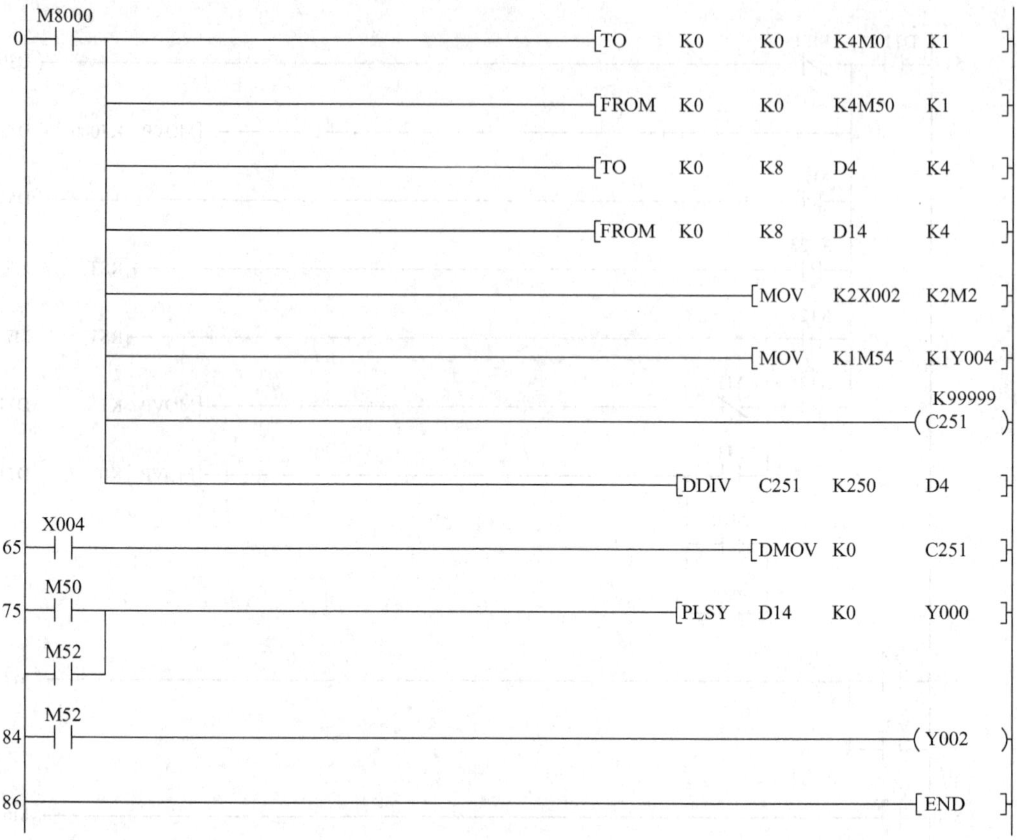

```
         M8000
  0       ┤├──────────────────────────[TO      K0      K0      K4M0    K1  ]
          │
          ├──────────────────────────[FROM    K0      K0      K4M50   K1  ]
          │
          ├──────────────────────────[TO      K0      K8      D4      K4  ]
          │
          ├──────────────────────────[FROM    K0      K8      D14     K4  ]
          │
          ├──────────────────────────[MOV     K2X002  K2M2        ]
          │
          ├──────────────────────────[MOV     K1M54   K1Y004      ]
          │
          │                                                    K99999
          ├────────────────────────────────────────────────(C251 )
          │
          └──────────────────────────[DDIV    C251    K250    D4  ]

         X004
 65       ┤├──────────────────────────────────[DMOV   K0      C251]

         M50
 75       ┤├──────────────────────────────────[PLSY   D14     K0     Y000]
          │
         M52
          ├┤

         M52
 84       ┤├────────────────────────────────────────────────( Y002 )

 86                                                         [ END ]
```

图 7-24 从站 PLC（2）程序

输出用，因此开关量输入从 X2 开始，开关量输出从 Y4 开始。

由于编码器 HTB4808-G-1000BM 的分辨率为 R_3 = 1000PPR，丝杠螺距 P_B = 4mm/r，因此位移值 S 与脉冲总数 N 之间的关系为：$S = N/250$（mm）。

第 65 行：伺服电动机在原点时，高速计数器清零。

第 75 行：伺服电动机的速度控制。M50 对应主站远程输出数据 Y120，是伺服电动机正转信号。M52 对应主站远程输出数据 Y122，是伺服电动机反转信号。D14 对应主站远程寄存器数据 D124，是速度值。

第 84 行：伺服电动机的方向控制。

[学生练习] 请为从站（2）的 PLC 控制程序添加注释。

7.2.4 混料罐控制系统的组态设计

1. 创建新工程

打开 MCGSE 组态环境。选择 TPC 类型。选择 TPC 类型为 TPC7062Ti，其余参数采用默认设置。

2. 命名新建工程

打开"保存为"窗口。将当前的"新建工程 x"取名为"任务 7 混料罐控制系统"，保存在默认路径（D：\MCGSE\WorK）下。

3. 设备组态

参照图3-48，添加触摸屏与Q系列PLC的"通用串口父设备"和"三菱_Q系列编程口"。

参照图3-49，设置"通用串口父设备"参数："串口端口号"为"COM1"、"通信波特率"为"9600"、"数据位位数"为"8位"、"停止位位数"为"1位"、数据校验方式为"奇校验"。

参照图3-50，设置三菱_Q系列串口参数，设置PLC类型为"三菱_Q02UCPU"。

在图3-50所示的设备编辑窗口，按照表7-10，添加通道连接变量，设置快速连接变量。确认后，将所有的连接变量添加到实时数据库。

表7-10 通道连接变量

索引	连接变量	通道名称	十进制数	功能说明
0001	Y104	读/写 Y0104	260	进料泵电动机 M1
0002	Y105	读/写 Y0105		出料泵电动机 M3
0003	Y106	读/写 Y0106		混料泵电动机 M4 低速
0004	Y107	读/写 Y0107		混料泵电动机 M4 高速
0005	Y124	读/写 Y0124	292	进料泵变频电动机 M2 正转 STF
0006	M0	读/写 M0000		调试选择按钮
0007	M1	读/写 M0001		调试标识
0008	M2	读/写 M0002		自动标识
0009	M3	读/写 M0003		循环选择开关
0010	M4	读/写 M0004		配方选择开关
0011	M5	读/写 M0005		温度过低标识
0012	M6	读/写 M0006		设备越程标识
0013	M7	读/写 M0007		低液位标识
0014	M8	读/写 M0008		中液位标识
0015	M9	读/写 M0009		高液位标识
0016	M60	读/写 M0060		调试完成标识
0017	M70	读/写 M0070		循环3次完成标识
0018	M73	读/写 M0073		屏中关闭曲线
0019	L1	读/写 L0001		M1 电动机调试指示
0020	L2	读/写 L0002		M2 电动机调试指示
0021	L3	读/写 L0003		M3 电动机调试指示
0022	L4	读/写 L0004		M4 电动机调试指示
0023	L5	读/写 L0005		M5 电动机调试指示
0024	D104	读/写 DWUB0104		伺服电动机 M5 位移（单位 mm）
0025	D200	读/写 DWUB0200		循环次数

4. 窗口定义

新建三个窗口。窗口0——欢迎界面。窗口1——调试模式界面。窗口2——混料模式界面。

5. 界面切换

(1) 欢迎界面切换到调试模式界面

单击欢迎界面任一位置，触摸屏即进入调试界面，设备开始进入调试模式。设置方法：执行"主控窗口"→"系统属性"→"基本属性"命令，打开"基本属性"选项卡，"封面窗口"选择"窗口0"，"封面显示时间"选择"0"；打开"起动属性"选项卡，将"窗口1"增加到"自动运行窗口"列表中。设置完毕后单击"确认"按钮退出。如图7-25所示。

(2) 调试模式界面切换到混料模式界面

所有电动机（M1～M5）调试完成后，触摸屏界面将自动切换到混料模式。设置方法：在窗口1的空白处，右击后弹出菜单，执行"属性"菜单→"用户窗口属性设置"窗口→"循环脚本"选项卡命令，编写脚本程序如下。

```
if M60 = 1 then
用户窗口.窗口1.Close ( )
用户窗口.窗口2.Open ( )
M60 = 0
endif
```

脚本"用户窗口.窗口1.Close ( )"可以通过执行"打开脚本程序编辑器"→"用户窗口"→"方法"命令，再双击"Close"命令得到。

图7-25 主控窗口属性设置

6. 组态欢迎界面

组态欢迎界面，如图7-2所示。

7. 组态调试模式界面

组态调试模式界面，如图 7-3 所示。

1）组态标题栏。文本内容为"调试模式界面"、坐标为 [H：0]、[V：0]，尺寸为 [W：800]、[H：45]，"静态属性"的"填充颜色"为"灰色"，"边线颜色"和"字符颜色"均为"黑色"。

2）组态调试选择按钮。右击后弹出菜单，选择"插入元件"菜单→"对象元件库管理"窗口→"按钮"文件夹→"按钮82"图标。坐标为 [H：60]、[V：160]，尺寸为 [W：150]、[H：150]。双击"按钮82"图标，打开"单元属性设置"窗口→"动画连接"选项卡，"按钮输入"的"连接表达式"为"M0"。选择"动画连接"选项卡→选中"椭圆"栏目→单击">"按钮→打开"动态组态属性设置"窗口→选择"按钮动作"→勾选"数据对象值操作"→选择"取反"。

3）组态进料泵1。选择"插入元件"菜单→"对象元件库管理"窗口→"指示灯"文件夹→"指示灯3"。坐标为 [H：390]、[V：120]，尺寸为 [W：80]、[H：80]。双击指示灯图标，打开"单元属性设置"窗口→选择"动画连接"选项卡，设置第一个"组合符号"的"可见度"的"连接表达式"为"L1"，打开"动态组态属性设置"窗口→选择"当表达式非零时"→选择"对应图形符号不可见"。设置第二个"组合符号"的"可见度"的"连接表达式"为"L1"，选择"当表达式非零时"→"对应图形符号可见"。

4）指示灯位置尺寸和动态属性设置见表 7-11。

表 7-11 指示灯位置尺寸和动态属性设置

指示灯名称	位置坐标	尺寸参数	组合符号（上）		组合符号（下）	
			可见度表达式	表达式非零时	可见度表达式	表达式非零时
进料泵1	[H：390]、[V：120]	[W：80]、[H：80]	L1	图形符号不可见	L1	图形符号可见
进料泵2	[H：580]、[V：120]	[W：80]、[H：80]	L2	图形符号不可见	L2	图形符号可见
出料泵	[H：300]、[V：270]	[W：80]、[H：80]	L3	图形符号不可见	L3	图形符号可见
混料泵	[H：480]、[V：270]	[W：80]、[H：80]	L4	图形符号不可见	L4	图形符号可见
液位模拟泵	[H：660]、[V：270]	[W：80]、[H：80]	L5	图形符号不可见	L5	图形符号可见

5）组态调试模式起动脚本。

M1 = 1
M2 = 0

8. 组态混料模式界面

组态混料模式界面，如图 7-5 所示。

1）组态标题栏。文本内容为"混料模式界面"，坐标为 [H：0]、[V：0]，尺寸为 [W：800]、[H：45]，"静态属性"的"填充颜色"为"灰色"，"边线颜色"和"字符颜色"均为"黑色"。

2）组态液料罐。选择"插入元件"菜单→"对象元件库管理"窗口→"储藏罐"文件夹→"罐53"图标。坐标为 [H：310]、[V：160]，尺寸为 [W：160]、[H：250]。选择"单元属性设置"窗口→"动画连接"选项卡，"连接表达式"为"D104"。选择"动画组态属性设置"窗口→"大小变化连接",设置表达式"D104"的参数:"变化百分比"范围为"0-100","表达式的值"范围为"0-132"。

由于 D104 的值是伺服电动机模拟的液位变化范围,即低液位 SQ3 到高液位 SQ1 的距离,这里假设这个距离的测量值为 132mm。

3)组态循环选择开关 SA8。执行"插入元件"→"对象元件库管理"→"开关"→"开关6"命令,插入选择开关图标。坐标为[H:600]、[V:80],尺寸为[W:140]、[H:140]。执行"单元属性设置"→"动画连接"命令,设置第一个"组合符号"的按钮输入的"连接表达式"为"M3",第二到第四个"组合符号"的"连接表达式"也为"M3"。循环选择开关 ON 时为"单次循环模式",OFF 时为"连续循环模式"。

4)组态配方选择开关 SA7。执行"插入元件"→"开关6"命令,插入选择开关图标。坐标为[H:600]、[V:270],尺寸为[W:140]、[H:140]。执行"单元属性设置"→"动画连接"命令,四个"组合符号"的"连接表达式"均为"M4"。配方选择开关为 ON 时,选择配方1;开关为 OFF 时,选择配方2。

5)组态循环次数。执行"工具箱"→"输入框"命令。坐标为[H:50]、[V:110],尺寸为[W:125]、[H:50],执行"输入框构件属性设置"→"操作属性"命令,"对应数据对象的名称"为"D200","小数位数"为"0"。

6)指示灯位置尺寸和动态属性设置见表 7-12。

表 7-12 指示灯位置尺寸和动态属性设置

指示灯名称	位置坐标	尺寸参数	填充颜色		
			表达式	分段点 0	分段点 1
M1 电动机	[H:230]、[V:210]	[W:50]、[H:50]	Y104	红色	绿色
M2 电动机	[H:230]、[V:310]	[W:50]、[H:50]	Y124	红色	绿色
M3 电动机	[H:500]、[V:360]	[W:50]、[H:50]	Y105	红色	绿色
M4 混料电动机	[H:365]、[V:85]	[W:50]、[H:50]	Y106 + Y107	红色	绿色
SQ1 指示灯	[H:480]、[V:220]	[W:15]、[H:15]	M9	红色	绿色
SQ2 指示灯	[H:480]、[V:270]	[W:15]、[H:15]	M8	红色	绿色
SQ3 指示灯	[H:480]、[V:320]	[W:15]、[H:15]	M7	红色	绿色

7)组态混料模式起动脚本。

M1 = 0
M2 = 1

9. 报警画面

(1)定义报警变量

1)设 M6 为设备越程报警变量,M5 为温度过低报警变量。

2)设置报警对象属性。

执行"实时数据库"→选择变量"M5"→"数据对象属性设置"→"报警属性"命

令,勾选"允许进行报警处理","报警设置"栏中勾选"开关量报警",报警注释为"加热器损坏",报警值为"1",如图7-26所示。

用同样方法,设置M6报警属性。勾选"允许进行报警处理","报警设置"栏中勾选"开关量报警",报警注释为"设备越程",报警值为"1"。

图7-26 报警对象属性设置

(2) 组态报警子窗口

1) 组态设备越程画面

组态画面如图7-27所示。

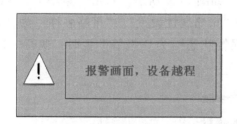

图7-27 报警子窗口3画面

① 新建窗口3。

② 绘制一个凸平面。执行"工具箱"→"常用符号❀"→"凸平面□"命令。坐标为[H:0]、[V:0],尺寸为[W:400]、[H:200]。

③ 添加标签。文字为"报警画面,设备越程"。字符颜色为"红色",字体为"宋体""粗体""小二"。标签坐标为[H:95]、[V:55],尺寸为[W:295]、[H:110]。

④ 添加警告标识。执行"插入元件"→"标识24"命令。坐标为[H:13]、[V:76],尺寸为[W:60]、[H:60]。

说明:报警子窗口3画面用"报警启动1"打开,用"报警结束1"退出。

2) 组态加热器损坏画面

① 新建窗口4,组态画面如7-28所示。

② 绘制一个凸平面。执行"工具箱"→"常用符号❀"→"凸平面□"命令。坐标为[H:0]、[V:0],尺寸为[W:400]、[H:200]。

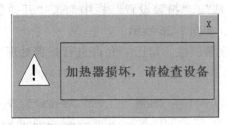

图 7-28　报警子窗口 4 画面

③ 添加标签。文字为"加热器损坏，请检查设备"。字符颜色为"红色"，字体为"宋体""粗体""小二"。标签坐标为［H：95］、［V：55］，尺寸为［W：295］、［H：110］。

④ 添加警告标识。执行"插入元件"→"标识24"命令。坐标为［H：13］、［V：76］，尺寸为［W：60］、［H：60］。

⑤ 添加关闭按钮。文字为"X"，坐标为［H：360］、［V：0］，尺寸为［W：40］、［H：40］。执行"操作属性"→"按下功能"→"数据对象值属性"命令，选择"清0"变量表达式为"M5"。执行"脚本程序"→"按下脚本"命令，在窗口中输入脚本"! closesubwnd（窗口4）"。

说明：报警子窗口 4 用"报警启动 2"打开，用关闭按钮 x 退出。

（3）组态运行策略

1）组态报警策略——报警启动 1

① 新建报警策略 1。选择"运行策略"→"新建策略"→"报警策略"→"确定"。

② 组态报警策略属性。如图 7-29 所示。双击"策略 1"→选择"策略组态"窗口→双击图标" "→选择"策略属性设置"。"策略名称"为"报警启动 1"，"对应数据对象"为"M6"，"对应报警状态"为"报警产生时，执行一次"。其余采用默认设置，确认后退出。

图 7-29　报警策略属性设置

③ 在"策略组态"窗口,右击选择"新增策略行"→选择最后图标"■"→右击选择"策略工具箱"→双击图标" 脚本程序",添加"脚本程序",关闭"策略工具箱"。双击图标" 脚本程序",打开"脚本程序"窗口,执行"用户窗口"→"窗口2"→"方法"命令,选择函数"OpenSubWnd"。编辑函数:"用户窗口.窗口2.OpenSubWnd(窗口3,200,140,400,200,17)"。确认后退出。

④ 组态表达式条件。如图7-30所示,打开"策略组态"窗口→双击图标" "→打开"表达式条件"窗口,"表达式"为"M6","条件设置"选择"表达式的值非0时条件成立",确认后退出。

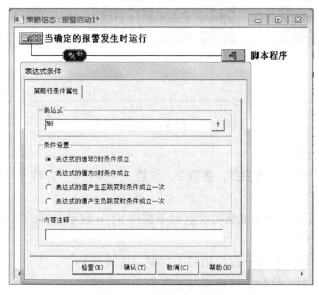

图 7-30 报警策略组态

2)组态报警策略——报警结束1

① 新建报警策略2。

② 组态报警策略属性。"策略名称"为"报警结束1","对应数据对象"为"M6","对应报警状态"为"报警产生时,执行一次"。其余采用默认设置,确认后退出。

③ 组态脚本程序。双击打开"脚本程序"窗口,选择"用户窗口",→"窗口2"→"方法"命令,选择函数"CloseAllSubWnd()"。编辑函数:"用户窗口.窗口2.CloseAllSubWnd()",确认后退出。

④ 组态表达式条件。"表达式"为"M6","条件设置"为"表达式的值为0时条件成立"。

3)组态报警策略——报警启动2

① 新建报警策略3。

② 组态报警策略属性。"策略名称"为"报警启动2","对应数据对象"为"M5","对应报警状态"为"报警产生时,执行一次"。其余采用默认设置,确认后退出。

③ 组态脚本程序。双击打开"脚本程序"窗口,选择"用户窗口"→"窗口2"→"方法"命令,选择函数"OpenSubWnd"。编辑函数:"用户窗口.窗口2.OpenSubWnd(窗

口 4，200，140，400，200，17)"，确认后退出。

④ 组态表达式条件。"表达式"为"M5"，"条件设置"为"表达式的值非 0 时条件成立"。

报警策略组态结果如图 7-31 所示。报警启动 1 和报警结束 1 用于起动和结束变量"M6"触发的设备越程报警。报警启动 2 用于起动变量"M5"触发的温度过低报警。

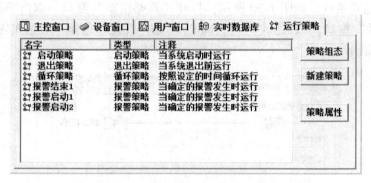

图 7-31　报警策略组态结果

(4) 弹出子窗口函数说明

函数"！OpenSubWnd（参数 1，参数 2，参数 3，参数 4，参数 5，参数 6)"用于显示子窗口。参数说明如下。

1) 返回值：字符型，如调试成功就返回子窗口 n，n 表示打开的第 n 个子窗口。
2) 参数 1：用户窗口名。
3) 参数 2：数值型，打开子窗口相对于本窗口的 X 坐标。
4) 参数 3：数值型，打开子窗口相对于本窗口的 Y 坐标。
5) 参数 4：数值型，打开子窗口的宽度。
6) 参数 5：数值型，打开子窗口的高度。
7) 参数 6：数值型，打开子窗口的类型。参数 6 是一个 32 位的二进制数。其中：

- 第 0 位：使用此功能，必须在此窗口中使用 CloseSubWnd 来关闭该子窗口，子窗口外别的构件对鼠标操作不响应；
- 第 1 位：是否为菜单模式，使用此功能，一旦在子窗口之外按下按钮，则子窗口关闭；
- 第 2 位：是否显示水平滚动条，使用此功能，可以显示水平滚动条；
- 第 3 位：是否垂直显示滚动条，使用此功能，可以显示垂直滚动条；
- 第 4 位：是否显示边框，选择此功能，在子窗口周围显示细黑线边框；
- 第 5 位：是否自动跟踪显示子窗口，选择此功能，在当前鼠标位置上显示子窗口。此功能用于鼠标打开的子窗口，选用此功能则忽略 iLeft，iTop 的值，如果此时鼠标位于主窗口之外，则在主窗口对中显示子窗口；
- 第 6 位：是否自动调整子窗口的宽度和高度为默认值，使用此功能则忽略 iWidth 和 iHeight 的值。

特别说明：函数中用到的标点符号和括号要用英文格式。

10. 液位历史变化曲线

（1）组态窗口 5

组态画面如图 7-32 所示。

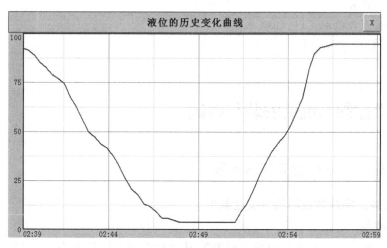

图 7-32　窗口 5 组态画面

1）新建窗口 5。

2）组态标题栏。文本内容为"液位的历史变化曲线"，坐标为 [H：0]、[V：0]，尺寸为 [W：800]、[H：45]，静态填充"灰色"，边线"黑色"。

3）组态按钮。文本为"X"，坐标为 [H：760]、[V：2]，尺寸为 [W：40]、[H：40]。双击按钮打开"标准按钮构建属性设置"窗口，执行"脚本程序"→"抬起脚本"命令，编辑脚本为：

! closesubwnd（窗口 5）
用户窗口.窗口 2.Open（）
M73 = 0

"按下脚本"窗口的脚本为：

M73 = 1

4）组态实时曲线（嵌入版不能绘制历史曲线）

绘制实时曲线。执行"工具箱"→"实时曲线"命令。坐标为 [H：2]、[V：47]，尺寸为 [W：796]、[H：433]。双击实时曲线，打开"实时曲线构件属性设置"对话框，各属性设置如下。

- 基本属性。"X 主划线"数目：4，"X 次划线"数目：2，"Y 主划线"数目：6，"Y 次划线"数目：2。背景颜色：白色，变现颜色：深蓝色。
- 标注属性。X 轴标注设置中，"标注间隔"：1，"时间格式"：MM：SS，"时间单位"：分钟，"X 轴长度"：1。Y 轴标注设置中，"标注间隔"：1，"小数位数"：0，"最小值"：0，"最大值"：150。

- 画笔属性。曲线 1：D104，颜色：蓝色。线型：第 2 个。

（2）组态窗口 2 的脚本

执行"用户窗口属性设置"→"循环脚本"命令，其窗口中脚本程序如下：

```
If   M70 = 1   Then
用户窗口．窗口 2．Close（）
用户窗口．窗口 5．Open（）
Endif
```

7.3 混料罐控制系统的安装与调试

7.3.1 混料罐控制系统的安装与接线

1. 施工安装、接线注意事项及安全要求

（1）施工准备

认真研读图纸，准备工具和材料，辅助器材（标志牌、接地电缆等）和施工方案等。

（2）严禁带电作业

在合闸后能将电送到施工作业区的开关上悬挂"有人作业，禁止合闸"。

（3）严格按照图纸施工

有疑问或者不解的地方，要找电气施工主管的工程师解决。

（4）元器件安装时应注意的事项

① 安装元器件前，应首先阅读该控制柜的元器件安装说明书。不同的控制柜安装要求不同，因此不能按照惯例来安装。

② 安装元器件前，必须用吸尘器对整个控制柜进行打扫，保证整个控制柜里面是清洁的，以免安装时铁屑掉入元器件内。

③ 元器件安装时，安装人员必须熟悉安装图纸，熟悉各个元器件的型号、规格，然后按图施工。

④ 元器件安装时，如果需要自己打孔的，打孔时一定用挡布挡着下方。以免铁屑掉入下面的元器件中。

⑤ 小型元器件如中间继电器、接触器一般固定在导轨上，元器件之间不留空隙。

⑥ 断路器等大型元器件安装时，需用电钻打孔、攻丝，然后用螺钉固定，元器件间隔为 5mm。

⑦ 元器件安装时如果没有特殊要求，应保证左边对齐，距离线槽 20mm。

⑧ 安装在一起的相同的元器件要保证在一条线上，保持平齐。元器件安装后，应立即检查一下是否歪斜。

（5）接线时时应注意的事项

① 接线前，应首先阅读该控制柜的接线工艺说明书。严格按照说明书上的要求来接线。即弄懂什么回路的线用什么颜色、多大直径、什么样的接线耳（鼻子）。

② 接线前，应检查安装的元器件，与接线图上的元器件是否一致。

③ 接线时，应严格按照图纸来施工，同时要细心选择走线路经，使接出来的线更美观。

④ 每根导线两端都应有标记（线号），字迹应清晰、牢固，以便电气设备运行、维护及测试。

⑤ 根据走线方案量材下线，下线要适当留有余量。

⑥ 规范压线：压线一定要压紧，要不然会出现电火花。要想压紧线，一定要选对正确的压线钳和正确的牙口。并且压线时，一定要用力，把压线钳压至开口为 0° 的状态。

⑦ 规范剥线：规范的剥线是确保线芯顶端应露出线鼻子 0～1.5mm。

⑧ 每个元件的接点最多允许接 2 根线。两个接头间要加垫一个与螺钉直径相称的垫圈。

（6）导线颜色选择

① 主回路：U 相、V 相、W 相三相分别黄、绿、红三种颜色的线，N 线用浅蓝色，地线用黄绿色。

② 交流控制回路：一般选用黑色或蓝色线。

③ 电压、电流互感器回路：一般用黑色的线。

④ 直流回路：正极 L+ 用棕色，负极 M 一般用蓝色的线。

⑤ 信号回路：此回路一般用灰色或白色的线。

（7）安装步骤及技巧

① 先接控制电路，后接主电路。接线时先从底层的线路开始。

② 按照标号从小到大接线，同一标号的导线接完后，才能接下一标号的导线。

③ 横平竖直，避免交叉。

④ 不压绝缘、不漏铜、不反圈。

⑤ 多根导线配置时应捆扎成线束，用尼龙拉扣或螺旋管捆扎成圆形。横向每隔 300mm 装一个线束固定点，竖向每隔 400mm 装一个线束固定点。

⑥ 跨门连接线必须采用多股铜导线，并要留有足够长度的余量，靠近附近端子处要用线夹卡紧固线束。

⑦ 当一、二次线装配完毕后，应进行自检，认真对照原理图和接线图，按照上述要求对设备进行自检，若有不符之处，进行纠正，并将柜内打扫干净。

2. 控制系统的设备安装

本系统使用三台 PLC。型号为 $FX_{3U}-32MT$ 的 PLC（2）带 $FX_{3U}-32CCL$ 模块和变频器 E700 安装在控制单元前挂板上，如图 1-5 所示。型号为 Q00UCPU 的 PLC（0）带 RJ61BT11N 通信模块、型号为 $FX_{3U}-32MR$ 的 PLC（1）带 $FX_{3U}-32CCL$ 模块安装在控制单元后挂板上，如图 1-6 所示。

3. 控制系统的接线

[学生练习] 请按以下要求完成任务 7 的接线，并记录接线中出现的问题及采取的措施。

按照图 7-8 所示，连接三台 PLC 的配电线路。

按照图 7-9 所示，连接三个通信模块的通信线和配电线。

按照图 7-10 所示，连接主站 PLC（0）的按钮信号输入控制线。

按照图 7-11 和图 7-12，连接从站 PLC（1）的指示灯驱动控制线和接触器驱动控制线。

按照图 7-13 和图 7-14 所示，连接从站 PLC（2）的现场检测信号输入控制线和温度控制器输入控制线。

按照图 7-15 和图 7-16 所示，连接从站 PLC（2）的输出控制线，连接伺服驱动器和变频器的控制线。

按照图 7-17 所示，连接控制系统的主电路。

7.3.2 混料罐控制系统的运行调试

1. 程序下载

（1）MCGS 组态程序下载

打开 MCGS 组态工程"任务 7 混料罐控制系统"，确定组态设置正确后，确认 USB 下载线连接完好，完成组态下载。

（2）PLC 程序下载

1）主站程序下载。确认三菱 Q 系列 PLC 编程电缆（USB – Q Mini B 型）连接良好，主站 Q00UCPU 已上电。打开"任务 7 主站 Q 程序"工程。按照如图 3-52 所示，选择"参数 + 程序（P）"，单击"执行"按钮。完成主站程序的下载。

2）从站程序下载。确认三菱 FX 系列 PLC 编程电缆 USB-SC09-FX 连接良好，从站 FX_{3U} CPU 均已上电。确认 PC 的 COM 端口号与 USB-SC09-FX 下载线的实际插口编号一致，完成从站 PLC（1）程序和从站 PLC（2）程序的下载。

注意：下载过程中，不要拔插数据线，以免烧坏通信口。

2. 调试准备工作

1）进行电气安全方面的初步检测，确认控制系统没有短路、导线裸露、接头松动和有杂物等安全隐患。

2）用 TPC – Q 数据线将 MCGS 触摸屏与 Q00UCPU 连接好，确认触摸屏显示正常。

3）确认 PLC 的各项指示灯是否正常。

4）[学生练习] 对照表 7-2，打点确认 PLC（0）的输入接线是否正确。

5）[学生练习] 对照表 7-3，打点确认 PLC（1）的输出接线是否正确。注意应逐一进行强制性输出打点。

6）[学生练习] 对照表 7-4 的输入部分，打点确认 PLC（2）的输入接线是否正确。旋转 X 轴，观察编码器的输入信号，即 PLC（2）的 X0 和 X1 指示灯是否有变化。按照图 7-33 所示，设置温控开关的报警值，观察 PLC（2）的 X10 指示灯是否正确。

图 7-33 中，选用的温度传感器为 PT100 热电偶，控制方式为 ON/OFF 控制，报警类型为 2（偏差上限），报警值 1 为 3℃（设定偏差），设定点为 30℃。

7）[学生练习] 对照表 7-4 的输出部分，打点确认 PLC（2）的输出接线是否正确。变频电动机和伺服电动机打点时一定要小心，务必低速时测试。

8）观察 QJ61BT11 模块的 LED 指示灯，确认主模块通信指示正常。

9）观察两个 FX_{2N}-32CCL 模块的 LED 指示灯，确认子站通信指示正常。

3. 运行调试

[学生练习] 按照表 7-13 所列的项目和顺序进行检查调试。检查正确的项目，请在结果栏记"√"；出现异常的项目，在结果栏记"×"，记录故障现象，小组讨论分析，找到解决办法，并排除故障。

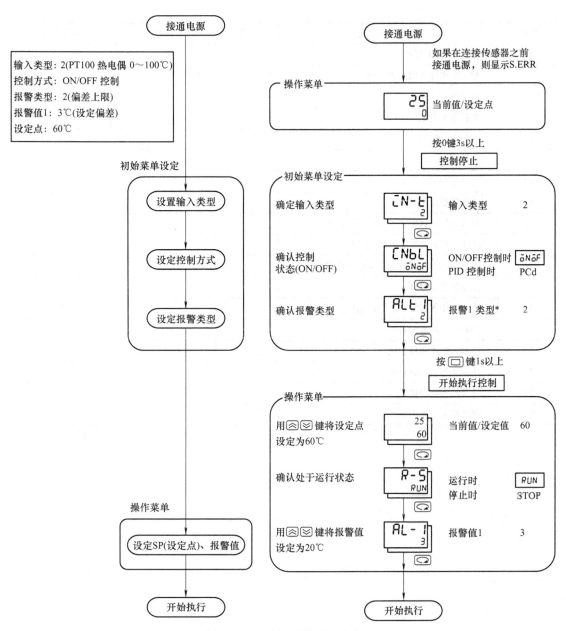

图 7-33 温度控制器设置步骤

表 7-13 任务 7 运行调试小卡片

序号	检查调试项目	结果	故障现象	解决措施
1	电气安全检测			
2	通信检测			
3	PLC（0）输入打点			
4	PLC（1）输出打点			
5	PLC（2）输入打点			

(续)

序号	检查调试项目	结果	故障现象	解决措施
6	PLC（2）输出打点			
7	触摸屏欢迎界面自动切换			
8	调试按钮的选择			
9	进料泵1调试			
10	进料泵2调试			
11	出料泵调试			
12	混料泵调试			
13	液位模拟泵调试			
14	单次工作方式配方1自动运行调试			
15	单次工作方式配方2自动运行调试			
16	连续工作方式配方1自动运行调试			
17	温度过低报警调试			
18	连续工作方式配方2自动运行调试			
19	混料模式界面的显示			
20	连续工作方式停止调试			
21	连续工作方式急停调试			
22	设备越程报警调试			
23	混料结束查看曲线			

任务8 立体仓库控制系统的安装与调试

知识目标：

- 熟悉立体仓库控制系统的工艺要求；
- 掌握仓库货物存放位置的算法；
- 掌握脉冲输出暂停后恢复运行的算法；
- 掌握状态移位流程中嵌套"起保停"电路实现步进控制的方法；
- 掌握通信测试方法；
- 掌握触摸屏画面自动切换、模拟量显示和自动弹出报警画面等知识；
- 培养常用工控设备的综合运用能力。

能力目标：

- 能根据工艺要求设计立体仓库控制系统的硬件电路；
- 能根据工艺要求设计立体仓库控制系统的PLC控制程序；
- 能根据工艺要求设计立体仓库控制系统的触摸屏程序；
- 能完成硬件接线并测试接线的正确性；
- 会根据现场信号和运行情况调试及优化控制程序；
- 会撰写本任务的运维用户使用手册。

8.1 立体仓库控制系统工艺

8.1.1 立体仓库控制系统的工艺要求

1. 控制系统运行说明

立体仓库系统由称重区、货物传送带、托盘传送带、机器手装置、码料小车和一个立体仓库组成，系统俯视图如图8-1所示。系统运行过程如下。

货物首先经过称重区称重，然后经过货物传送带将货物运送至SQ12位置，再由机械手将货物取至SQ14处的托盘上，经码料小车将货物连同托盘运送至仓库区，码放至不同的存储位置。

由图8-1可知，立体仓库共有9个存储位置。已知每个存储位置最多可承受100kg的重量，而货物重量一般在0~100kg之间，经称重模块称重后，将重量信号转换成0~10V电压信号。在码放货物时，按照A1（A区第一层）→A2→A3→B1→B2→B3→C1→C2→C3的规则进行码放。模拟量信号可以使用前面板提供的0~10V电压。

立体仓库系统由以下电气控制回路组成。

1）货物传送带由电动机M1驱动。M1为三相异步电动机，由变频器进行多段速控制。变频器参数设置为：第一段速运行频率为15Hz，第二段速运行频率为30Hz，第三段速运行

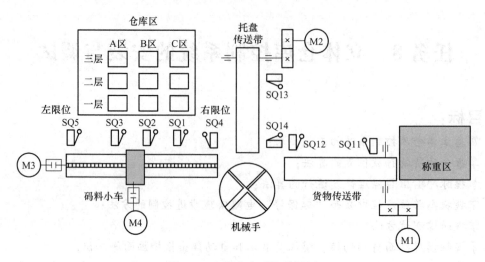

图 8-1 立体仓库系统俯视图

频率为 45Hz，加速时间 1.2s，减速时间 0.5s。

2）托盘传送带由电动机 M2 驱动。M2 为三相异步电动机，只进行单向正转运行。

3）码料小车的左右运行由电动机 M3 驱动。码料小车的上下运行由电动机 M4 驱动。M3 为伺服电动机，参数设置如下：伺服电动机旋转一周需要 1600 个脉冲。M4 为步进电动机，参数设置如下：步进电动机旋转一周需要 1000 个脉冲。

本任务中电动机旋转以"顺时针旋转为正向，逆时针旋转为反向"为标准。

2. 控制系统设计要求

1）本系统使用三台 PLC。网络指定 Q00UCPU 为主站，2 台 FX_{3U} 为从站，用 CC-Link 组网。

2）MCGS 触摸屏连接到系统的主站 PLC 上（Q00UCPU 的 RS-232 接口）。

3）电动机控制、I/O、HMI 与 PLC 组合分配方案见表 8-1，其余自行定义。

表 8-1 现场 I/O 信号、HMI 及 PLC 组合分配一览表

序号	现场对象	PLC
1	HMI	Q00UCPU
2	M1、M2 SB1~SB4 HL1~HL5 SQ11~SQ14	FX_{3U}-32MR
3	M3、M4 SQ1~SQ5、SA1	FX_{3U}-32MT

4）根据控制要求设计电气控制原理图，并将电气原理图以及各个 PLC 的 I/O 接线图绘制在标准图纸上。

5）将编程中所用到的各个 PLC 的 I/O 点、主要的中间继电器和存储器的分配地址填入 I/O 分配表中。

6）根据所设计的电路图完成元器件和电气线路的安装和连接，不得擅自更改设备中已有器件的位置和线路。

3. 系统控制要求

立体仓库控制系统设备具备两种工作模式。模式一：手动调试模式；模式二：自动运行模式。

（1）欢迎界面

设备上电后触摸屏进入欢迎界面，如图 8-2 所示。触摸界面内任一位置，触摸屏即进入调试界面，设备进入调试模式。

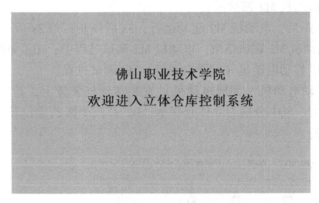

图 8-2　欢迎界面

（2）调试模式

设备进入手动调试模式后，触摸屏出现调试界面，调试界面可参考图 8-3 进行制作。通过按下选择调试按钮，选择需要调试的电动机，当前电动机指示灯亮，触摸屏提示信息变化为"当前调试电动机为：××电动机"，按下起动按钮 SB1，被选中的电动机将进行调试运行，每个电动机调试完成后，对应的指示灯熄灭。

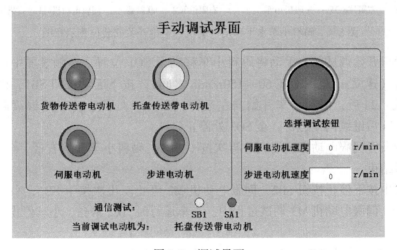

图 8-3　调试界面

此外，调试界面中应配置有通信测试功能，用于测试主站 PLC、从站 PLC 与触摸屏之间的通信。例如，测试从站 1 与触摸屏之间的通信时，可在触摸屏上设置指示灯，当按下 SB1 时，触摸屏上对应的指示灯亮；测试从站 2 与触摸屏的通信时，接通主令开关 SA1，触摸屏上对应的指示灯亮。

1）货物传送带电动机 M1（变频电动机）调试过程。

按下起动按钮 SB1 后，变频电动机 M1 以 15Hz 的速度起动；再次按下按钮 SB1，变频电动机 M1 以 30Hz 的速度运行；再次按下按钮 SB1，变频电动机 M1 以 45Hz 的速度运行；按下停止按钮 SB2，变频电动机 M1 停止。变频电动机 M1 调试过程中，HL1 以亮 2s、灭 1s 的周期闪烁。

2）托盘传送带电动机 M2 调试过程。

按下起动按钮 SB1 后，电动机 M2 起动运行，3s 后停止；停 2s 后又开始运行，直到按下停止按钮 SB2，电动机 M2 调试结束。电动机 M2 调试过程中，HL1 常亮。

3）码料小车水平移动电动机（伺服电动机）M3 调试过程。

码料小车水平移动电动机（伺服电动机）安装在丝杠装置上，其安装示意图如图 8-4 所示，其中 SQ3、SQ2、SQ1 分别为立体仓库 A、B、C 三个区的定位开关，SQ4、SQ5 分别为右、左极限位开关。

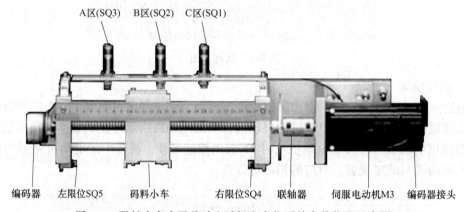

图 8-4 码料小车水平移动电动机和定位开关安装位置示意图

伺服电动机开始调试前，手动将码料小车移动至 SQ1 位置，在触摸屏中设定伺服电动机的速度之后（速度 n_1 范围应在 60~150r/min 之间）。按下起动按钮 SB1，码料小车向右行驶 2cm 停止；2s 后，码料小车开始向左运行，至 SQ1 处停止；2s 后继续向左运行，至 SQ2 处停止；2s 后继续向左运行，至 SQ3 处停止。

然后重新设置伺服电动机速度 v_3，再次按下 SB1，码料小车开始右行，至 SQ1 处停止，整个调试过程结束。

整个过程中按下停止按钮 SB2，伺服电动机 M3 停止。再次按下 SB1，小车从当前位置开始继续运行。伺服电动机 M3 调试过程中，小车运行时 HL2 常亮，小车停止时 HL2 以 2Hz 的频率闪烁。

4）码料小车垂直移动电动机（步进电动机）M4 调试过程。

码料小车垂直移动电动机（步进电动机）不需要安装在丝杠装置上。

步进电动机开始调试前，首先在触摸屏中设定步进电动机的速度（速度 n_2 范围应在

60~150r/min 之间），按下起动按钮 SB1，步进电动机 M4 以正转 5s→停 2s→反转 5s→停 2s 的周期一直运行，按下停止按钮 SB2，步进电动机 M4 停止。步进电动机 M4 调试过程中，HL2 以亮 2s、灭 1s 的周期闪烁。

所有电动机（M1~M4）调试完成后按下按钮 SB3，系统将切换进入到自动运行模式。在未进入自动运行模式时，单台电机可以反复调试。

（3）自动运行模式

切换进入到自动运行模式后，触摸屏自动进入运行模式画面，出现"自动运行界面"字样，界面可参考图 8-5 进行设计。界面要求：触摸屏界面应当有仓库位置指示，各仓库位置处有货物进入时，需显示对应位置处已存放货物的重量；此外触摸屏中还应该有当前运送货物的重量。

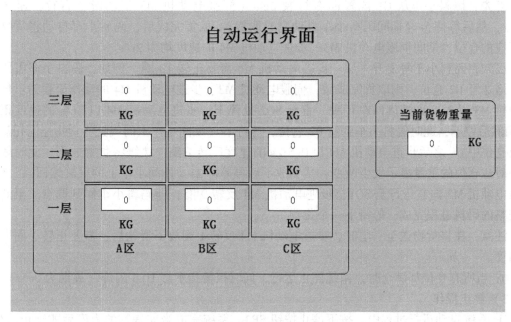

图 8-5　自动运行界面

立体仓库工艺流程与控制要求：

1）系统初始化状态。

码料小车处于一层 C 区（SQ1 检测有信号），各气缸（虚拟的）处于初始状态，小车内无货物。

2）运行操作。

① 货物进入仓库之前，要先进行称重：即首先将货物放至称重区，待触摸屏中显示货物重量时，按下确认按钮 SB4，系统自动记录当前货物重量。

② 根据称得的货物重量以及之前的码放情况，系统自动决定将货物码放至仓库的第几层的某一区。已知每个存储位置最多可承受 100kg 的重量，而货物重量一般在 0~100kg 之间。在码放货物时，按照 A1→A2→A3→B1→B2→B3→C1→C2→C3 的规则进行码放。例如：第一个货物重 50kg，将其放入 A1 仓位之后，第二个货物若小于等于 50kg，则还将其放入 A1 位置，若大于 50kg，则放入 A2 位置，依次类推。

③ 称重过的货物会被放至货物传送带上，则 SQ11 会被压下，SQ11 有信号后，变频电动机 M1 起动正转，变频电动机 M1 的速度 v_1 根据货物重量自动调整，即大于 60kg 的货物，变频电动机 M1 以 15Hz 的速度运送；20~60kg 之间的货物，变频电动机 M1 以 30Hz 的速度运送；小于 20kg 的货物，变频电动机 M1 以 45Hz 的速度运送。直至货物被运送到位，SQ12 被压下，变频电动机 M1 停止。

④ 变频电动机 M1 起动的同时，电动机 M2 带动托盘传送带将托盘运送至 SQ14 位置。首先 SQ13 检测到传送带上有托盘，电动机 M2 开始起动，当托盘被运送到位，SQ14 被压下，电动机 M2 停止。

当货物和托盘都被运送到位之后，等待 5s，期间机械手负责将货物抓放至托盘上。

⑤ 货物被抓放至托盘上之后，系统开始正式的入库操作。

首先，码料小车从 C1 位置向右行驶 2cm（伺服电动机 M3 带动滑块右行，速度为 1r/s），然后等待 5s（期间码料小车自动完成取货）。取货完成后，码料小车自动将货物送至相应的仓位，期间伺服电动机 M3、步进电动机 M4 的速度均为 2r/s。

已知，码料小车每上升一层，步进电动机 M4 需要正转 10 圈。例如，码料小车需要将货物运送至 B2 仓位，则取货完成后，伺服电动机 M3、步进电动机 M4 的动作流程为：伺服电动机 M3 以 2r/s 的速度向左行驶，直至 SQ2 处停下；步进电动机 M4 以 2r/s 的速度正转 10 圈然后停下，此时码料小车到达 B2 仓位，等待 2s（期间小车上的气缸将货物连同托盘推送至仓位中），之后步进电动机 M4 以 0.5r/s 的速度反转 1 圈，缓缓将货物放下，此时触摸屏中对应仓位的重量显示发生改变；货物放下后再等待 2s（期间小车上的气缸缩回），之后伺服电动机 M3 向右运行至 SQ1，步进电动机 M4 反转 9 圈，即码料小车回到原点。至此一个完整的码料过程完成，等待下一个货物。

注意，在将货物送至一层时，步进电动机 M4 反转 1 圈放下货物后，需要正转 1 圈回到原高度。

⑥ 当所有仓位都满仓时，系统停止运行，同时报警指示灯 HL3 闪烁（周期为 0.5s）。

3）停止操作。

① 系统自动运行过程中，按下停止按钮 SB2，系统完成当前货物的入库后才停止运行；当停止后，再次起动运行，系统保持上次运行的记录。

② 系统发生急停事件时按下暂停按钮时（SA1 被切断），系统立即停止。急停恢复后（SA1 被接通），再次按下 SB1，系统自动从急停前状态起动运行。

4）送料过程的动作要求连贯，执行动作要求顺序执行，运行过程不允许出现硬件冲突。

5）系统状态显示。

系统运行时绿灯 HL4 常亮，入库时绿灯 HL5 闪烁（周期为 1s），系统停止时红灯 HL3 常亮。

（4）非正常情况处理

当变频电动机 M1 开始运行时，若托盘传送带上无托盘（SQ13 无信号），则在触摸屏中自动弹出"托盘用完、请放入托盘"报警信息，直至 SQ13 有信号，电动机 M2 起动，报警信息自动消除。

8.1.2 立体仓库控制系统的工艺流程

1. 调试模式的工艺流程

根据控制要求，调试模式的工艺流程如图 8-6 所示。

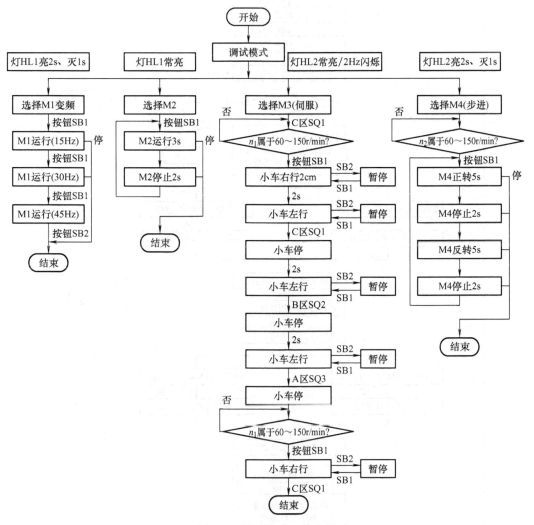

图 8-6 调试模式工艺流程

2. 自动运行模式的工艺流程

根据控制要求，自动运行模式的工艺流程如图 8-7 所示。

根据控制要求，货物存放位置算法如图 8-8 所示。PLC 的寄存器 D3 用于存放当前货物重量，寄存器 D90 用于暂存某存储位货物总重量，寄存器 D91~D99 用于存放仓库存储位 A1~C3 的货物重量，用变址寄存器 Z0 修改仓库存储位地址。即 Z0=0 对应 A1，Z0=1 对应 A2，…，Z0=8 对应 C3。显然 Z0/3 的商与区号对应，Z0/3 的余数与层数对应。用寄存器 D76 存放区号，用寄存器 D77 存放层数。

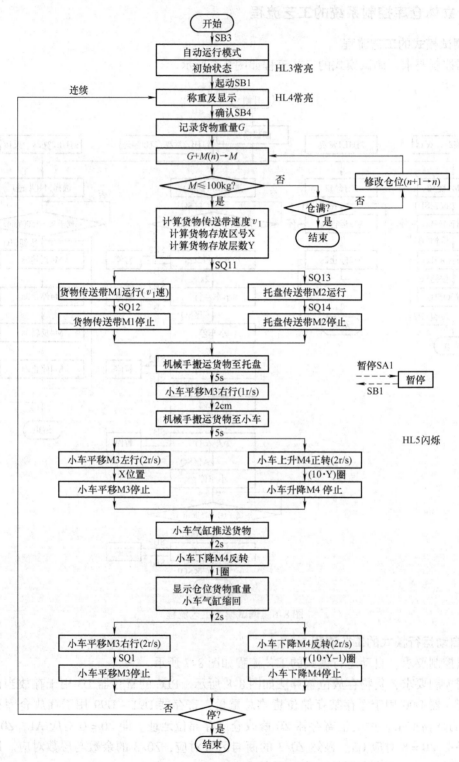

图 8-7 自动运行模式工艺流程

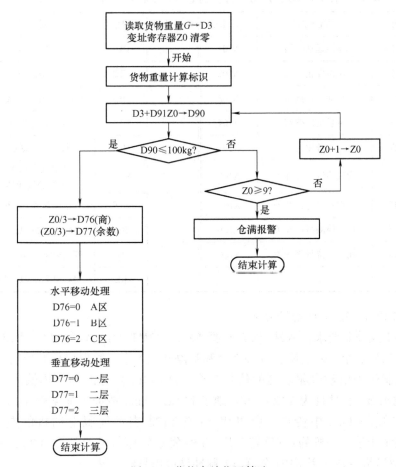

图 8-8 货物存放位置算法

8.2 立体仓库控制系统的设计

8.2.1 立体仓库控制系统的硬件设计

1. 确定地址分配

(1) 主站 I/O 地址分配

根据表 8-1 的组合分配及控制要求，主站选择 Q00U 系列 PLC，与 HMI 连接，没有输入/输出信号。

(2) 从站 PLC (1) 的 I/O 地址分配

根据表 8-1 的组合分配及控制要求，从站 (1) 选择 FX_{3U} - 32MR/ES - A 型 PLC。输入信号有 4 个按钮 SB1 ~ SB4 和 4 个行程开关 SQ11 ~ SQ14。输出信号有 5 个指示灯 HL1 ~ HL5，有控制变频器的信号 4 个，还有托盘电动机 M2 正转接触器 KM2。从站 (1) 分配的远程输入 RX 首地址为 X100，远程输出 RY 首地址为 Y100。I/O 和 CC - Link 地址分配见表 8-2。

[学生练习] 请补充表 8-2 中的 I/O 地址。

表 8-2 任务 8 中从站 PLC (1) 的 I/O 地址和 CC-Link 地址分配表

输入地址	输入信号	功能说明	CC-Link	输出地址	输出信号	功能说明	CC-Link
	SB1	调试起动按钮	X101		HL1	调试灯 1	Y101
	SB2	调试停止按钮	X102		HL2	调试灯 2	Y102
	SB3	自动运行按钮	X103		HL3	报警灯/停止灯（红色）	Y103
	SB4	重量确认按钮	X104		HL4	运行灯（绿色）	Y104
	SB5	备用	X105		HL5	入库灯（绿色）	Y105
	SQ11	货物检测行程开关	X109		KM2	托盘电动机 M2 正转的接触器	Y109
	SQ12	货物到位行程开关	X10A		STF	变频电动机 M1 正转起动	Y10C
	SQ13	托盘检测行程开关	X10B		RH	变频电动机 M1 高速	Y10D
	SQ14	托盘到位行程开关	X10C		RM	变频电动机 M1 中速	Y10E
					RL	变频电动机 M1 低速	Y10F

（3）从站 PLC (2) I/O 地址分配

根据表 8-1 及控制要求，从站（2）选择 FX_{3U}-32MT/ES-A 型 PLC。输入信号包括仓库位置传感器信号 3 个、左右限位开关 2 个和暂停开关 1 个。输出信号有控制伺服驱动器的信号 2 个和控制步进电动机驱动器的信号 2 个。从站（2）分配的远程输入 RX 首地址为 X120，远程输出 RY 首地址为 Y120。I/O 地址和 CC-Link 地址分配见表 8-3。由于高速脉冲信号不能在 CC-Link 中传送，所以用 Y120/Y122 表示伺服电动机的左/右移动，用 Y121/Y123 表示步进电动机的正/反转。用 Y130 发送暂停信号给从站（2），用 X120 发送 Y0 脉冲结束信号给主站，用 X121 发送 Y1 脉冲结束信号给主站。

[学生练习] 请补充表 8-3 中的 I/O 地址。

表 8-3 任务 8 中从站 PLC (2) 的 I/O 地址和 CC-Link 地址分配表

输入地址	输入信号	功能说明	CC-Link	输出地址	输出信号	功能说明	CC-Link
—		Y0 脉冲结束标识	X120		/PULSE	伺服电动机的脉冲	(Y120)
—		Y1 脉冲结束标识	X121		PLS	步进电动机的脉冲	(Y121)
	SQ1	C 区位置传感器	X122		/SIGN	伺服电动机的方向	(Y122)
	SQ2	B 区位置传感器	X123		DIR	步进电动机的方向	(Y123)
	SQ3	A 区位置传感器	X124				
	SQ4	右限位开关	X125				
	SQ5	左限位开关	X126				
	SA1	暂停开关	X12D			暂停标识	Y130

（4）主站内部地址分配

主站 Q00U 系列 PLC 内部地址分配见表 8-4。

表 8-4 任务 8 中主站 PLC 内部址分配表

内部继电器 M	功能说明	数据寄存器 D	功能说明	锁存继电器 L	功能说明
M0	调试选择按钮	D0	调试选择 ID	L0	
M1	调试标识	D1	伺服电动机速度设定/(r/min)	L1	选择电动机 M1 调试
M2	自动标识	D2	步进电动机速度设定/(r/min)	L2	选择电动机 M2 调试
M3		D3	当前货物重量/(kg)	L3	选择电动机 M3 调试
M4		D10		L4	选择电动机 M4 调试
M5	无托盘报警标识	D11	M1 运行标识（15Hz）		
M6	仓满报警标识	D13	M1 运行标识（30Hz）		
M7	伺服电动机速度合格标识	D14	M1 运行标识（45Hz）		
M8	步进电动机速度合格标识	D18	变频速度选择 ID		
M9		D20	M2 运行标识		
M10	M1 调试中标识	D30	M3 右行标识		
M20	M2 调试中标识	D31	M3 左行标识		
M30	M3 调试中标识	D40	M4 正转标识		
M31	小车右行 2cm 标识	D41	M4 反转标识		
M32	小车左行标识	D61	灯 1 标识		
M33	小车右行标识	D62	灯 2 标识		
		D63	灯 3 标识		
M40	M4 调试中标识	D64	灯 4 标识		
M50		D65	灯 5 标识		
		D70	入库步进状态字		
M60	调试完成标识	D76	水平位置区号		
M61	M1 调试结束	D77	垂直位置层数		
M62	M2 调试结束	D80	入库步进控制字		
M63	M3 调试结束	D90	暂存货物总重量		
M64	M4 调试结束	D91	A1 货物总重量		
M65		D92	A2 货物总重量		
M70		D93	A3 货物总重量		
M71		D94	B1 货物总重量		
M72	停止标识	D95	B2 货物总重量		
M74	货物重量计算标识	D96	B3 货物总重量		
M75	货物传送带运行标识	D97	C1 货物总重量		
M76	托盘传送带运行标识	D98	C2 货物总重量		
M77	货物传送带结束标识	D99	C3 货物总重量		
M78	托盘传送带结束标识	D100	当前货物重量/(kg)		
M88	调试标识的脉冲信号	D124	伺服电动机速度		
M89	自动标识的脉冲信号	D125	伺服电动机脉冲数		
M90	亮 2s 灭 1s 标识	D126	步进电动机速度		
		D127	步进电动机脉冲数		

2. 电路设计

电控柜选用 YL-158GA1 现代电气控制系统实训装置，电器设备的布局参照任务1。

(1) 控制器配电电路设计

三台 PLC 控制器的配电电路如图 8-9 所示。主站 PLC（0）和从站 PLC（2）安装在背面挂板上，由后门三相电源供电。从站 PLC（1）和变频器安装在前面挂板上。

(2) 通信电路设计

三台 PLC 通过 CC－Link 总线进行通信，通信电路如图 8-10 所示。主站通信模块为 QJ61BT11N，从站通信模块均为 $FX_{2N}-32CCL$ 接口模块。

(3) 从站 PLC（1）I/O 的电路设计

从站 PLC（1）I/O 电路如图 8-11 ~ 图 8-14 所示。图 8-11 是按钮输入接线图，图 8-12 是现场行程开关输入接线图，图 8-13 是指示灯输出接线图，图 8-14 是接触器和变频器输出接线图。注意 PLC 的 COM1 ~ COM3 接交流电，而 COM4 接直流电。

(4) 从站 PLC（2）的 I/O 电路设计

从站 PLC（2）I/O 电路如图 8-15 ~ 图 8-17 所示。

图 8-15 是仓库区号传感器和限位开关输入接线图，图 8-16 是暂停开关 SA1 输入接线图。输入信号通过栅栏式端子（X14：1 ~ 19）接到背面挂板 PLC（2）的输入端。根据传感器的类型选择 PLC 的 S/S 端子是接 24V 电源还是 0V。图 8-15 的传感器是 NPN 型。

图 8-17 是脉冲输出控制信号接线图，通过栅栏式端子（X14－3：31 ~ 35）接到前面挂板上的伺服驱动器和步进驱动器上。

(5) 伺服驱动器和步进驱动器电路设计

图 8-18 是伺服驱动器 ASD－B20421 和步进驱动器 3M458 的接线图。

伺服驱动器的 COM+ 是 DI 与 DO 的电压输入公共端，使用内部电源 V_{DD}。COM－端是信号的公共端。紧急停止信号 EMGS 在正常时必须导通。伺服起动信号 SON 为 ON 时，表示伺服回路起动。正转禁止极限信号 CCWL，串接左极限常闭触点 SQ5。反转禁止极限信号 CWL，串接右极限常闭触点 SQ4。伺服驱动器为共阳接法，故 PULSE、SIGN 接 24V 电源正极，由前面挂板 DC 24V 电源供电。

步进驱动器为共阳接法，故 PLS+、DIR+ 接 24V 电源正极，由前面挂板 DC 24V 电源供电。

(6) 模拟量电路设计

图 8-19 是模拟量信号接线图。3A－ADP 模拟量模块安装在 PLC 从站（1）的左侧第 1 个位置，0 ~ 10V 的电压模拟量接在模拟量模块的第 2 通道。

(7) 主电路设计

立体仓库控制系统的主电路设计如图 8-20 所示。三相电源由前门引出。货物传送电动机 M1 由变频器（U5）控制。托盘传动带电动机 M2 由接触器 KM2 控制。伺服电动机 M3 由伺服驱动器（U6）控制，伺服电动机带有编码器 PG。步进电动机 M4 由步进驱动器（U7）控制，注意步进电动机的 6 根接线，绿色和黄色接 U 相，蓝色和白色接 V 相，红色和银白色接 W 相。

实际控制柜中，伺服电动机的电源线已经连接完毕，并用开关 S20 控制电源通断。

接线时，先接配电电路，再接控制电路，最后接主电路。

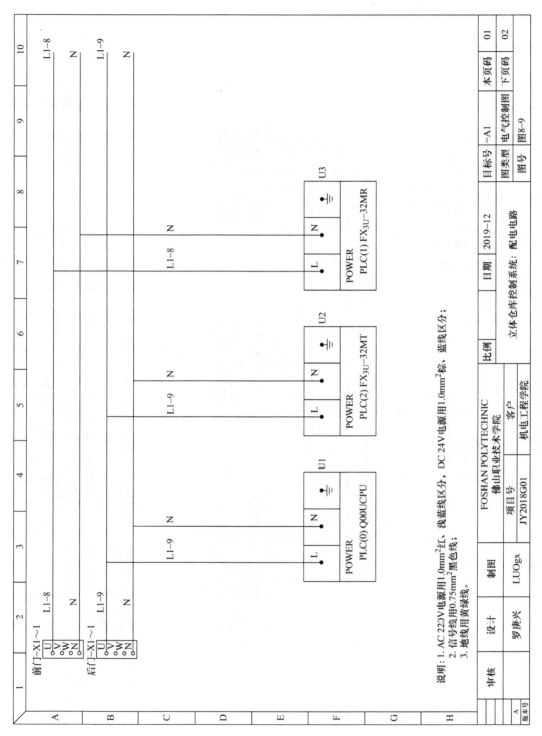

图 8-9 立体仓库控制系统配电电路

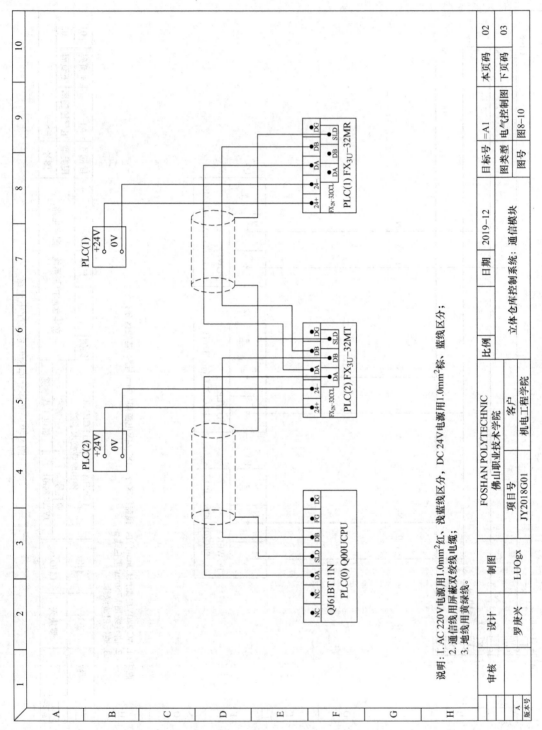

图8-10 三台PLC通过CC-Link总线的通信电路

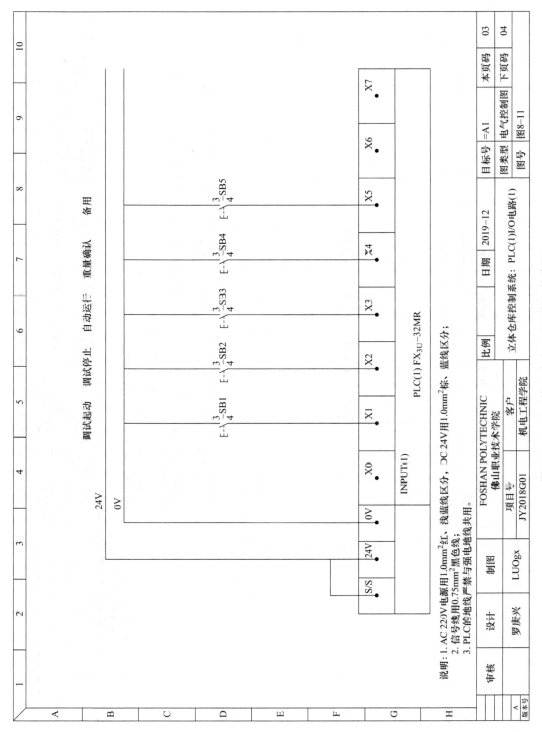

图8-11 PLC(1)的I/O电路(1)[按钮输入接线图]

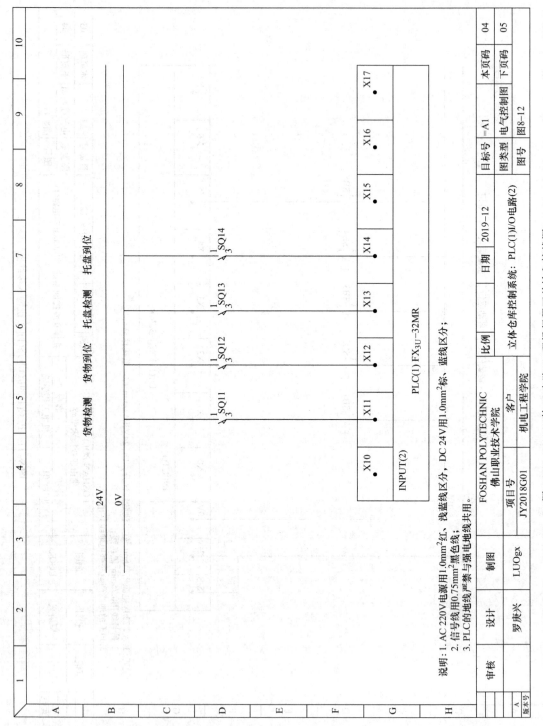

图8-12 PLC(1)的I/O电路(2)[现场行程开关输入接线图]

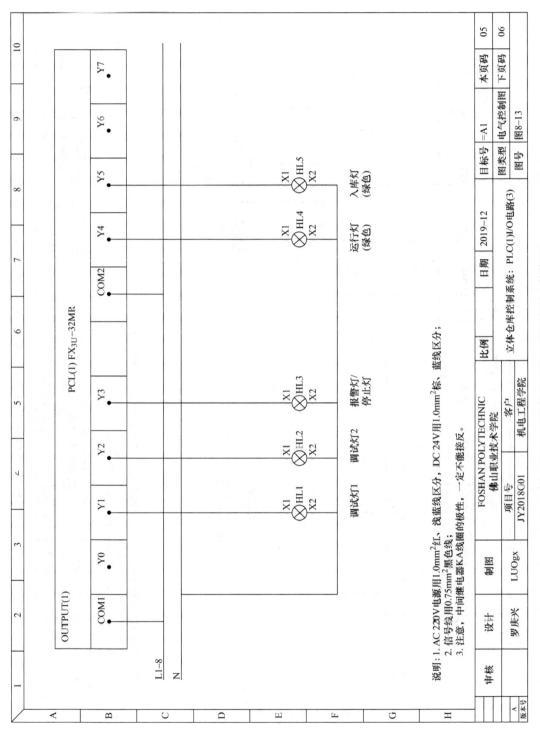

图 8-13 PLC(1)的I/O电路(3)[指示灯输出接线图]

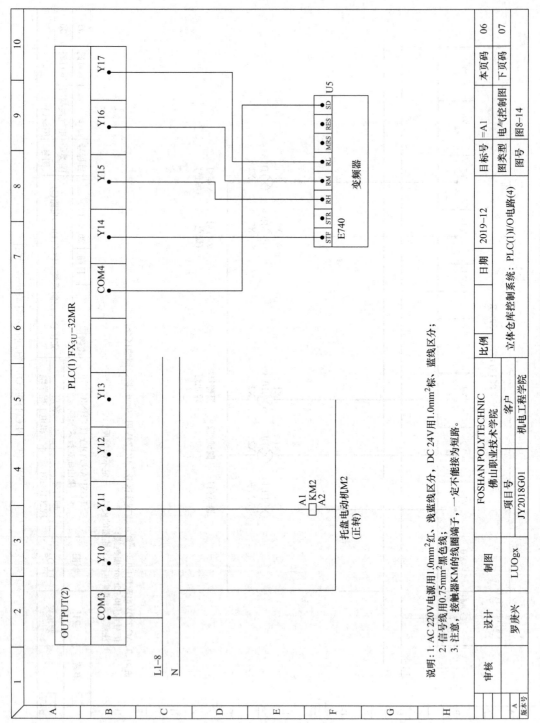

图 8-14 PLC(1)的I/O电路(4)[接触器和变频器输出接线图]

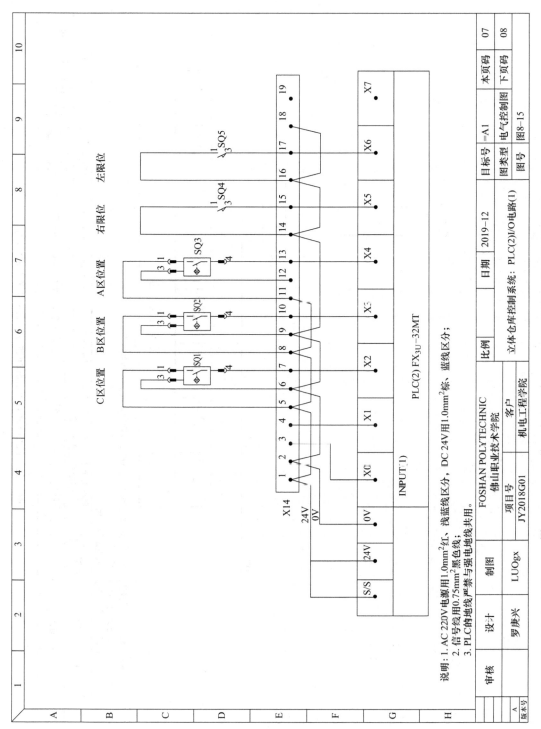

图8-15 PLC(2)的I/O电路(1)[仓车区号传感器和限位开关输入接线图]

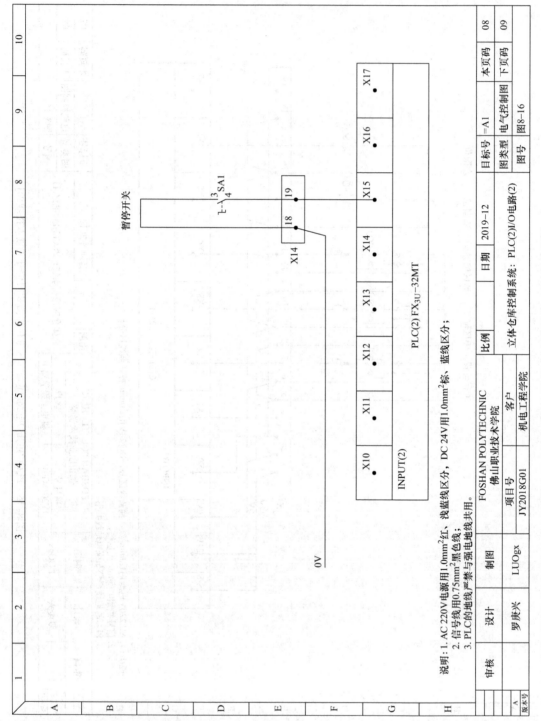

图 8-16 PLC(2)的I/O电路(2)[暂停开关SA1输入接线图]

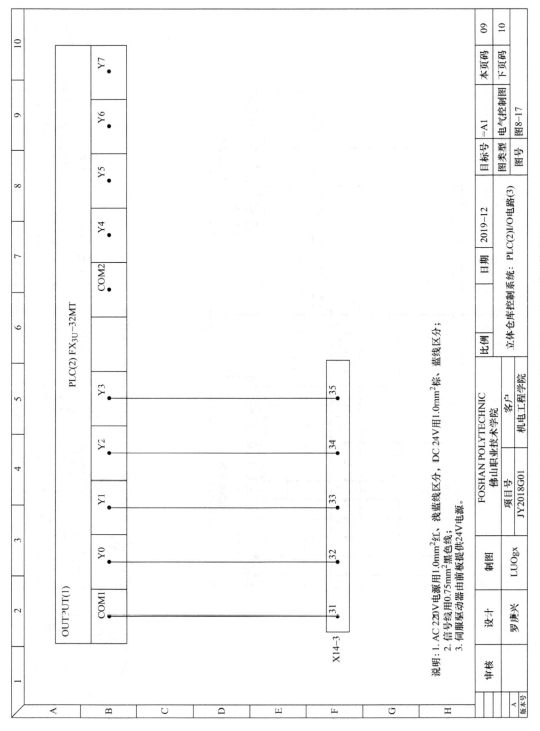

图8-17 PLC(2)的I/O电路(3)[脉冲输出控制信号接线图]

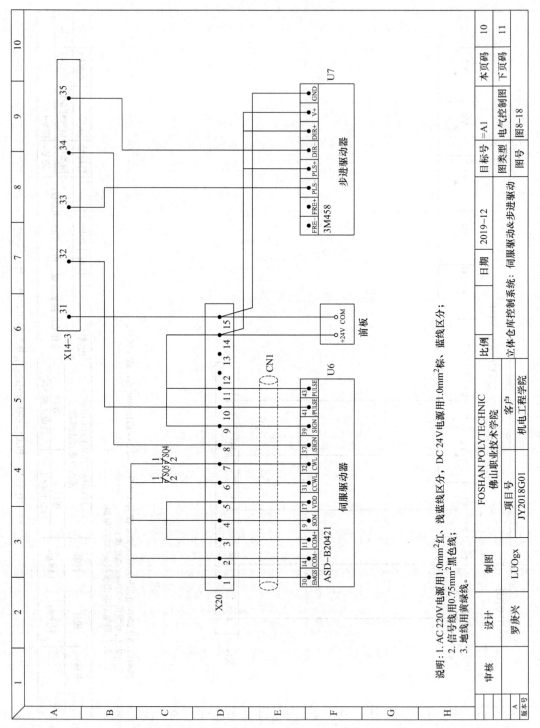

图8-18 伺服驱动器和步进驱动器的接线

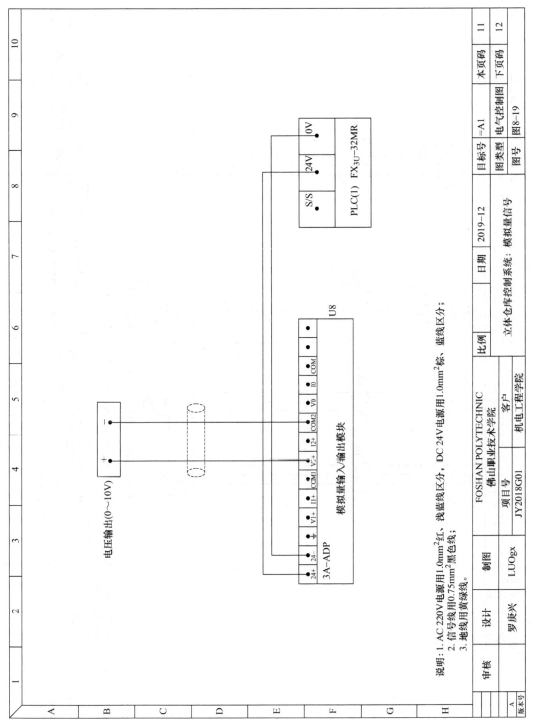

图8-19 模拟量信号接线

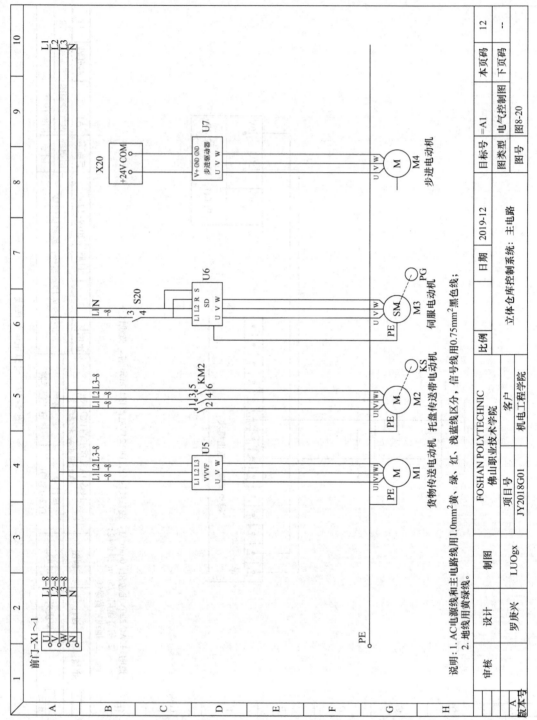

图8-20 主电路接线

8.2.2 立体仓库控制系统的参数计算与设置

1. 系统通信模块的设置

1）主站 PLC（0）的设置。通过站号设置开关，设置为 00。通过传送速率/模式设置开关，设为 2（2.5Mbit/s）。

2）从站 PLC（1）的设置。站号设为 1。占用站数设为 0。传输速度设为 2（2.5Mbit/s）。

3）从站 PLC（2）的设置。站号设为 2。占用站数设为 0。传输速度设为 2（2.5Mbit/s）。

2. 伺服驱动器的参数计算与选择

（1）电子齿轮比 G 的计算

工艺要求伺服电动机转一周需要 1600 个脉冲，即 PLC 的脉冲分辨率 $R_1 = 1600\text{PPR}$，又已知伺服电动机编码器分配率 $R_2 = 160000\text{PPR}$。根据式（6-1），可求得电子齿轮比：

$$G = 100/1$$

（2）PLC 输出指令的脉冲数 N_1 和频率 f_1 的计算

已知伺服电动机旋转一周需要 1600 个脉冲，即 PLC 的脉冲分辨率 $R_1 = 1600\text{PPR}$，丝杠螺距 $P_B = 4\text{mm/r}$，根据式

$$f_1 = \frac{v_1 \times R_1}{P_B} = n_1 \times R_1 \tag{8-1}$$

式中，v_1 是丝杠的直线速度。

可计算出不同伺服电动机转速 n_1 对应的 PLC 输出指令的脉冲频率 f_1。根据公式

$$N_1 = \frac{L_1 \times R_1}{P_B} = K_1 \times R_1 \tag{8-2}$$

式中，K_1 是伺服电动机转动的圈数。

可计算出小车水平移动距离 L_1 对应的 PLC 输出指令的脉冲数 N_1。

［学生练习］计算 PLC 驱动伺服电动机的脉冲频率和脉冲数，将结果填入表 8-5 中。

表 8-5 PLC 驱动伺服电动机的频率和脉冲数的计算结果

伺服电动机转速 n_1 /(r/s)	PLC 输出指令的脉冲频率 f_1/Hz	小车水平移动距离 L_1/mm	PLC 输出指令的脉冲数 N_1
1		20	
2			

（3）伺服驱动器参数设置

伺服驱动器参数设置参见表 7-7，注意电子齿轮比 $G = 100/1$。

3. 步进驱动器的参数计算与选择

已知步进电动机旋转一周需要 1000 个脉冲，即 PLC 的脉冲分辨率 $R_2 = 1000\text{p/r}$，也就是步进驱动器的细分为 1000。根据式（8-1）可计算出步进电动机转速 n_2 和对应的 PLC 输出指令的脉冲频率 f_2。根据式（8-2）可计算出步进电动机转动的圈数 K_2 和对应的 PLC 输出脉冲数 N_2。

［学生练习］计算 PLC 驱动步进电动机的脉冲频率和脉冲数，将结果填入表 8-6 中。

表 8-6 PLC 驱动步进电动机的频率和脉冲数的计算结果

步进电动机转速 n_2/(r/s)	PLC 输出指令的脉冲频率 f_2/Hz	步进电动机转动的圈数 K_2	PLC 输出指令的脉冲数 N_2
0.5		1	
2		9	
		10	
		19	
		20	

4. 变频器的参数设定

(1) 变频器参数设定

根据电动机铭牌上的参数,参照表 7-8 正确设置变频器参数。

(2) 多段速设定

根据立体仓库系统控制要求以及图 4-21,变频器运行频率和变频器控制端子组合对应关系见表 8-7。

表 8-7 变频器运行频率和控制端子组合对应关系

变频器运行频率 f/Hz	控制端子组合
15	RL
30	RM
45	RH

8.2.3 立体仓库控制系统的程序设计

1. 组态主站 Q00U CPU

1) 打开编程软件 GX Works2,新建工程"任务 8 主站 Q 程序"。

2) 组态 PLC 参数。打开"Q 参数设置"对话框,按表 8-8 设置"I/O 地址分配设置"的参数。单击"检查"按钮确认无误后,单击"设置结束"按钮。

表 8-8 Q 参数 I/O 地址分配一览表

NO.	类型	型号	点数	起始 XY
0	CPU	Q00UCPU	—	—
1	输入	QX40	16 点	0000
2	输出	QY10	16 点	0010
3	智能	QJ61BT11N	32 点	0020

3) 组态网络参数。打开"网络参数 CC-Link 设置"对话框，按表 8-9 组态网络参数。在站信息组态完毕后，单击"检查"按钮确认无误后，单击"设置结束"按钮。

表 8-9 CC-Link 网络参数设置一览表

名称	参数
模块块数	1
起始 I/O 号	0020
类型	主站
模式设置	远程网络（Ver.1 模式）
总连接台数	2
远程输入（RX）刷新软元件	X100
远程输出（RY）刷新软元件	Y100
远程寄存器（RWr）刷新软元件	D100
远程寄存器（RWw）刷新软元件	D120

4) 组态站信息。在"网络参数 CC-Link 设置"对话框，单击"站信息"，打开"CC-Link 站信息模块 1"对话框，按表 8-10 组态站信息。

表 8-10 站信息设置一览表

台数/站号	站类型	占用站数	远程站点数	保留/无效站指定
1/1	远程设备站	占用 1 站	32 点	无设置
2/2	远程设备站	占用 1 站	32 点	无设置

2. CC-Link 数据链路

根据表 8-9 的 CC-Link 网络参数设置和表 8-10 的站信息设置，结合控制系统数据交换的需要，主站与两个从站之间的 CC-Link 数据链路如图 8-21 所示。

3. 主站 PLC (0) 程序设计

在"任务 8 主站 Q 程序"的工程。编写主站 Q 系列 PLC 程序，如图 8-22 所示。

图 8-22a 中主要程序行说明如下。

第 0~10 行：PLC 上电或者系统工作模式切换或者发生越程时，清除相关标识位，系统赋初值。

第 26~92 行：集中输出控制程序。

第 101 行：产生亮 2s、灭 1s 标识 M90。

第 113~117 行：调试完毕，切换到自动模式。

第 120~126 行：调用调试模式 P0，或者调用自动模式 P1。

第 127~152 行：调试模式下，选择调试电动机。

第 157 行：调试货物传送带电动机 M1。

第 189 行：调试托盘传送带电动机 M2。

第 214 行：调试码料小车水平移动伺服电动机 M3。分析图 8-6 工艺流程图，伺服电动机的调试过程可分为三个顺序状态。状态步 M31 为小车右行 2cm，状态步 M32 为小车左行，

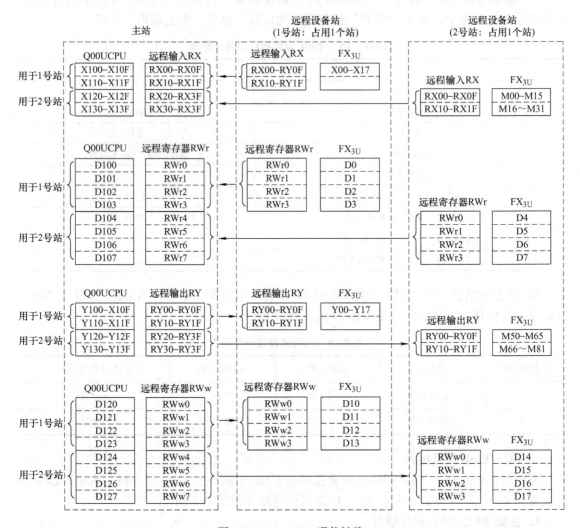

图 8-21 CC-Link 通信链路

状态步 M33 为小车右行。小车右行的 2cm 靠脉冲数确定。为了避免在 M31 和 M32 这两个相邻的状态步同时存在脉冲输出的情况,故在 D31.0(伺服电动机反转左行)接通前,用条件 [LD < T30 K5] 使 D30.0(伺服电动机正转右行)先断开。

第 297 行:调试码料小车垂直移动步进电动机 M4。

第 336~347 行:报警/停止灯和系统运行灯控制程序。

第 351 行:停止标识 M72 的控制程序。

第 355~362 行:起动进入自动运行模式的称重和计算状态步 D70.0,用移位指令实现步进电动机的控制。

图 8-22b 中主要程序行说明如下:

第 368 行:执行称重和位置计算状态步 D70.0。根据图 8-8 编程,货物称重确认后,置位标识 M74,开始货物位置的计算。计算完毕复位 M74。如果满仓,则置位报警标识 M6。

第 406 行:执行货物和托盘传送状态步 D70.1。若货物传送带运行或者运行结束、托盘

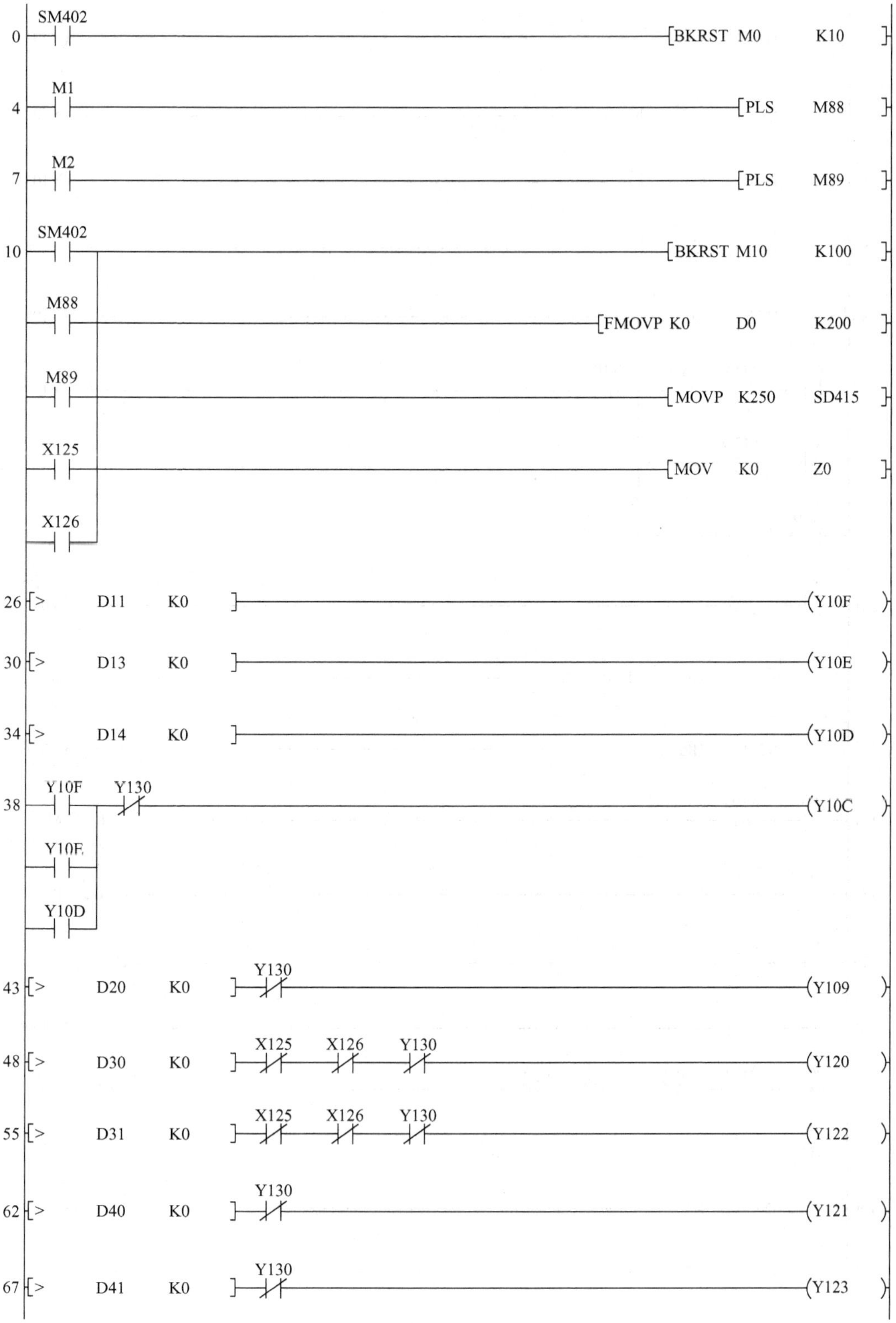

图 8-22 主站 PLC 控制程序 a)

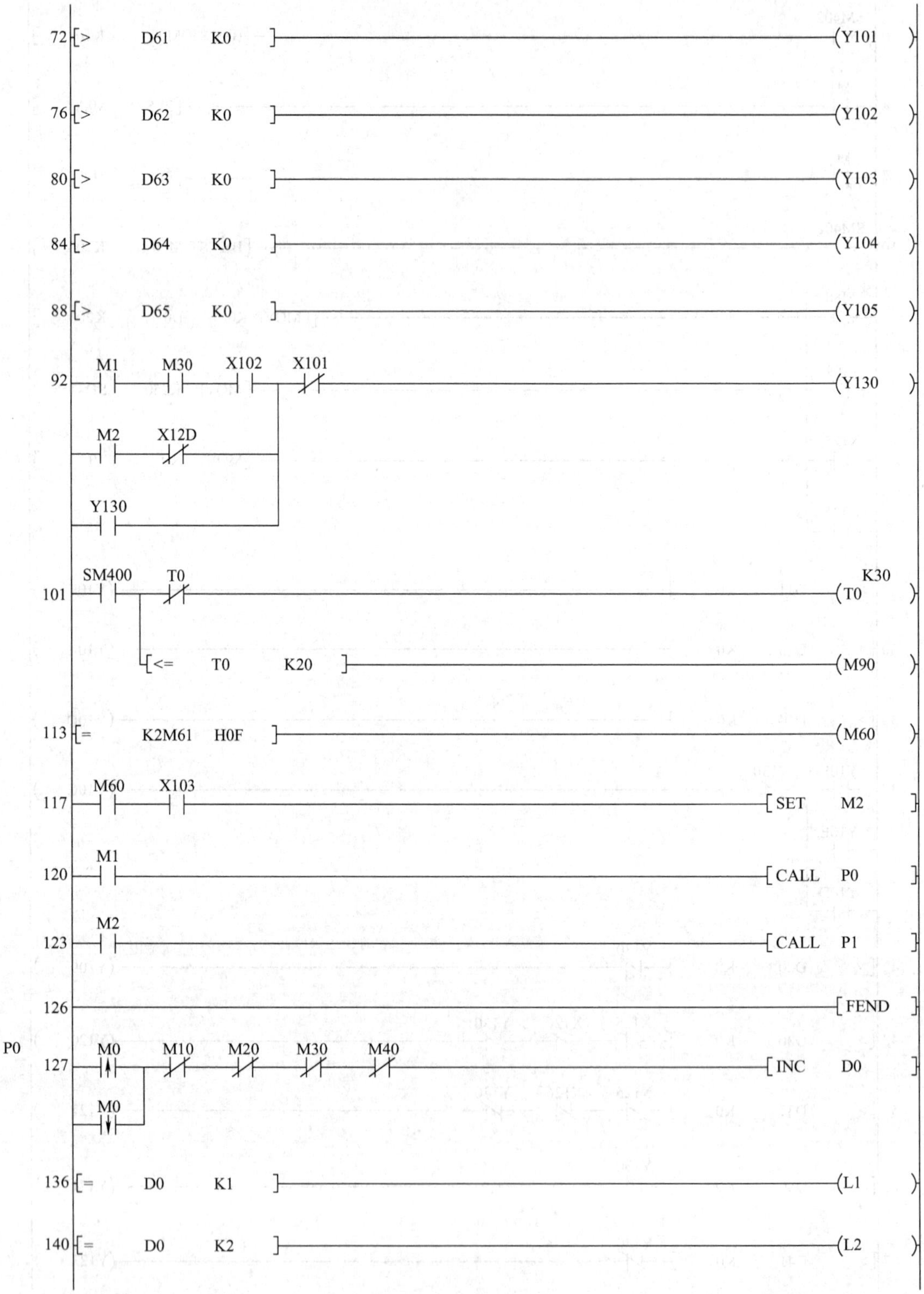

```
 72 ─[> D61 K0]──────────────────────────────(Y101)
 76 ─[> D62 K0]──────────────────────────────(Y102)
 80 ─[> D63 K0]──────────────────────────────(Y103)
 84 ─[> D64 K0]──────────────────────────────(Y104)
 88 ─[> D65 K0]──────────────────────────────(Y105)
     M1    M30   X102  X101
 92 ─┤├────┤├────┤├────┤/├──────────────────(Y130)
     M2    X12D        │
     ├┤├───┤/├─────────┤
     Y130             │
     ├┤├──────────────┘
     SM400  T0                                K30
101 ─┤├────┤/├──────────────────────────────(T0)
           └─[<= T0  K20]──────────────────(M90)
113 ─[= K2M61 H0F]──────────────────────────(M60)
     M60  X103
117 ─┤├───┤├──────────────────────────[SET M2]
     M1
120 ─┤├──────────────────────────────[CALL P0]
     M2
123 ─┤├──────────────────────────────[CALL P1]
126 ─────────────────────────────────────[FEND]
P0   M0   M10   M20   M30   M40
127 ─┤↑├──┤/├───┤/├───┤/├───┤/├──────[INC  D0]
     M0
     ├┤↓├─────────────────────────────┘
136 ─[= D0 K1]──────────────────────────────(L1)
140 ─[= D0 K2]──────────────────────────────(L2)
```

图 8-22 主站 PLC

控制程序（续）

a)

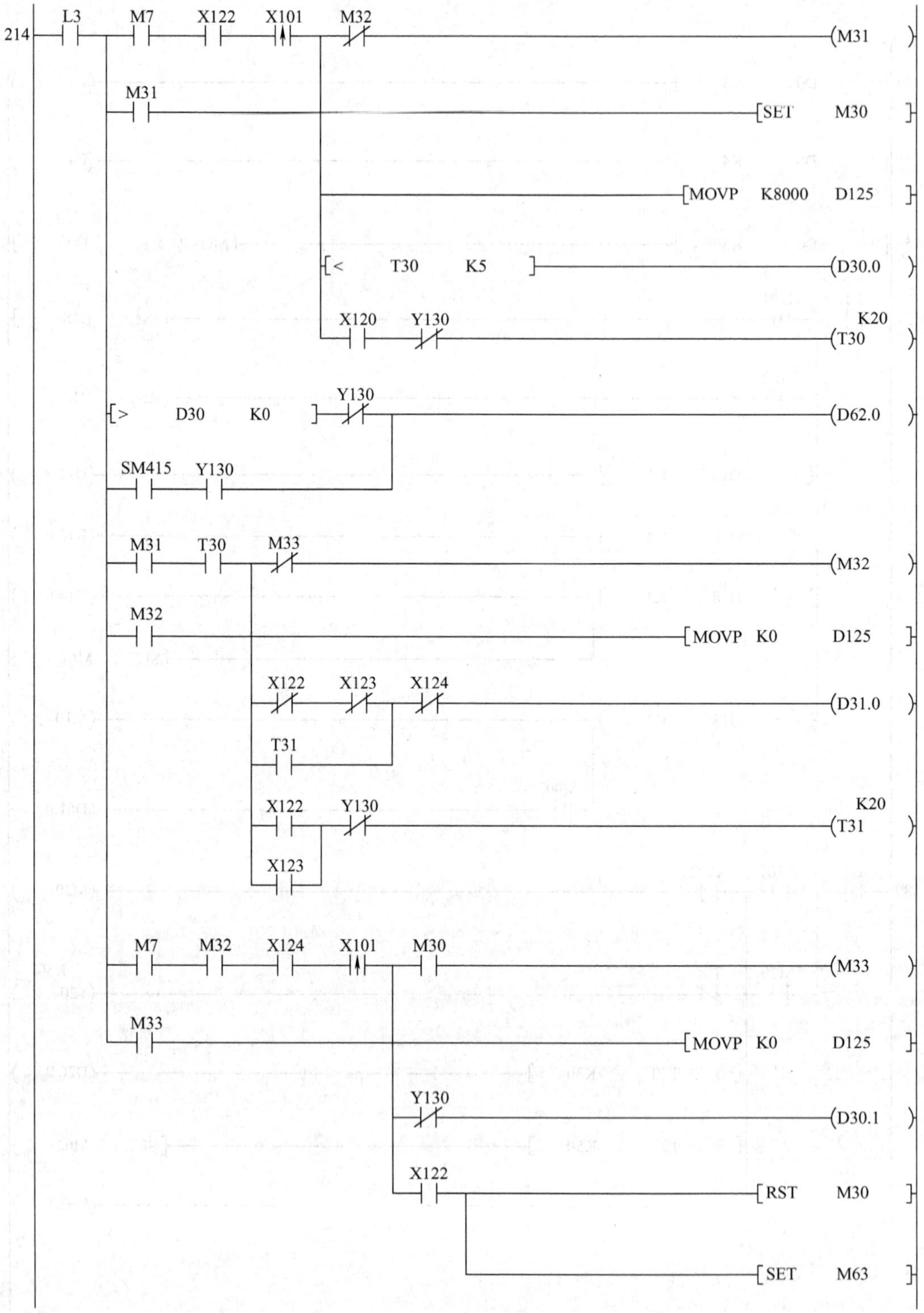

图 8-22 主站 PLC

控制程序（续）

a）

传送带无运行（无托盘），则起动无托盘报警标识 M5。货物传送带和托盘传送带均运行结束（M77 和 M78 均得电），才允许状态转移。

第 466 行：机械手搬运货物及小车右行 2cm 状态步 D70.2 的控制程序。

第 494 行：小车左行到 X 位置且上升到 Y 位置状态步 D70.3。小车左行到位时用行程开关 SQ1、SQ2 和 SQ3 来识别，小车上升到位时用脉冲数来确定。在 D41.5（步进电动机反转下降）接通前，需用条件［AND＜ T73 K5］使 D40.5（步进电动机正转上升）先断开。

第 549 行：气缸推送货物及小车下降状态步 D70.4。同理，需用条件［AND＜ T74 K5］使 D41.5（步进电动机反转下降）先断开。

第 571 行：小车左行且上升到初始位置状态步 D70.5。由于下一步是称重和位置计算状态步，小车已经停止。故不需要使 D40.6（步进电动机正转上升）或 D41.6（步进电动机反转下降）先断开。入库完毕，若无停止标识，则进入下一步运行；若有停止标识，则复位 D70，返回初始状态。

第 623 行：入库指示灯 HL5 控制程序。

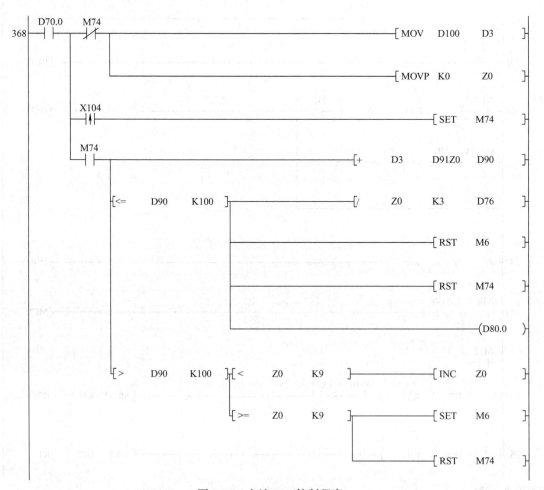

图 8-22 主站 PLC 控制程序
b)

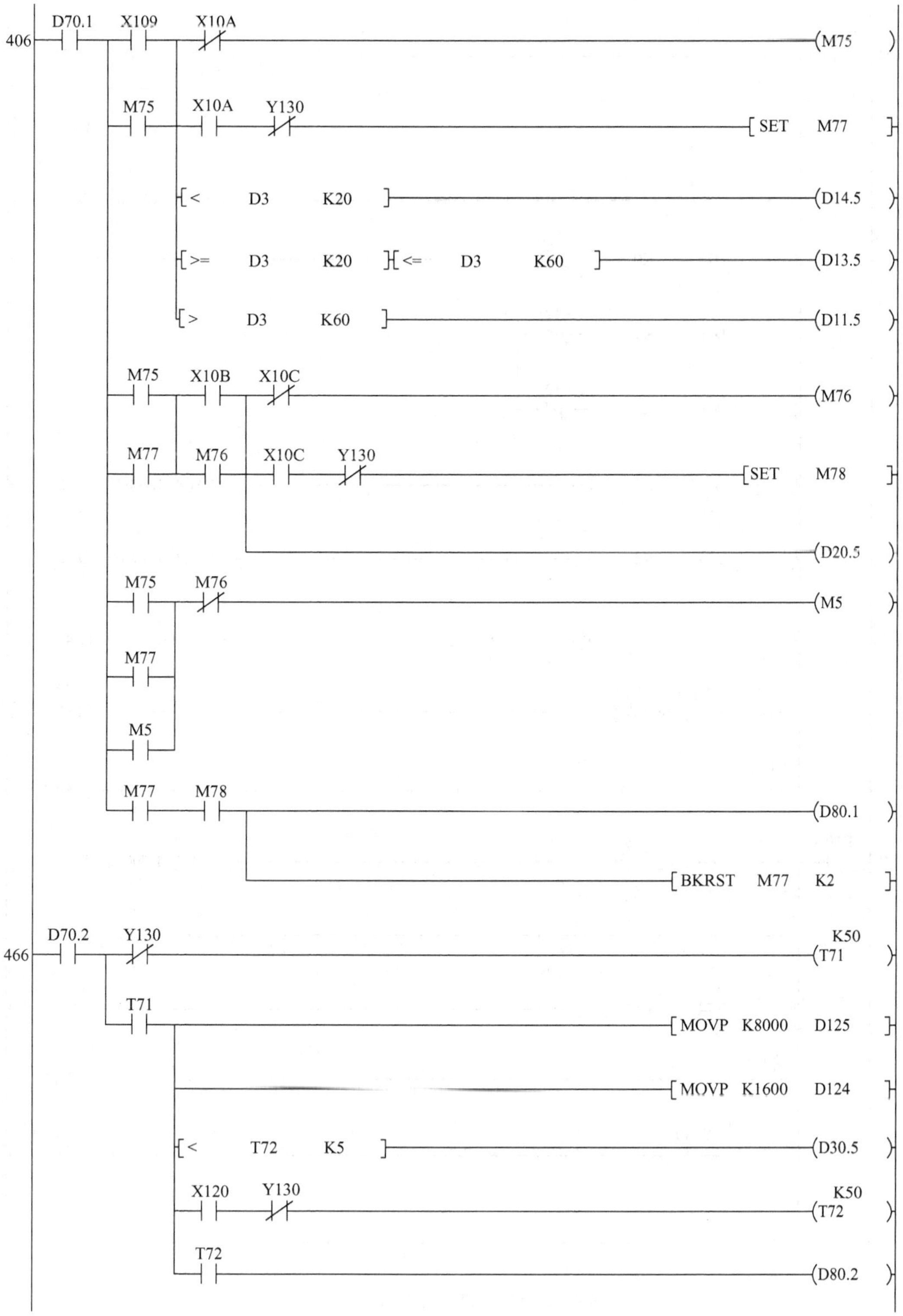

图 8-22 主站 PLC 控制程序（续）

b）

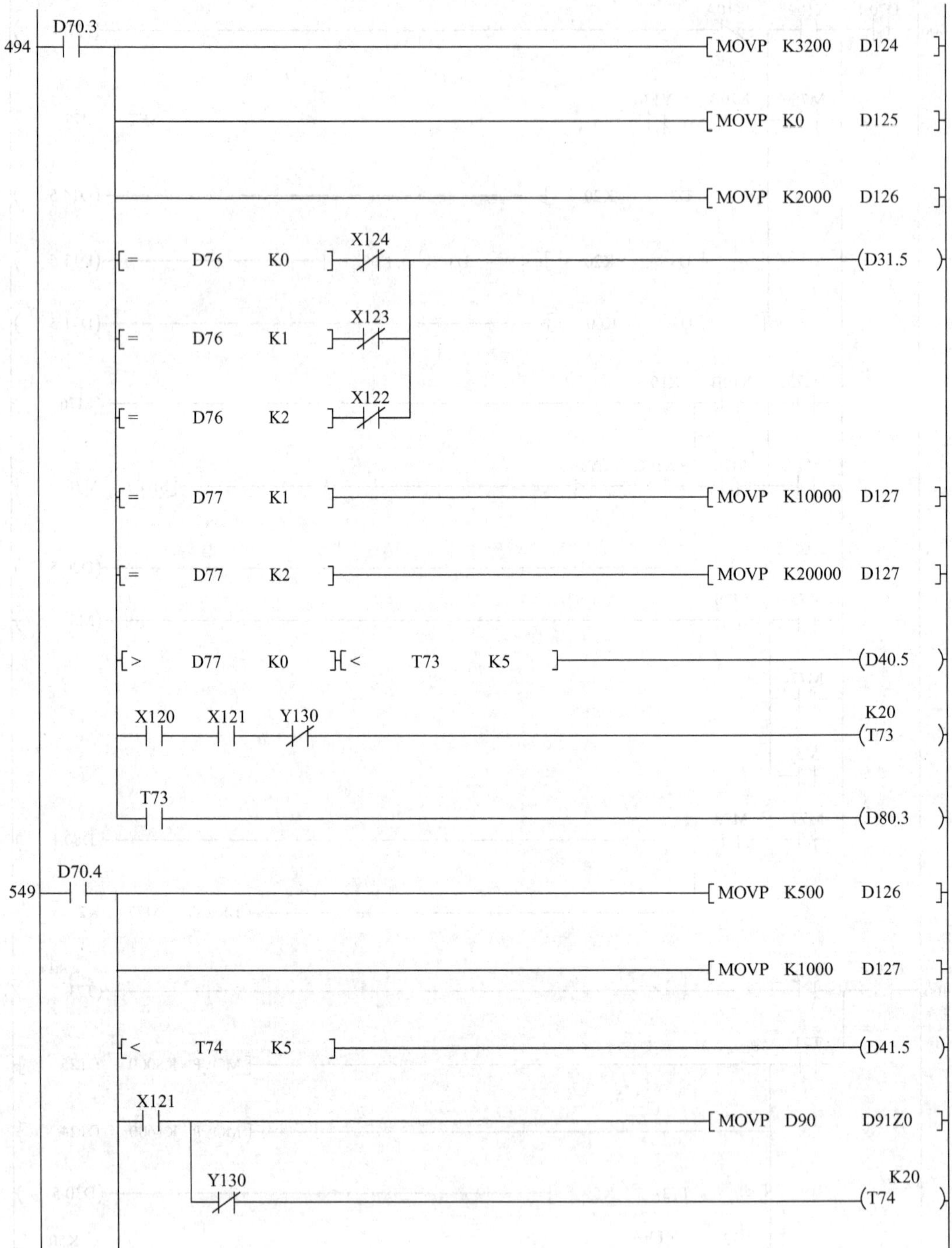

图 8-22 主站 PLC 控制程序（续）
b)

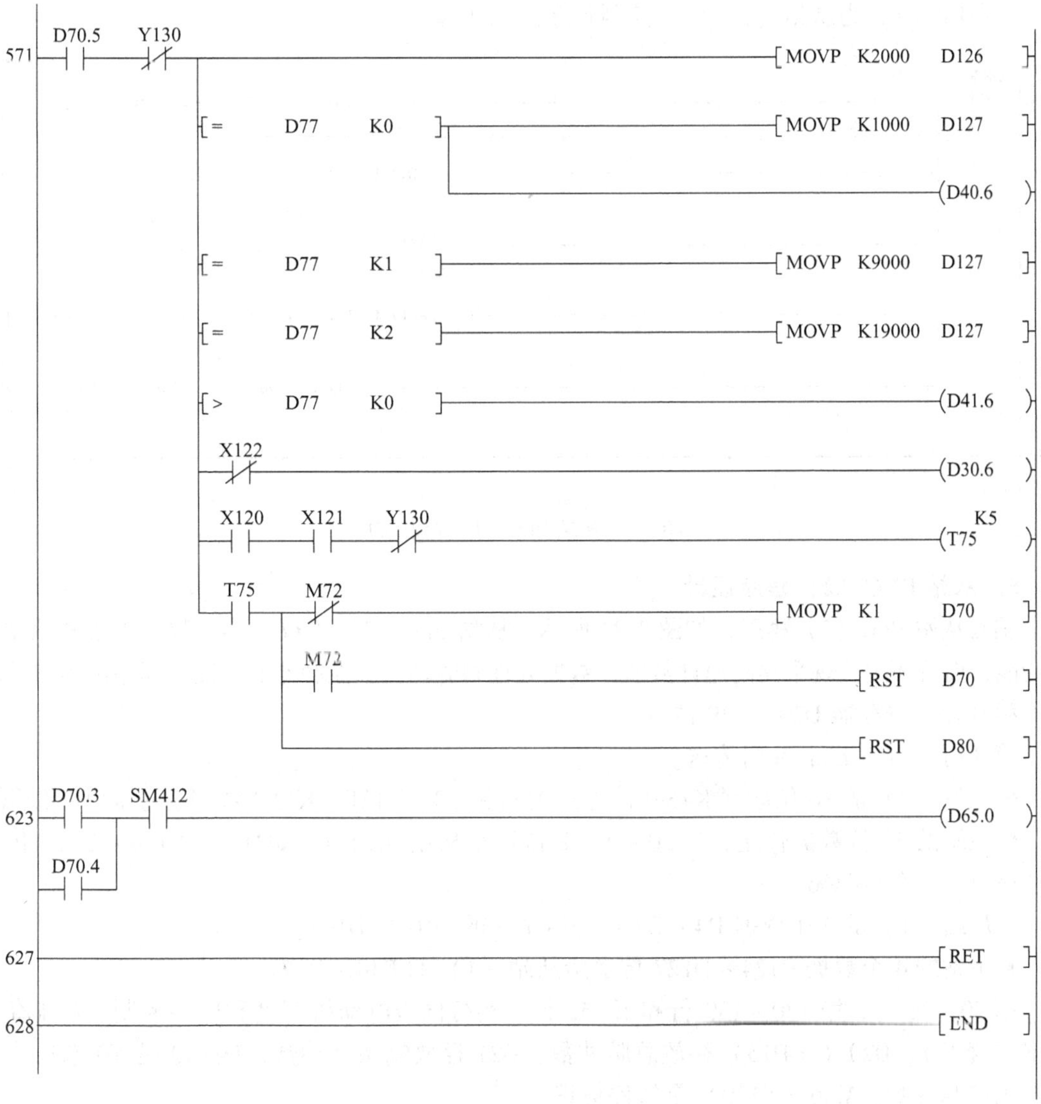

```
       D70.5  Y130
571 ─── ┤ ├──┤/├─────────────────────────[MOVP  K2000   D126]

                 ┤[=  D77  K0]─┬─────────[MOVP  K1000   D127]
                               │
                               └─────────────────────(D40.6)

                 ┤[=  D77  K1]───────────[MOVP  K9000   D127]

                 ┤[=  D77  K2]───────────[MOVP  K19000  D127]

                 ┤[>  D77  K0]───────────────────────(D41.6)

                   X122
                 ──┤/├──────────────────────────────(D30.6)

                   X120  X121  Y130                        K5
                 ──┤ ├──┤ ├──┤/├──────────────────(T75    )

                   T75   M72
                 ──┤ ├──┤/├─────────────────[MOVP  K1     D70]

                   M72
                 ──┤ ├────────────────────────────[RST   D70]

                                                  ─[RST   D80]

       D70.3  SM412
623 ─┬─┤ ├──┤ ├─────────────────────────────────────(D65.0)
     │ D70.4
     └─┤ ├──┘

627 ───────────────────────────────────────────────[RET]

628 ───────────────────────────────────────────────[END]
```

图 8-22 主站 PLC 控制程序（续）

b)

[学生练习] 为主站 PLC 控制程序添加注释。

4. 从站 PLC（1）程序设计

编写从站 PLC（1）程序，如图 8-23 所示。从站 PLC（1）仅仅作为主站的一个远程 I/O 站，实现数据输入/输出功能和模拟量采集与处理功能。程序说明如下。

- 将从站（1）的 16 位数据 K4X0 传送给主站的 X100～X10F。
- 将主站的 16 位数据 Y100～Y10F 传送给从站（1）的 K4Y0。
- 将从站（1）的 4 个数据 D0～D3 传送给主站的 D100～D103。
- 将主站的 4 个数据 D120～D123 传送给从站（1）的 D10～D13。
- 读取模拟量第二通道的值 D8261（0～4000），将其转换为重量（0～100kg），并存放在 D0 中。通过 CC-Link 传送给主站的 D100。

［学生练习］为从站（1）PLC 控制程序添加注释。

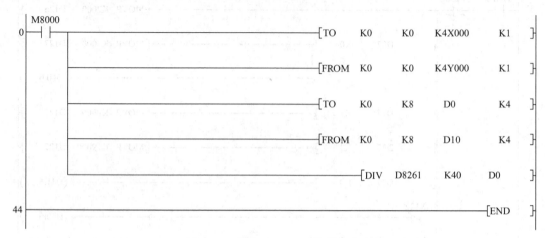

图 8-23 从站 PLC（1）控制程序

5. 从站 PLC（2）程序设计

编写从站 PLC（2）程序，如图 8-24 所示。从站 PLC（2）不仅要实现数据采集和数据输出功能，而且还要实现采集高速计数值、数据处理和驱动伺服控制器的功能。程序说明如下。

第 0 行：寄存器 D20~D39 清零。

第 8 行：CC – Link 数据传送。

- 从站（2）的 16 位数据 K4M0 传送给主站 X120~X12F。K4X2 数据通过 K4M2 传送。
- 主站的 32 位数据传送，Y120~Y12F 传送给从站（1）的 K4M50，Y130~Y13F 传送给从站（1）的 K4M66。
- 从站（1）的 4 个数据 D4~D7 传送给主站的 D104~D107。
- 主站的 4 个数据 D124~D127 传送给从站（1）的 D14~D17。

第 50~76 行，第 130~139 行和第 152 行，实行伺服电动机速度和脉冲控制。D14 存放频率（速度），D20（=D15）存放总脉冲数，D21 存放剩余脉冲数，D8140 是 Y0 端口当前已发出的脉冲数。M66（Y130）是暂停标识。

第 90~116 行，第 141~150 行和第 155 行：实行步进电动机速度和脉冲控制。D16 存放频率（速度），D30（=D17）存放总脉冲数，D31 存放剩余脉冲数，D8142 是 Y1 端口当前已发出的脉冲数。M66（Y130）是暂停标识。

脉冲输出暂停后恢复运行的算法如图 8-25 所示。

［学生练习］为从站（2）PLC 控制程序添加注释。

8.2.4 立体仓库控制系统的组态设计

1. 创建新工程

打开 MCGSE 组态环境。选择 TPC 类型（本任务选择 TPC7062Ti），其余采用参数默认设置。命名工程为"任务 8 立体仓库控制系统"。

2. 设备组态

参照任务 7，组态设备窗口。设置"通用串口父设备"参数："串口端口号"为"COM1"，

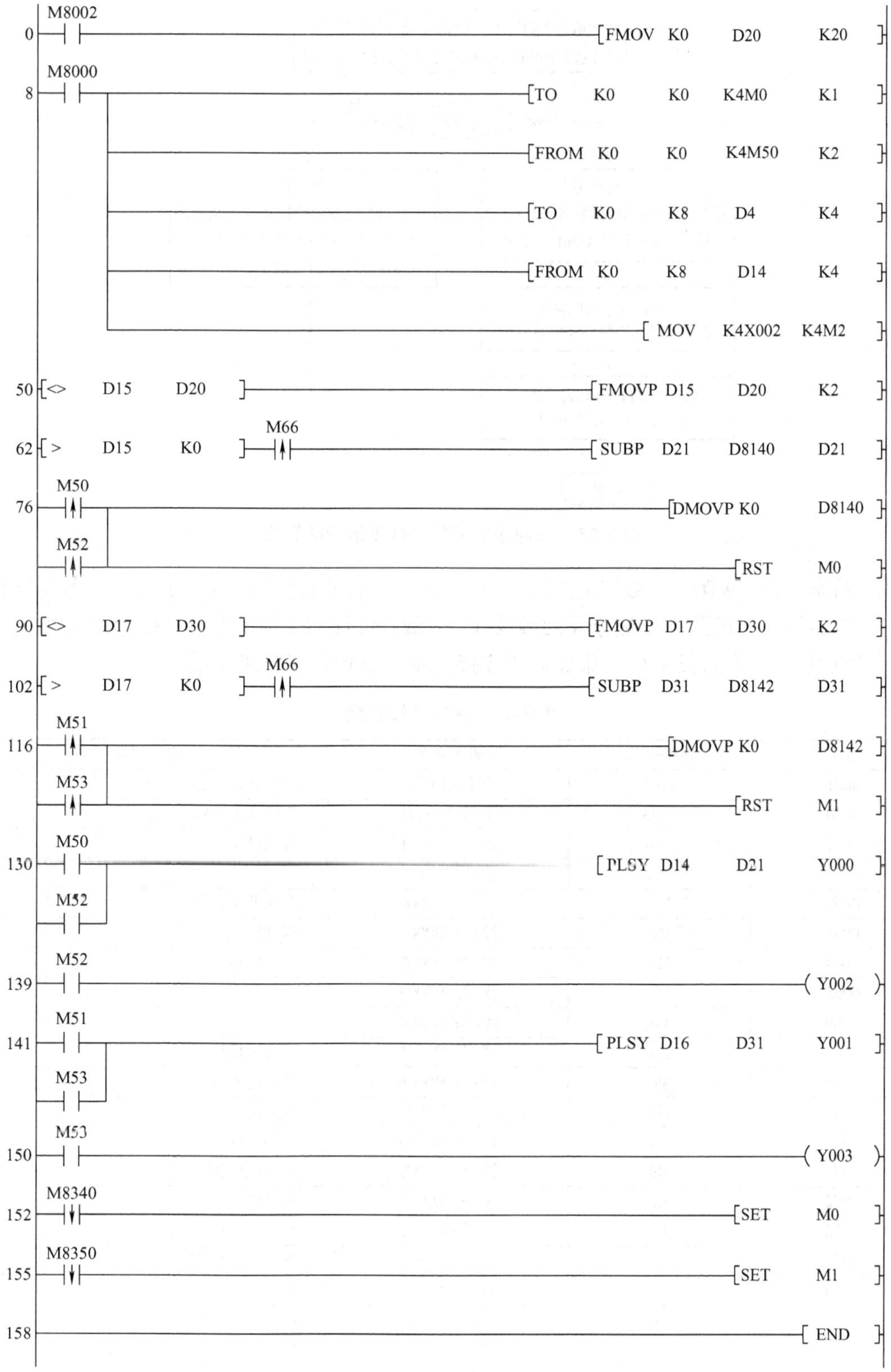

```
   M8002
0 ──┤├──────────────────────────────────────[FMOV  K0     D20    K20]
   M8000
8 ──┤├──────────────────────────────────[TO    K0     K0     K4M0   K1]
       │
       ├───────────────────────────────[FROM  K0     K0     K4M50  K2]
       │
       ├───────────────────────────────[TO    K0     K8     D4     K4]
       │
       ├───────────────────────────────[FROM  K0     K8     D14    K4]
       │
       └───────────────────────────────────[MOV   K4X002  K4M2]

50 ─[<>  D15   D20]──────────────────────────[FMOVP  D15    D20    K2]

                         M66
62 ─[>   D15   K0]───────┤↑├─────────────────[SUBP   D21    D8140  D21]

   M50
76 ──┤↑├────────────────────────────────────[DMOVP  K0     D8140]
   M52
   ──┤↑├────────────────────────────────────────────[RST    M0]

90 ─[<>  D17   D30]──────────────────────────[FMOVP  D17    D30    K2]

                         M66
102 ─[>  D17   K0]───────┤↑├─────────────────[SUBP   D31    D8142  D31]

    M51
116 ──┤↑├───────────────────────────────────[DMOVP  K0     D8142]
    M53
    ──┤↑├───────────────────────────────────────────[RST    M1]

    M50
130 ──┤├──────────────────────────────[PLSY  D14    D21    Y000]
    M52
    ──┤├──

    M52
139 ──┤├──────────────────────────────────────────────────( Y002 )

    M51
141 ──┤├──────────────────────────────[PLSY  D16    D31    Y001]
    M53
    ──┤├──

    M53
150 ──┤├──────────────────────────────────────────────────( Y003 )

    M8340
152 ──┤↓├─────────────────────────────────────────[SET    M0]

    M8350
155 ──┤↓├─────────────────────────────────────────[SET    M1]

158 ─────────────────────────────────────────────────[END]
```

图 8-24 从站 PLC（2）控制程序

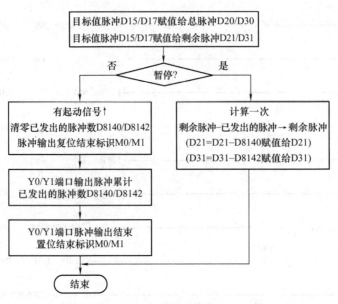

图 8-25 脉冲输出暂停后恢复运行的算法

"通信波特率"为"9600","数据位位数"为"8位","停止位位数"为"1位","数据校验方式"为"奇校验"。设置"三菱_Q 系列编程口"参数:设置 PLC 类型为"三菱_Q02UCPU"。

[学生练习] 按照表 8-11,添加通道连接变量,设置快速连接变量。

表 8-11 通道连接变量

索引	连接变量	通道名称	功能说明
0001	X101	只读 X0101	调试起动按钮 SB1
0030	X133	只读 X012D	急停开关 SA1
0031	Y101	读/写 Y0101	调试灯 1
0061	Y135	读/写 Y012F	
0062	M0	读/写 M0000	选择调试按钮
0063	M1	读/写 M0001	调试标识
0064	M2	读/写 M0002	自动标识
0065	M3	读/写 M0003	
0066	M4	读/写 M0004	
0067	M5	读/写 M0005	温度过低标识
0068	M6	读/写 M0006	设备越程标识
0069	M7	读/写 M0007	低液位标识
0070	M8	读/写 M0008	中液位标识
0071	M9	读/写 M0009	高液位标识
0072	L1	读/写 L0001	调试电动机 M1 指示
0073	L2	读/写 L0002	调试电动机 M2 指示
0074	L3	读/写 L0003	调试电动机 M3 指示
0075	L4	读/写 L0004	调试电动机 M4 指示
0078	D0	读/写 DWUB0000	调试选择 ID
0079	D1	读/写 DWUB0001	伺服电动机速度设定/(r/min)
0080	D2	读/写 DWUB0002	步进电动机速度设定/(r/min)
0081	D3	读/写 DWUB0003	当前货物重量/(kg)

(续)

索引	连接变量	通道名称	功能说明
0088	D90	读/写 DWUB0090	暂存货物总重量
0089	D91	读/写 DWUB0091	A1 货物总重量
0090	D92	读/写 DWUB0092	A2 货物总重量
0091	D93	读/写 DWUB0093	A3 货物总重量
0092	D94	读/写 DWUB0094	B1 货物总重量
0093	D95	读/写 DWUB0095	B2 货物总重量
0094	D96	读/写 DWUB0096	B3 货物总重量
0095	D97	读/写 DWUB0097	C1 货物总重量
0096	D98	读/写 DWUB0098	C2 货物总重量
0097	D99	读/写 DWUB0099	C3 货物总重量
0098	D124	读/写 DWUB0124	伺服电动机速度
0099	D126	读/写 DWUB0126	步进电动机速度

3. 窗口定义

新建4个窗口。窗口0——欢迎界面，窗口1——手动调试界面，窗口2——自动运行界面，窗口3——报警界面。

4. 组态窗口0

按图8-2所示，组态窗口0。单击欢迎界面任一位置，触摸屏即进入手动调试界面的设置方法。

执行"主控窗口"→"系统属性"→"基本属性"命令，打开"基本属性"选项卡，"封面窗口"选择"窗口0"，"封面显示时间"选择"0"；打开"启动属性"选项卡，将"窗口1"增加到"自动运行窗口"列表中。设置完毕后单击"确认"退出。

5. 组态窗口1

（1）组态画面

按图8-3所示，组态窗口1。窗口1控件属性设置见表8-12。

表8-12 窗口1控件属性设置一览表

控件名称	插入元件名称	连接类型	连接表达式	功能说明
货物传送带电动机	指示灯3	可见度	L1	
托盘传送带电动机	指示灯3	可见度	L2	
伺服电动机	指示灯3	可见度	L3	
步进电动机	指示灯3	可见度	L4	
调试选择按钮	按钮82	按钮输入	M0	
伺服电动机速度	输入框	操作属性	D1	最小值为60，最大值为150
步进电动机速度	输入框	操作属性	D2	最小值为60，最大值为150
SB1	椭圆	填充颜色	X101	0—红色，1—绿色
SA1	椭圆	填充颜色	X133	0—红色，1—绿色
当前调试电动机	动画显示	显示变量	D0	显示属性：开关，数值型

当前调试电动机的"动画显示"构件属性设置如下。

基本属性：填充颜色为"灰色"；外形图像删除；文本列表设置如下。

- 分段点1：货物传送带电动机。
- 分段点2：托盘传送带电动机。

- 分段点3：伺服电动机。
- 分段点4：步进电动机。

(2) 组态脚本

1) 窗口1启动脚本。

M1 = 1
M2 = 0

2) 窗口1循环脚本。

IF M2 = 1 THEN
用户窗口. 窗口2. Open( )
ENDIF

D124 = (D1/60) * 1600
D126 = (D2/60) * 1000

IF D1 > = 60 AND D1 < = 150 THEN
M7 = 1
ELSE
M7 = 0
ENDIF
IF D2 > = 60 AND D2 < = 150 THEN
M8 = 1
ELSE
M8 = 0
ENDIF

6. 组态窗口2

(1) 组态画面

按图8-5所示，组态窗口2。窗口2控件属性设置见表8-13。

表8-13 窗口2控件属性设置一览表

控件名称	插入元件名称	连接类型	连接表达式	功能说明
当前货物重量	标签	显示输出	D3	填充色：白色，数值量输出
A区一层	标签	显示输出	D91	填充色：白色，数值量输出
A区二层	标签	显示输出	D92	填充色：白色，数值量输出
A区三层	标签	显示输出	D93	填充色：白色，数值量输出
B区一层	标签	显示输出	D94	填充色：白色，数值量输出
B区二层	标签	显示输出	D95	填充色：白色，数值量输出
B区三层	标签	显示输出	D96	填充色：白色，数值量输出
C区一层	标签	显示输出	D97	填充色：白色，数值量输出
C区二层	标签	显示输出	D98	填充色：白色，数值量输出
C区三层	标签	显示输出	D99	填充色：白色，数值量输出

（2）组态脚本

1）窗口2启动脚本。

M1 = 0
M2 = 1

2）窗口2循环脚本。循环时间为10ms。

IF M5 = 1 THEN
!OpenSubWnd（窗口3, 250, 160, 300, 150, 1）
ELSE
用户窗口.窗口3.Close( )
ENDIF

7. 组态窗口3

在窗口3，绘制一个凸平面，坐标为[H:0]、[V:0]，尺寸为[W:300]、[H:150]。添加标签，文字为"托盘用完，请放入托盘"。添加警告标识。效果如图8-26所示。

报警子窗口3用窗口2的循环脚本打开和退出。

图8-26 报警子窗口3

8.3 立体仓库控制系统的安装与调试

8.3.1 立体仓库控制系统的安装与接线

1. 控制系统的设备安装

本系统使用三台PLC。型号为FX_{3U}-32MR的PLC（1）带FX_{3U}-32CCL模块和FX_{3U}-3A-ADP模拟量模块、变频器E700安装在控制单元前挂板上。型号为Q00UCPU的PLC（0）带RJ61BT11N通信模块、型号为FX_{3U}-32MR的PLC（2）带FX_{3U}-32CCL模块安装在控制单元后挂板上。安装位置参照图1-5。

2. 控制系统的接线

[学生练习] 按以下要求完成任务8的接线，并记录接线过程中的问题及采取的措施。

按照图8-9所示，连接三台PLC的配电线路。

按照图8-10所示，连接三个通信模块的通信线和配电线。

按照图8-11和图8-12所示，连接从站PLC（1）的按钮和现场行程开关输入控制线。

按照图8-13和图8-14所示，连接从站PLC（1）的指示灯输出、接触器线圈和变频器输出控制线。注意指示灯和接触器是AC 220V供电器，变频器是DC 24V供电。

按照图8-15和图8-16所示，连接从站PLC（2）的传感器、限位开关和暂停开关输入控制线。

按照图8-17和图8-18所示，连接从站PLC（2）的高速脉冲输出控制线，连接伺服驱动器和步进驱动器的控制线。

按照图8-19所示，连接模拟量模块的输入信号线。

按照图8-20所示，连接控制系统的主电路。

注意，步进驱动器是 DC 24V 供电。

8.3.2 立体仓库控制系统的运行调试

1. 程序下载

1）确认 USB 下载线（或者 RJ45 网线）连接完好，打开 MCGS 组态工程"任务 8 立体仓库控制系统"，完成组态下载。

2）主站程序下载。确认三菱 Q 系列 PLC 编程电缆（USB-Q Mini B 型）连接良好，主站 Q00UCPU 已上电。打开"任务 8 主站 Q 程序"工程，完成主站程序的下载。

3）从站程序下载。确认三菱 FX 系列 PLC 编程电缆 USB-SC09-FX 连接良好，从站 FX_{3U} CPU 均已上电。确认 PC 的 COM 端口号与 USB-SC09-FX 下载线实际插口的编号一致，完成从站 PLC（1）程序和从站 PLC（2）程序的下载。

2. 调试准备工作

1）进行电气安全方面的初步检测，确认控制系统没有短路、导线裸露、接头松动和有杂物等安全隐患。

2）用 TPC-Q 数据线将 MCGS 触摸屏与 Q00UCPU 连接好，确认触摸屏显示正常。

3）确认 PLC 的各项指示灯是否正常。

4）[学生练习]对照表 8-2，打点确认 PLC（1）的输入接线和输出接线是否正确。

5）[学生练习]对照表 8-3，打点确认 PLC（2）的输入接线和输出接线是否正确。

注意应逐一进行强制性输出打点：输出打点正确后，再给主电路供电。变频电动机、步进电动机和伺服电动机打点时一定要小心，务必用低速测试。

6）手动调试伺服电动机，将小车移动到 SQ1 位置。

[学生练习]参照图 6-5 寸动模式操作步骤，设定参数 P2-30 为 1（辅助机能），参数 P4-05 为 125（默认寸动速度），按下 UP 或者 DOWN 键，使伺服电动机驱动小车移动到 SQ1 位置。

7）[学生练习]观察 QJ61BT11 模块的 LED 指示灯，确认主模块通信指示正常。

8）观察两个 FX_{2N}-32CCL 模块的 LED 指示灯，确认从站通信指示正常。

3. 运行调试

[学生练习]按照表 8-14 所列的项目和顺序进行检查调试。检查正确的项目，请在结果栏记"√"；出现异常的项目，在结果栏记"×"，记录故障现象，小组讨论分析，找到解决办法，并排除故障。

自动运行模式下，当变频电动机 M1 开始运行，或者运行结束后，若托盘传送带上无托盘，在触摸屏中自动弹出报警信息，如图 8-27 所示。

表 8-14 任务 8 运行调试小卡片

序号	检查调试项目	结果	故障现象	解决措施
1	电气安全检测			
2	通信检测			
3	PLC（1）输入打点			
4	PLC（1）输出打点			
5	PLC（2）输入打点			
6	PLC（2）输出打点			

(续)

序号	检查调试项目	结果	故障现象	解决措施
7	变频器参数设置及电动机运转方向			
8	伺服驱动器参数设置及小车点动复位			
9	步进驱动器参数设置			
10	触摸屏欢迎界面自动切换			
11	通信测试			
12	调试选择按钮操作			
13	货物传送带电动机调试			
14	托盘传送带电动机调试			
15	伺服电动机速度设定及调式			
16	伺服电动机调试运行时急停			
17	步进电动机速度设定及调试			
18	当前调试电动机的显示			
19	当前货物重量的输入			
20	无托盘报警调试			
21	货物传送 A1 调试			
22	货物传送 A2 调试			
23	货物传送 A3 时急停调试			
24	货物传送 B1 调试			
25	货物传送 B2 调试			
26	货物传送 B3 时停止调试			
27	货物传送 C1 调试			
28	货物传送 C2 调试			
29	货物传送给 A1~C2 中某个未满仓位的调试			
30	货物传送 C3 调试			
31	仓满报警调试			
32	仓满后,减小当前货物重量至报警信息消失			

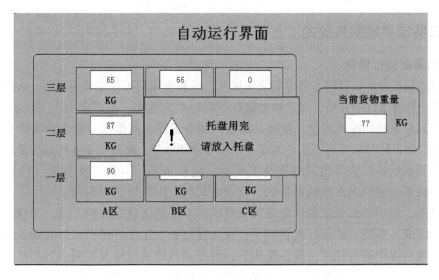

图 8-27 报警调试效果

任务9　自动涂装控制系统的安装与调试

知识目标：
- 熟悉自动涂装控制系统的工艺要求；
- 掌握用户登录界面的设计方法；
- 掌握浮点数运算和HMI显示方法；
- 理解CC-Link通信中占有站数目的设置；
- 掌握系统运行时封锁触摸屏数据输入的方法；
- 掌握模拟量电流和电压输入、电压输出的处理；
- 掌握伺服和步进同步运行的解决方案。

能力目标：
- 能根据工艺要求设计自动涂装控制系统的硬件电路；
- 能根据工艺要求设计自动涂装控制系统的PLC控制程序；
- 能根据工艺要求设计自动涂装控制系统的触摸屏程序；
- 能完成硬件接线并测试接线的正确性；
- 会根据现场信号和运行情况调试及优化控制程序；
- 会撰写本任务的运维用户使用手册。

9.1　自动涂装控制系统工艺

9.1.1　自动涂装控制系统的工艺要求

1. 控制系统运行说明

在工件涂装过程中，有很多环节如涂装混合、涂装传输和工件涂装等环节，大多存在易燃易爆、有毒、有腐蚀性的介质，对人体健康有不同程度的危害，不适合由人工现场实时操作。本系统借助PLC来控制涂料混合、传输及定点涂装等工序，对提高企业生产和管理自动化水平有很大的帮助，同时又提高了生产效率、使用寿命和质量，减少了企业产品质量的波动。

自动涂装系统的结构及组成如图9-1所示。包括A阀、B阀、搅拌机、供料阀、储存罐、喷涂进料泵、喷涂高度控制电动机、转盘电动机、排风扇、排料阀。

由图可知，自动涂装系统整体由三部分组成，其分别为进料混料工段、储料工段、涂装工段三部分组成。系统自动运行过程如下：首先按照被加工工件要求对供料阀A与供料阀B控制，并在混料罐中进行搅拌，搅拌完成后，根据储料罐液位情况控制供料阀状态以及涂装工段运行情况，涂装工段需要顺序完成先后两部分动作，具体动作如下。

1) 带状涂装。喷涂高度控制电动机定位在SQ2处，转盘电动机定位在起始喷涂位置。起动喷涂进料泵开始对工件涂装，同时转盘电动机从起始位置转至结束位置（参数由HMI

设定），动作结束。

2）全涂装。喷涂高度控制电动机定位在 SQ1 处，转盘电动机定位在零点位置。开始喷涂作业，喷涂高度控制电动机从 SQ1 运行 SQ3 处，同时转盘电动机旋转 360°后，涂装工段动作结束。

3）结束后，涂装高度电动机与转盘电动机自动恢复至初始位置。

在涂装工段运行期间，排风扇保持低速或高速运行，排料阀同时打开。

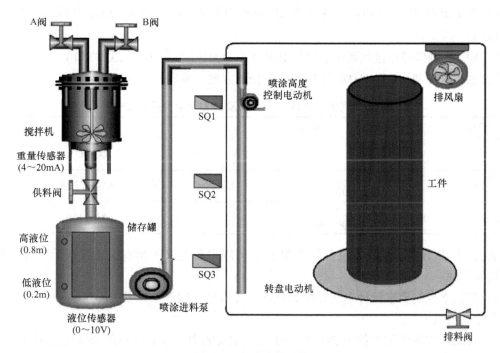

图 9-1 自动涂装系统

自动涂装系统由以下电气控制回路组成。

1）混料搅拌机的控制。由三相异步电动机 M1 驱动，单向正转运行，需考虑过载保护。

2）喷涂进料泵的控制。由三相异步电动机 M2 驱动，变频器进行无级调速控制。变频器输出频率与工件直径对应关系如下：

- 工件直径 $D<60\text{cm}$ 时，变频器输出频率 $f=50\text{Hz}$；
- $60\text{cm}\leqslant$ 工件直径 $D\leqslant120\text{cm}$ 时，变频器输出频率 $f=50-(D-60)/2$。

电动机加速时间为 1.5s，减速时间为 0.5s。

3）喷涂高度的控制。由步进电动机 M3 驱动，带动丝杠运行。已知直线导轨的螺距为 $P_\text{B}=4\text{mm}$，使用旋转编码器（$R_3=1000\text{PPR}$）对小车位置进行检测。步进电动机参数设置为：步进电动机旋转一周需要 4000 个脉冲。

4）工件旋转台的控制。由伺服电动机 M4 驱动。伺服电动机参数设置为：伺服电动机旋转一周需要 2000 个脉冲，减速比为 36∶1。

5）工件涂装仓排风扇的控制由双速电动机 M5 驱动。

其中搅拌电动机 M1 与排风电动机 M5 的控制信号由 PLC 输出后，经中间继电器 KA 实现控制回路的交直流隔离放大后，驱动接触器 KM。

储存罐有效储液高度为 0~1m，使用投入式液位传感器进行液位高度测量（以控制柜正面的模拟量 0~10V 模拟，0~10V 对应 0~1m）；喷涂高度控制电动机由三个位置预置点（SQ1~SQ3）控制喷涂位置；混料罐 A、B 涂料的进料累计重量由重量传感器确定（传感器量程为 0~30kg，以模拟量 4~20mA 模拟输入）。

电动机转向规定为：确认转轴后，顺时针旋转为正向、逆时针旋转为反向。

2. 控制系统设计要求

1）本系统使用三台 PLC。网络指定 Q00UCPU 为主站，2 台 FX_{3U} 为从站，用 CC-Link 组网。

2）MCGS 触摸屏连接到系统的主站 PLC 上（Q00UCPU 的 RS-232 端口）。

3）电动机控制、I/O、HMI 与 PLC 组合分配方案，见表 9-1。

表 9-1 现场 I/O 信号、HMI 及 PLC 组合分配一览表

序号	现场对象	PLC
1	HMI SB1~SB2	Q00UCPU
2	M1、M5 HL1、HL2、HL4	FX_{3U}-32MR
3	M2、M3、M4、PG SQ1~SQ3、SQ4、SQ5	FX_{3U}-32MT

电流及电压模拟量输入以及急停按钮 SA1 可以自行定义。所有按钮及指示灯应使用控制柜正面元件。

4）根据本控制要求设计电气控制原理图，并将电气原理图以及各个 PLC 的 I/O 接线图绘制在标准图纸上。

5）将编程中所用到的各个 PLC 的 I/O 点、主要的中间继电器和存储器地址填入 I/O 分配表中。

6）根据所设计的电路图完成元器件和电气线路的安装和连接。不得擅自更改设备中已有器件的位置和线路。

3. 系统控制要求

自动涂装控制系统设备具备两种工作模式。模式一：调试模式；模式二：自动涂装模式。

（1）用户登录界面

设备上电后触摸屏显示用户登录界面，如图 9-2 所示。设置用户权限，输入用户名 Admin 及密码 123 后进行登录，触摸屏即进入模式选择界面，可以选择进入调试或自动涂装模式，如图 9-3 所示。输入用户名 User 及密码 321 进行登录后，触摸屏只能进入自动涂装模式。

（2）调试模式

触摸屏进入调试界面后，指示灯 HL1、HL2 以 0.5Hz 的频率闪烁，等待电动机调试。调试模式界面可以参考图 9-4 进行设计。通过按下"调试选择按钮"，可依次选择需要调试的电动机 M1~M5，对应电动机指示灯亮，指示灯 HL1、HL2 停止闪烁。按下调试起动按钮 SB1，被选中的电动机将进行调试运行。每个电动机调试完成后，触摸屏上对应的指示灯

熄灭。

图 9-2 用户登录界面

若电动机 M1~M5 未调试完,"自动模式"按钮处于红色状态,即无法进入自动模式。

1)搅拌电动机 M1 调试过程。

按下起动按钮 SB1 后,电动机 M1 起动运行,运行 4s→停止 2s,循环 3 个周期后停止;电动机 M1 调试结束。电动机 M1 调试过程中,HL4 灯常亮,调试完成后 HL4 灯熄灭。

2)喷涂进料泵(变频电动机)M2 调试过程

图 9-3 模式选择界面

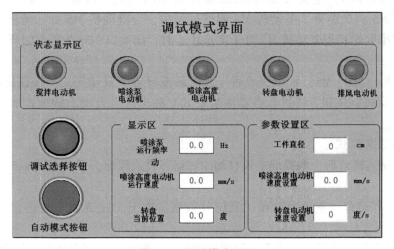

图 9-4 调试模式界面

在触摸屏输入工件直径(40cm≤D≤120cm)后按下起动按钮 SB1,变频电动机 M2 正向运行 4s,变频器输出频率按照工件直径与频率对应关系确定。运行过程中按下停止按钮 SB2,电动机 M2 停止运行;再按下起动按钮 SB1 时,电动机 M2 继续之前的状态运行直至电动机运行时间到达。电动机 M2 调试过程中,HL4 灯以 1Hz 的周期闪烁,调试结束后 HL4 灯熄灭。

喷涂进料泵电动机运行频率应在触摸屏相应位置显示（保留一位小数）。

3）喷涂高度控制电动机（步进电动机）M3 调试过程

调试前将步进电动机 M3 手动调至 SQ2 与 SQ3 之间，然后在触摸屏上设置步进电动机的运行速度（设定范围为 4.0~12.0mm/s，精确到小数点后一位）。按下起动按钮 SB1，电动机 M3 自动回到初始位置 SQ1。到达后由 SQ1 位置开始运行，运行过程如下。

在 SQ1 位置等待 2s 开始向 SQ2 运行，在 SQ2 位置停止 2s 后运行至 SQ3，在 SQ3 位置停止 2s 后返回 SQ1，返回速度为设定运行速度的 1.5 倍。在执行过程任意时间，按下停止按钮 SB2，电动机 M3 在当前位置停止运行，HL4 灯以 2Hz 的频率闪烁；再按下起动按钮 SB1 后，电动机 M3 继续当前动作，直至电动机 M3 调试过程结束。

电动机 M3 调试过程中，当电动机 M3 由 SQ1 向 SQ3 运动时 HL1 灯常亮，返回 SQ1 的过程中 HL2 灯常亮，调试结束后 HL1、HL2 灯均熄灭。

步进电动机运行速度应在触摸屏中显示（单位：mm/s）。

喷涂高度传感器位置参考图 7-4。

4）转盘电动机（伺服电动机）M4 调试过程

首先在触摸屏上设置转盘的旋转速度（设定范围为 6.0°/s~12.0°/s，精确到小数点后一位），按下起动按钮 SB1，转盘正向运行 10°，停止 2s；再正向运行 20°，停止 2s；然后反向运行 30°回到起始位置，转盘电动机 M4 调试结束。此过程中转盘电动机 M4 按照设定的速度沿要求方向旋转相应角度（需要考虑减速比 36:1）。电动机 M4 调试过程中，HL4 灯以亮 2s、灭 1s 的周期闪烁，调试结束后 HL4 灯熄灭。

转盘的实时位置应在触摸屏中显示（单位：°）。

5）排风扇电动机（双速电动机）M5 调试过程

按下起动按钮 SB1，电动机 M5 以低速运行 3s 后转换到高速运行，高速状态运行 5s 后停止，电动机 M5 调试结束。电动机 M5 调试过程中，当电动机 M5 处于低速状态时，HL4 灯以 1Hz 的频率闪烁；当电动机 M5 处于高速状态时，HL4 以 2Hz 的频率闪烁；当调试结束后 HL4 灯熄灭。

所有电动机（M1~M5）调试完成后（此时触摸屏中"自动模式"按钮由红变绿），然后按下"自动模式"按钮，将进入自动涂装模式。在未进入自动涂装模式前，单台电动机可以反复调试。

(3) 自动涂装模式

进入自动涂装模式后，触摸屏进入自动涂装运行模式画面，可参考图 9-5 进行设计。界面要求如下。

1）触摸屏界面有"主界面"和"复位"按钮。按下"主界面"按钮，可以重新进入用户登录。

2）工件设置区。选择工件类型，设置工件直径、喷涂带区域起始位置以及结束位置。

3）参数显示区。显示混料罐混合涂料实时重量、转盘的实时位置、喷涂泵电动机运行频率和喷涂高度电动机速度。

4）喷头位置显示区。实时显示喷头的位置情况。

5）储存罐显示区。实时显示储存罐中液位状态变化情况。

6）状态显示区。显示阀门和各个电动机的动作运行状态。

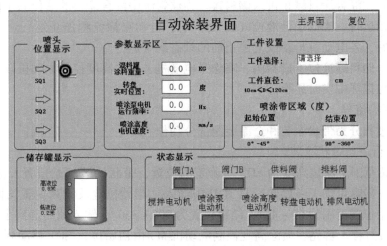

图9-5 自动涂装模式界面

自动涂装工艺流程与控制要求如下。

1) 系统状态初始化。

进入自动涂装模式后,按下复位按钮,喷涂高度电动机M3自动回到初始位置SQ1,触摸屏转盘实时角度数值清零,储存罐中液位为零,混料罐中涂料重量为零,各电动机处于停止状态,完成以上动作后运行指示灯HL4灯以1Hz的频率闪烁表示系统已满足自动运行的初始条件。

2) 运行操作。

HL4灯以1Hz的频率闪烁的状态下进行工件选择(从下拉菜单中选择甲类或乙类工件,"工件选择"菜单初始状态为空白状态),输入工件直径(40cm≤D≤120cm)和喷涂带区域起始位置(起始位置应在0°~45°之间,结束位置应在90°~360°之间)。按下起动按钮SB1,系统开始自动运行,自动运行过程中运行指示灯HL4常亮。

3) 进料及混料流程。

当混料罐中混合涂料剩余重量小于0.2kg时,供料阀关闭,进料阀A和进料阀B依次打开,A、B两种涂料开始依次进入混料罐。涂料进料量以混料罐底部安装的重量传感器(传感器感应的重量为0~30kg,由电流模拟量4~20mA模拟输入)感应结果并进行控制。甲类工件所需混合涂料中,涂料B重量为涂料A重量的1.5倍。乙类工件所需混合涂料中,涂料B重量为涂料A的0.75倍。涂料A进料开始后,当重量传感器感应的重量达到10kg时,进料阀A关闭,涂料A停止进料;同时进料阀B打开,涂料B开始进料,当重量传感器感应到罐内涂料总重量达到要求(根据配方重量关系)时,进料阀B关闭,涂料B停止进料。然后搅拌电动机M1开始运转,搅拌6s后,电动机M1停止运行。当进料阀A开启之后,直至混料电动机动作完成的过程中,供料阀保持关闭状态。

此过程中混料罐涂料重量、阀门A、阀门B、供料阀以及搅拌电动机动作状态应在触摸屏中实时显示。

4) 供料及储料流程。

当储料罐中所储存的混合涂料液位低于高液位(0.8m),且混料罐中混料电动机完成混料操作的状态下,供料阀打开,混合涂料由混料罐进入储料罐。当混合涂料液位高于高液位时，供料阀关闭，混合涂料停止进入储料罐。当储料罐中混合涂料的液位高于低液位时，自动喷涂流程开始运行。当低于低液位（0.2m）时，自动喷涂流程停止运行。待混合涂料液位高于低液位后，各电动机自动恢复停止前的状态继续运行。

此过程中，储料罐液位、进料阀、喷涂泵电动机、喷涂高度控制电动机以及转盘电动机运行状态应在触摸屏中实时显示。

5）自动喷涂流程。

自动喷涂过程分为带状涂装和全涂装两部分动作。

① 首先进行一条带状涂装。

● 带状涂装范围。涂装高度为 SQ2 所确定的位置，带状涂装起始位置及涂装区域（工件固定在转盘，转盘带动工件旋转）从 HMI 中输入（起始位置及结束位置均由所输入的角度值确定，起始位置范围为 0°~45°；结束位置为 90°~360°，输入值精确到个位）。

● 带状涂装过程。首先，喷涂高度控制电动机 M3 由初始位置 SQ1 移动到 SQ2，电动机运行速度为 10mm/s；然后，转盘电动机 M4 旋转至喷涂起始位置（由 HMI 中输入值决定，旋转速度为 10°/s）。喷涂泵电动机 M2 开始运行，同时转盘电动机 M4 继续旋转至喷涂结束位置（由 HMI 中输入值决定）后停止，转台旋转速度为 10°/s。到达结束位置后，喷涂泵电动机 M2 停止运行，完成带状涂装任务。

● 带状涂装完成后，高度控制电动机 M3 自动回到 SQ1 位置，转盘电动机 M4 反向旋转，旋转角度为结束位置设定角度值。此过程中，高度控制电动机 M3 运行，喷涂泵电动机 M2 停止动作。

② 然后进行全涂装。

高度控制电动机 M3 与转盘电动机 M4 均回到初始位置。等待 2s 后，高度控制电动机 M3 与转盘电动机 M4 同时开始运行，喷涂泵电动机 M2 开始持续运行。高度控制电动机 M3 由 SQ1 运行至 SQ3，转盘电动机 M4 正向旋转 360°，运行周期为 20s，高度控制电动机 M3 与转盘电动机 M4 应同步运行完成（即高度控制电动机 M3 与转盘电动机 M4 同时开始运行，且同时到达结束位置），同时喷涂泵电动机 M2 停止运行。全涂装运行完毕后，高度控制电动机 M3 返回初始位置 SQ1，转盘电动机 M4 反向旋转 360°。

自动涂装过程中，喷头高度位置、转盘实时位置、喷涂泵电动机运行频率、喷涂高度电动机速度、喷涂泵电动机状态、喷涂高度电动机状态及转盘电动机状态在触摸屏中实时显示。

6）排风及排料流程。

① 为避免排风气流对涂装质量产生影响，对排风扇控制要求如下。

在喷涂泵电动机 M2 工作时，排风电动机 M5 处于低速运行状态。喷涂泵电动机 M2 停止工作时，排风电动机 M5 切换至高速运行状态，涂装过程全部完成后，排风电动机 M5 继续保持高速运行 10s 后停止。

② 为防止涂装室因积液过多造成工件质量下降，排料阀控制要求如下。

当自动喷涂过程开始时排料阀启动，全部涂装过程完成后继续保持开启状态 10s 后关闭。

此过程中排风电机以及排料阀状态应在触摸屏中实时显示。

7）停止操作。

① 系统自动运行过程中，按下停止按钮 SB2，系统完成当前涂装动作后停止运行，HL1

常亮。当停止后,再次起动运行时,HL1 灯熄灭,系统保持上次运行的记录。

② 系统发生紧急事件,旋转急停按钮(SA1 闭合),系统立即停止,HL1 灯以 1Hz 的频率闪烁。急停恢复后(SA1 断开),再次按下起动按钮 SB1,触摸屏工件设置区域内所有设定参数清零,所有阀门以及电动机恢复到初始状态;将所有参数重新设定后系统从初始状态重新开始运行。

(4) 非正常情况处理

当步进电动机 M3 出现越程(左、右超行程位置开关分别为两侧微动开关 SQ5、SQ4),步进系统自动锁住,并在触摸屏上自动弹出"报警画面,设备越程"报警信息。单击触摸屏上任意位置解除报警后,系统重新恢复到初次登录后状态,单击"复位"按钮后所有设置参数置零且全部电动机恢复到初始状态,需重新在 HMI 上设置参数后再次运行。

9.1.2 自动涂装控制系统的工艺流程

1. 调试模式的工艺流程

根据控制要求,5 台电动机调试模式的工艺流程如图 9-6 所示。

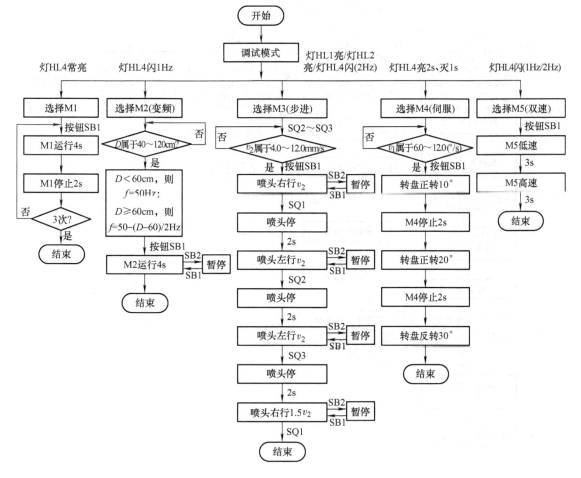

图 9-6 调试模式工艺流程图

2. 自动涂装模式的工艺流程

自动涂装模式的工艺流程如图 9-7 所示。包括系统复位操作、参数设置操作、进料及混

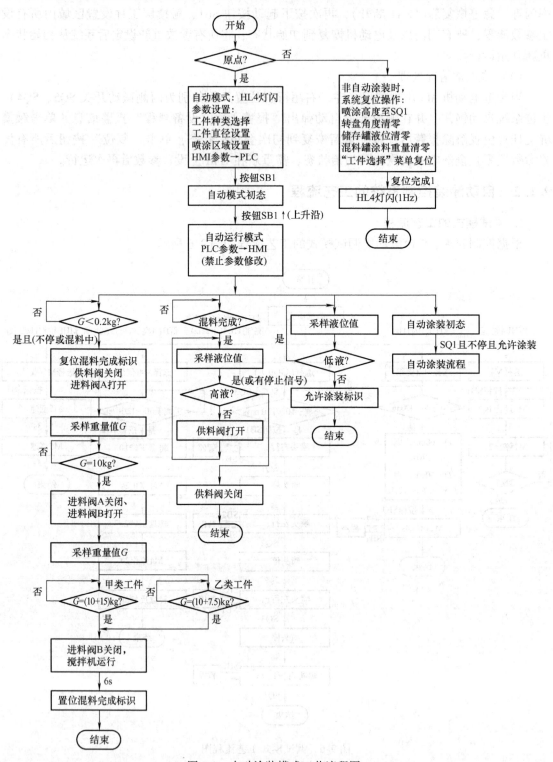

图 9-7 自动涂装模式工艺流程图

料流程、供料及储料流程、允许涂装起停控制和自动涂装流程等步骤。参数设置完毕，按下起动按钮 SB1，系统进入自动运行模式。

自动涂装流程如图 9-8 所示。分成自动涂装初始步 D70.0、运行到起始位置步 D70.1、带涂装步 D70.2、第 1 次返回步 D70.3、全涂装步 D70.4 和第 2 次返回步 D70.5。待排风流

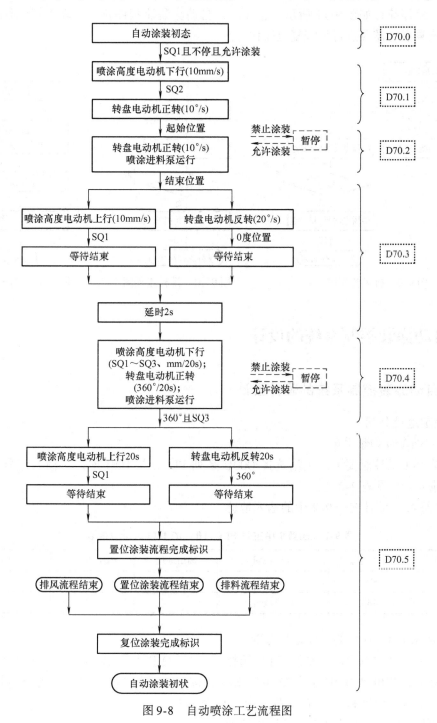

图 9-8 自动喷涂工艺流程图

程和排料流程均完成后,才能返回自动涂装初始状态。

在运行到起始位置步 D70.1、带涂装步 D70.2、全涂装步 D70.4,当有禁止涂装信号时,执行暂停操作。

排风流程如图 9-9 所示,排料流程如图 9-10 所示。这两个流程实质上是一个断电延时控制程序。急停流程如图 9-11 所示。急停时,自动涂装流程停止,自动进行流程的输出复位。急停恢复后,需要进行系统复位操作。

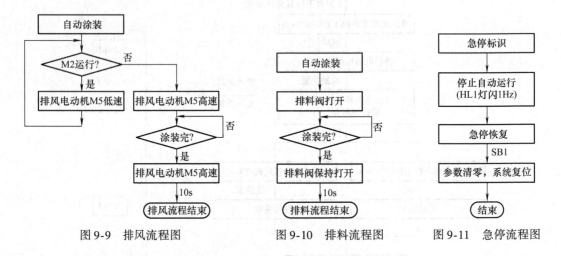

图 9-9 排风流程图　　图 9-10 排料流程图　　图 9-11 急停流程图

9.2 自动涂装控制系统的设计

9.2.1 自动涂装控制系统的硬件设计

1. 确定地址分配

(1) 主站 I/O 地址分配

根据表 9-1 及控制要求,主站选择 Q00U 系列 PLC,与 HMI 连接,输入信号有 2 个按钮。I/O 地址分配见表 9-2。

[学生练习] 请补充表 9-2 中的输入地址。

表 9-2　任务 9 中主站 PLC (0) 的 I/O 地址分配表

输入地址	输入信号	功能说明	输出地址	输出信号	功能说明
	SB1	起动按钮			
	SB2	停止按钮			

(2) 从站 PLC (1) 的 I/O 地址分配

根据表 9-1 及控制要求,从站 (1) 选择 FX_{3U}-32MR/ES-A 型 PLC。输出信号有指示灯 3 个,还有搅拌电动机 M1 正转继电器 KA1,排风电动机 M5 的高、低速继电器 KA3 和 KA4 等 3 个。I/O 地址和 CC-Link 地址分配见表 9-3。

[学生练习] 请补充表 9-3 中的输出地址。

表9-3 任务9中从站PLC (1) 的I/O地址和CC-Link地址分配表

输入地址	输入信号	功能说明	CC-Link	输出地址	输出信号	功能说明	CC-Link
					HL1	调试灯1/停止灯/报警灯	Y101
					HL2	调试灯2	Y102
					HL3	空	Y103
					HL4	调试灯4/运行灯	Y104
					KA1	搅拌电动机M1正转继电器	Y108
					KA2	空	Y109
					KA3	排风电动机M5低速继电器	Y10A
					KA4	排风电动机M5高速继电器	Y10B

(3) 从站PLC (2) 的I/O地址分配

根据表9-1及控制要求，从站 (2) 选择FX_{3U}-32MT/ES-A型PLC。输入信号有编码器PG的A、B相高速输入2个，涂装位置传感器信号3个，左右限位开关2个，从站测速信号1个，急停开关信号1个。输出信号有控制伺服驱动器和步进驱动器的信号4个，控制变频器的信号1个。I/O地址和CC-Link地址分配见表9-4。由于高速脉冲信号不能在CC-Link中传送，所以用Y120/Y122表示伺服左/右移动，用Y121/Y123表示步进正/反转。用Y130发送暂停信号给从站 (2)，用X120发送Y0脉冲结束信号给主站，X121发送Y1脉冲结束信号给主站。变频电动机的速度由PLC (2) 的模拟量输出提供。

[学生练习] 请补允表9-4中的I/O地址。

表9-4 任务9中从站PLC (2) 的I/O和CC-Link地址分配表

输入地址	输入信号	功能说明	CC-Link	输出地址	输出信号	功能说明	CC-Link
	A	编码器A相	(X120)		/PULSE	伺服驱动器脉冲	(Y120)
	B	编码器B相	(X121)		PLS-	步进驱动器脉冲	(Y121)
	SQ1	初始位置传感器	X122		/SIGN	伺服驱动器方向	(Y122)
	SQ2	带状涂装位置传感器	X123		DIR-	步进驱动器方向	(Y123)
	SQ3	终止位置传感器	X124		STF	变频电动机M2正转起动	Y124
	SQ4	右限位开关	X125				
	SQ5	左限位开关	X126				
	X0	从站测速用					
	SA1	急停开关	X12D			暂停标识	Y130

(4) 从站PLC (2) 的模拟量地址分配

从站 (2) 通过网络与主站交换的模拟量数据及地址见表9-5。从站送给主站的模拟量数值有高速计数值、混料重量值、液位高度值、Y0输出脉冲累计值和喷涂高度控制电动机运行速度值5个。主站发送给从站的数值有伺服电动机速度、伺服驱动器脉冲数、步进电动机速度和变频电动机速度4个。

表9-5 任务9中从站PLC (2) 的模拟量地址分配表

内部地址	输入信号	功能说明	CC-Link
D4	高速计数	编码器值	D104
D5/D8260	输入通道1	混料重量（0~30kg），4~20mA	D105
D6/D8261	输入通道2	液位高度（0~1m），0~10V	D106
D7		Y0输出脉冲累计值的1/10（正转+，反转-）	D107
D8		1s内编码器脉冲数	D108
D14		伺服电动机速度	D124
D15		伺服驱动器脉冲数	D125
D16		步进电动机速度	D126
D18/D8262	输出通道	变频速度（0~50Hz），0~10V	D128

(5) 主站内部地址分配

主站 Q00U 系列 PLC 内部地址分配见表 9-6。

表 9-6 任务 9 中主站 PLC (0) 内部址分配表

内部继电器 M	功能说明	数据寄存器 D	功能说明	锁存继电器 L	功能说明
M0	调试选择按钮(HMI)	D0	调试选择 ID	L0	
M1	调试标识	D1	工件直径/cm(HMI)	L1	选择电动机 M1 调试
M2	自动标识	D2	变频器给定速度(Hz)	L2	选择电动机 M2 调试
M3	自动模式按钮(HMI)	D3	变频器实际速度(Hz)	L3	选择电动机 M3 调试
M4	复位按钮(HMI)	D4		L4	选择电动机 M4 调试
M5	喷涂区域设置完成标识	D5		L5	选择电动机 M5 调试
M6	设备越程标识	D6			
M7	伺服电动机速度合格标识	D7			
M8	步进电动机速度合格标识	D8	工件选择 ID(HMI)		
M9	工件直径合格标识	D9	工件选择 ID(PLC)		
M10	M1 调试中标识	D10	M1 运行标识		
M20	M2 调试中标识	D20	M2(变频)正转标识		
M30	M3 调试中标识	D30	M3(步进)右行标识		
M31	M3 右行 1 标识	D31	M3(步进)左行标识		
M32	M3 左行标识	D40	M4(伺服)运行标识		
M33	M3 右行 2 标识	D50	M5(双速)低速标识		
M40	M4 调试中标识	D51	M5(双速)高速标识		
M41	M4 正转 1 标识	D61	灯 1 标识		
M42	M4 正转 2 标识	D62	灯 2 标识		
M43	M4 反转标识	D64	灯 4 标识		
M50	M5 调试中标识				
M60	调试完成标识	D70	自动涂装步进状态字		
M61	M1 调试结束				
M62	M2 调试结束	D80	自动涂装步进控制字		
M63	M3 调试结束				
M64	M4 调试结束	D104	编码器值 int		
M65	M5 调试结束	D105	混合液重量(数值)int		
M70	急停标识	D106	液位高度(数值)int		
M71	复位标识	D107	Y0 脉冲累计(正负)(1/10)		
M72	停止标识	D108	编码器 1s 内脉冲数		
M73	原点标识				
M74	甲类工件标识	D124	伺服电动机速度(P/s)		
M75	乙类工件标识	D125	伺服电动机脉冲数(1/10)		
M76	自动模式初态	D126	步进电动机速度(P/s)		
M77	自动运行状态	D128	变频器电动机速度(0~4000)		
M80	亮 2s、灭 1s 标识	D149	工件直径 cm(PLC)		
M88	调试标识的脉冲信号	D150	起始位置(°)用于 HMI		
M89	自动标识的脉冲信号	D151	结束位置(°)用于 HMI		
M90	A 阀(HMI)	D152	起始位置(°)用于 PLC		
M91	B 阀(HMI)	D153	结束位置(°)用于 PLC		
M92	供料阀(HMI)	D154	起始位置(用脉冲 p 作为单位)		
M93	排料阀(HMI)	D155	结束位置(用脉冲 p 作为单位)		
M94	高液位标识(>=0.8)	D156			
M95	非低液位标识(>=0.2)	D160	混合液重量/kg (float)		
M96	混料完成标识	D162	液位高度/m (float)		
M97	允许涂装标识	D164	伺服电动机设定速度/(°/s)		
M98	涂装完成标识	D166	步进电动机设定速度/(mm/s)		
M99	带状涂装完成标识	D174	伺服电动机设定速度(p/s)		
		D176	步进电动机设定速度(p/s)		

2. 电路设计

要求从站（2）和变频器安装在正面挂板，主站和从站（1）安装在背面挂板。模拟量输入/输出模块与从站（2）安装在一起，4～20mA 的电流模拟量输入（模拟混料重量 0～30kg）接模拟量模块的第 1 通道，0～10V 的电压模拟量输入（模拟液位高度 0～1m）接模拟量模块的第 2 通道，输出通道 0～10V 的电压模拟量输出（变频速度为 0～50Hz）接变频器的 4～5 端子。参照任务 7～任务 8，由读者自行完成电路图的设计。

9.2.2 自动涂装控制系统的参数计算

1. 系统通信模块设置

1）主站 PLC（0）设置。通过站号设置开关，设置为 00。通过传送速率/模式设置开关，设置为 2（2.5Mbit/s）。

2）从站 PLC（1）设置。站号设定为 1。占用站数设置为 0。传输速度设定为 2（2.5Mbit/s）。

3）从站 PLC（2）设置。站号设定为 2。占用站数设置为 1。传输速度设定为 2（2.5Mbit/s）。

2. 伺服驱动器的参数计算与选择

（1）电子齿轮比 G 的计算

工艺要求伺服电动机转一周需要 2000 个脉冲，即 PLC 的脉冲分辨率 $R_1 = 2000$PPR，又已知伺服电动机编码器分配率 $R_2 = 160000$PPR。根据式（6-1），可求得电子齿轮比为

$$G = N/M = 160/2$$

（2）PLC 输出指令脉冲数 N_1 和频率 f_1 的计算

已知伺服电动机旋转一周需要 2000 个脉冲，即 PLC 的脉冲分辨率 $R_1 = 2000$PPR，减速比 $i = 36:1$，根据式

$$f_1 = v_1 \times i \times \frac{R_1}{360} = v_1 \times 36 \times \frac{2000}{360} = 200 v_1 \tag{9-1}$$

可算出伺服电动机转速 v_1（单位为°/s）对应 PLC 输出频率 f_1（单位为脉冲/s）。根据式

$$N_1 = \theta_1 \times i \times \frac{R_1}{360} = \theta_1 \times 36 \times \frac{2000}{360} = 200 \theta_1 \tag{9-2}$$

可计算出转盘旋转位置 θ_1（单位为°）对应的 PLC 输出脉冲数 N_1(p)。

[学生练习] 计算 PLC 驱动伺服电动机的输出脉冲频率和脉冲数，将结果填入表 9-7 中。

表 9-7 PLC 驱动伺服电动机的频率和脉冲数的计算结果

伺服电动机转速 v_1/(°/s)	PLC 输出频率 f_1/Hz	转盘旋转位置 θ_1/(°)	PLC 输出脉冲数 N_1
v_1	$200 v_1$	θ_1	$200 \theta_1$
10		10	
20		30	
360/20		360	

由于 PLC 输出脉冲数 N_1 超过了 16 位寄存器数值的最大值，所以在主程序中设置为输出脉冲数 $N_1/10$，对应在从站 2 中需要再乘以 10。

3. 步进驱动器的参数计算与选择

已知步进电动机旋转一周需要 4000 个脉冲，即 PLC 的脉冲分辨率 $R_2 = 4000\text{PPR}$，也就是步进驱动器的细分为 4000；丝杠螺距 $P_B = 4\text{mm/r}$。根据式（8-1）可计算出步进电动机转速 v_2，对应的 PLC 输出频率 f_2。设 SQ1 到 SQ3 的距离为 130mm，小车 20s 走完。步进电动机驱动的小车水平移动用传感器控制，无须计算对应的 PLC 输出脉冲数 N_2。

[学生练习] 计算 PLC 驱动步进电动机的输出脉冲频率和脉冲数，将结果填入表 9-8 中。

表 9-8 PLC 驱动步进电动机的频率和脉冲数的计算结果

步进电动机转速 v_2/(mm/s)	PLC 输出频率 f_2/Hz	小车水平移动距离 L_2/mm	PLC 输出脉冲数 N_2
v_2	$1000v_2$		
$1.5v_2$	$1500v_2$		
10			
130/20			

4. 变频器的参数设定

变频器进行无级调速控制，模拟量模块输出的 0~10V 电压信号（对应变频速度为 0~50Hz）由端子 4~5 输入。电动机加速时间 1.5s，减速时间 0.5s。电动机型号为 YS5024，其参数为：$P_N = 60\text{W}$，$U_N = 380\text{V}$，$I_N = 0.39\text{A}$，接法：Y 联结，$f_N = 50\text{Hz}$，$n_N = 1400\text{r/m}$。根据电动机铭牌上的参数正确设置变频器输出的额定功率、额定频率、额定电压、额定电流、额定转速，以及电动机的多段速值和加减速时间等参数，见表 9-9。

表 9-9 变频器参数设定

参数	名称	设定值	功能说明
Pr.1	上限频率	50Hz	输出频率的上限
Pr.2	下限频率	0Hz	输出频率的下限
Pr.3	基准频率	50Hz	电动机的额定频率
Pr.7	加速时间	1.5s	电动机起动时间
Pr.8	减速时间	0.5s	电动机停止时间
Pr.9	过电流保护	0.39A	电动机的额定电流
Pr.19	电动机额定电压	380V	电动机的额定电压
Pr.79	运行模式选择	3	设定为外部/PU（或多段速、端子 4~5 间）组合模式 1
Pr.178	STF 端子功能选择	60	正转
Pr.179	STR 端子功能选择	61	反转
Pr.267	模拟量输入选择	2	端子 4 输入（0~10V）

注：变频器的参数设定应在 PLC 停止状态下进行。

9.2.3 自动涂装控制系统的程序设计

1. 组态主站 Q00U CPU

1）打开编程软件 GX Works2，新建工程"任务 9 主站 Q 程序"。

2）组态 PLC 参数。打开"Q 参数设置"对话框，按表 8-8 设置"I/O 分配设置"的参数。单击"检查"按钮确认无误后，单击"设置结束"按钮。

3）组态网络参数。打开"网络参数 CC-Link 设置"对话框，按表 8-9 组态"网络参数"。在站信息组态完毕后，单击"检查"按钮确认无误后，单击"设置结束"按钮。

4) 组态站信息设置。在"网络参数 CC-Link 设置"对话框,单击"站信息"按钮,打开"CC-Link 站信息模块 1"对话框,按表 9-10 组态站信息。

表 9-10 站信息设置一览表

台数/站号	站类型	占用站数	远程站点数	保留/无效站指定
1/1	远程设备站	占用 1 站	32 点	无设置
2/2	远程设备站	占用 2 站	64 点	无设置

2. 主站 PLC（0）程序设计

在"任务 9 主站 Q 程序"的工程中编写主站 Q 系列 PLC 程序,如图 9-12 所示。

[学生练习] 在图 9-12 所示的主站 PLC 控制程序中,添加注释。

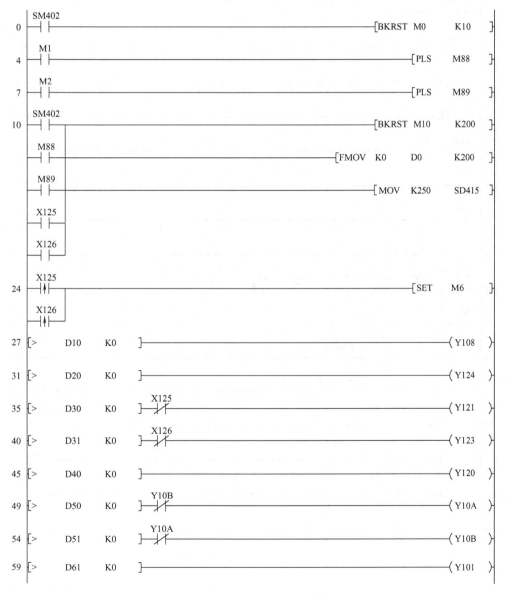

图 9-12 主站 PLC 控制程序

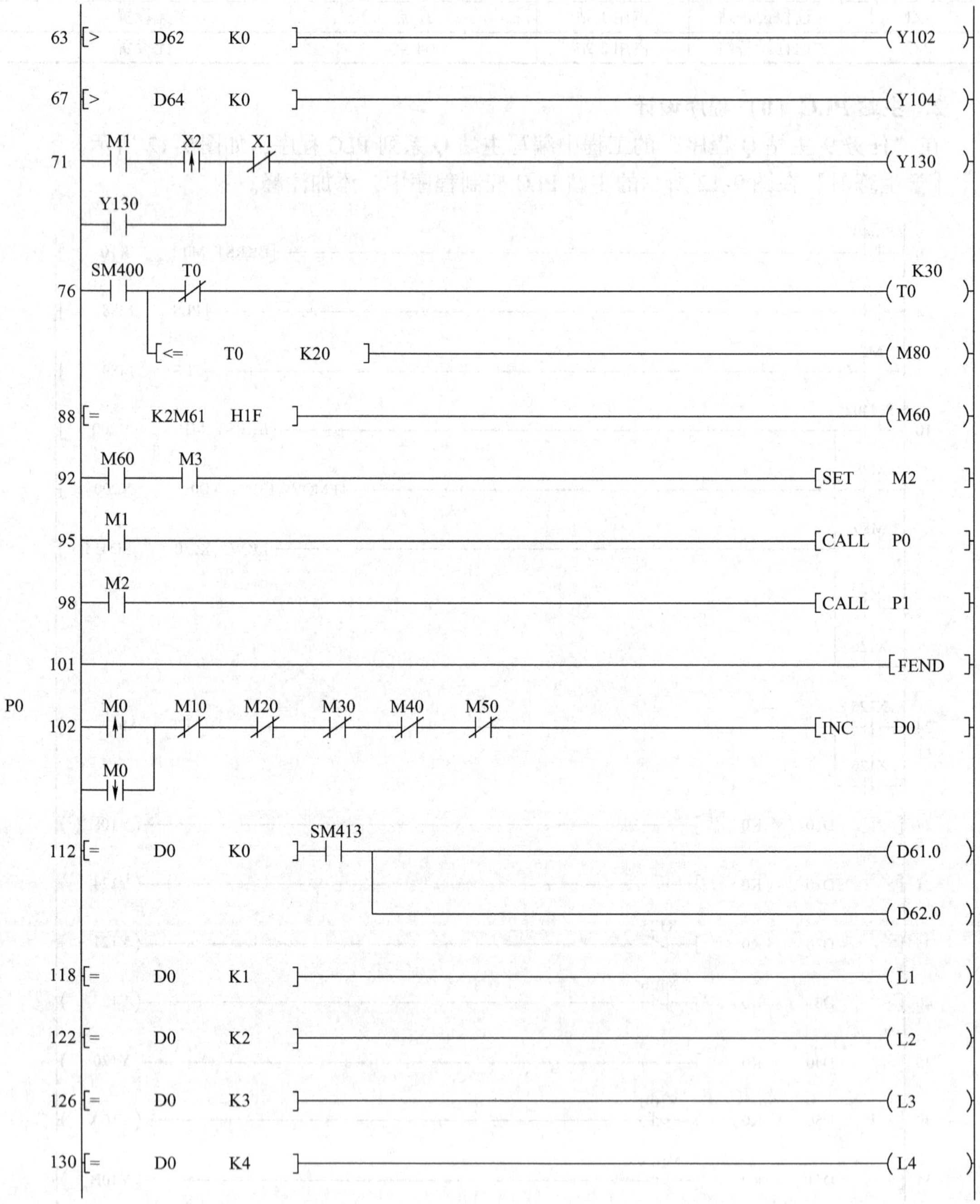

```
 63 ─[> D62 K0]──────────────────────────────(Y102)
 67 ─[> D64 K0]──────────────────────────────(Y104)
      M1   X2   X1
 71 ──┤├──┤↑├──┤/├─────────────────────────── (Y130)
      Y130  │
    ──┤├────┘
      SM400 T0                                      K30
 76 ──┤├──┤/├───────────────────────────────(T0    )
          │
          └─[<= T0  K20]──────────────────────(M80)
 88 ─[= K2M61 H1F]─────────────────────────── (M60)
      M60  M3
 92 ──┤├──┤├────────────────────────[SET  M2     ]
      M1
 95 ──┤├───────────────────────────[CALL  P0     ]
      M2
 98 ──┤├───────────────────────────[CALL  P1     ]
101 ───────────────────────────────────────[FEND  ]
P0   M0  M10  M20  M30  M40  M50
102 ─┤↑├─┤/├─┤/├─┤/├─┤/├─┤/├──────────[INC  D0    ]
     M0
    ─┤↓├─┘
                           SM413
112 ─[= D0  K0]──────────┤├──────────────────(D61.0)
                          │
                          └──────────────────(D62.0)
118 ─[= D0  K1]──────────────────────────────(L1)
122 ─[= D0  K2]──────────────────────────────(L2)
126 ─[= D0  K3]──────────────────────────────(L3)
130 ─[= D0  K4]──────────────────────────────(L4)
```

图 9-12 主站 PLC

```
134 ─[= D0 K5]──────────────────────────────────────────( L5 )
138 ─[> D0 K5]───────────────────────────[MOV  K1   D0 ]
      M1
143 ─┤ ├─────────────────────────────────[INT  D174 D124]
     │
     └─────────────────────────────────── [INT  D176 D126]

      L1   X1    C0
148 ─┤ ├──┤↑├──┤/├──────────────────────────────────────( M10 )
     │    M10
     │   ─┤ ├──────────────────────────────────────────( D64.0 )
     │    │
     │    ├──┤↑├──────────────────────────────[RST  M61 ]
     │    │
     │    ├──┤↓├──────────────────────────────[SET  M61 ]
     │    │
     │    │                                   [RST  C0  ]
     │    │    T10                                     K60
     │    ├──┤/├───────────────────────────────────( T10 )
     │    │    T10                                     K3
     │    ├──┤↑├───────────────────────────────────( C0  )
     │    │
     │    └[<=  T10   K40]─────────────────────────( D10.0 )

      L2   M9   X1   ST0
184 ─┤ ├──┤ ├──┤↑├──┤/├─────────────────────────────────( M20 )
          M20       Y130                               K40
         ─┤ ├──────┤/├──────────────────────────────( ST0 )
                   │
                   ├──┤↑├─────────────────────[RST  M62 ]
                   │
                   │                       [*  D2  K80  D128]
                   │
                   ├──┤↓├─────────────────────[RST  ST0 ]
                   │
                   │                             [SET  M62 ]
                   │   Y130
                   ├──┤/├─────────────────────────────( D20.0 )
                   │   SM412
                   └──┤ ├─────────────────────────────( D64.1 )
```

控制程序（续）

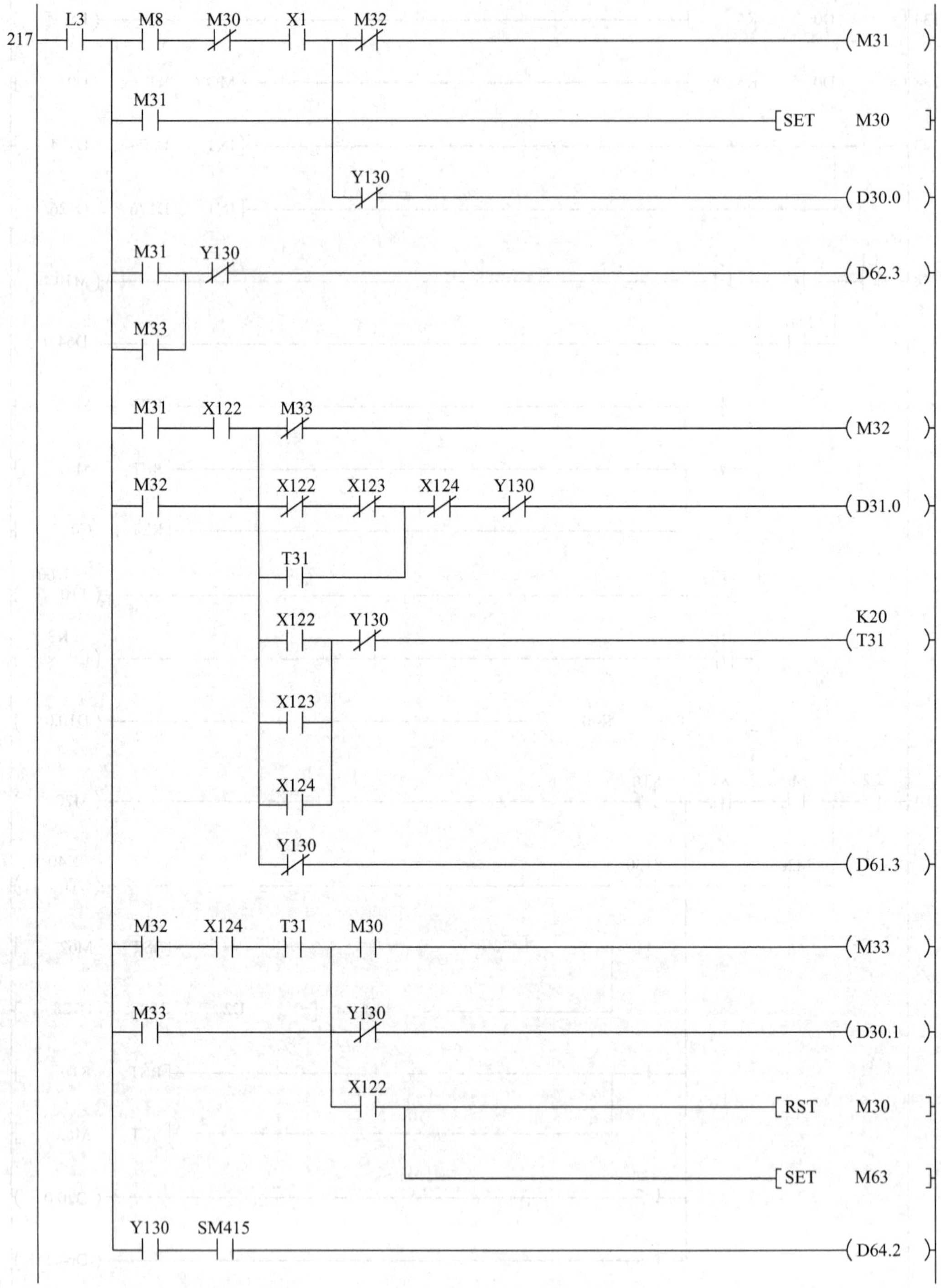

图 9-12 主站 PLC

控制程序（续）

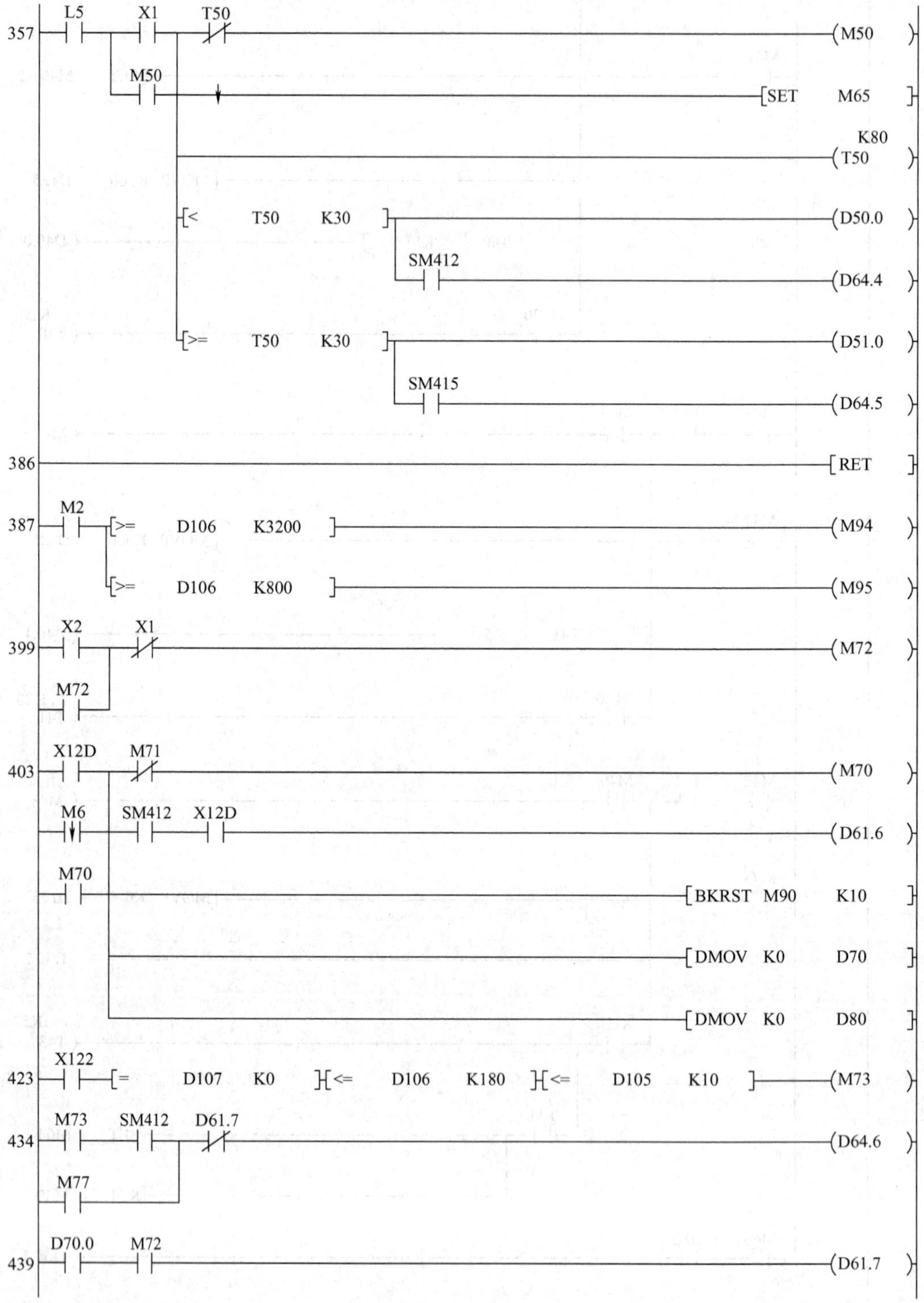

图 9-12 主站 PLC

控制程序（续）

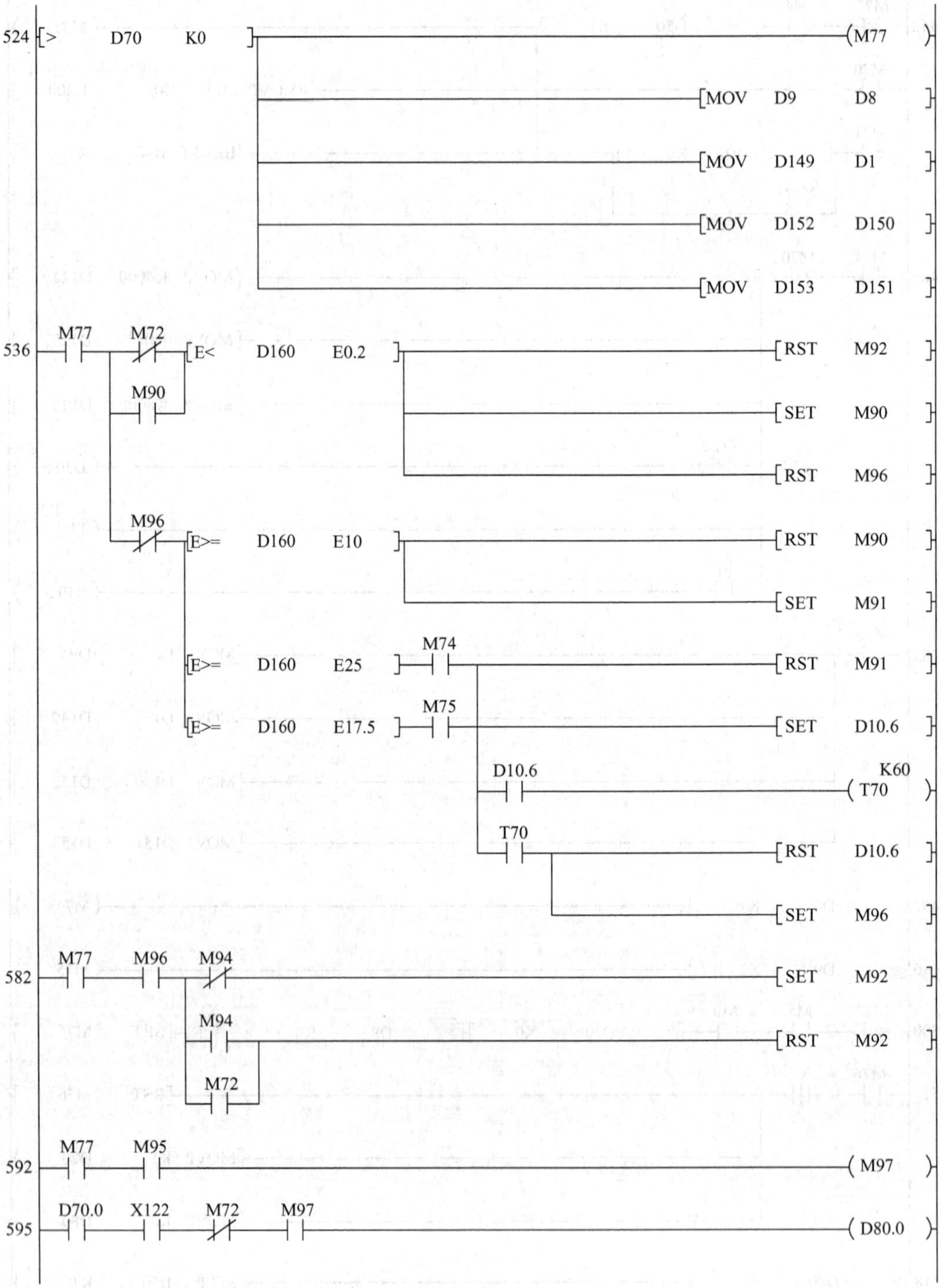

图 9-12 主站 PLC

控制程序（续）

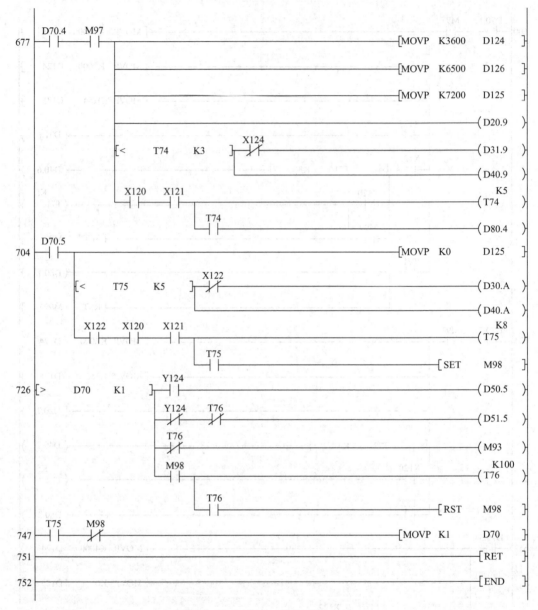

图 9-12 主站 PLC 控制程序（续）

3. 从站 PLC（1）程序设计

编写从站 PLC（1）程序，如图 9-13 所示。从站 PLC（1）仅仅作为主站的一个远程 I/O 站，实现数据的输入/输出功能。

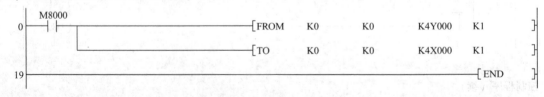

图 9-13 从站 PLC（1）程序

4. 从站 PLC（2）程序设计

编写从站 PLC（2）程序，如图 9-14 所示。从站 PLC（2）不仅要实现数据采集和数据输出功能，而且还要实现采集高速计数值、数据处理和驱动伺服控制器的功能。

[学生练习] 在图 9-14 所示的从站 PLC（2）控制程序中，添加注释。

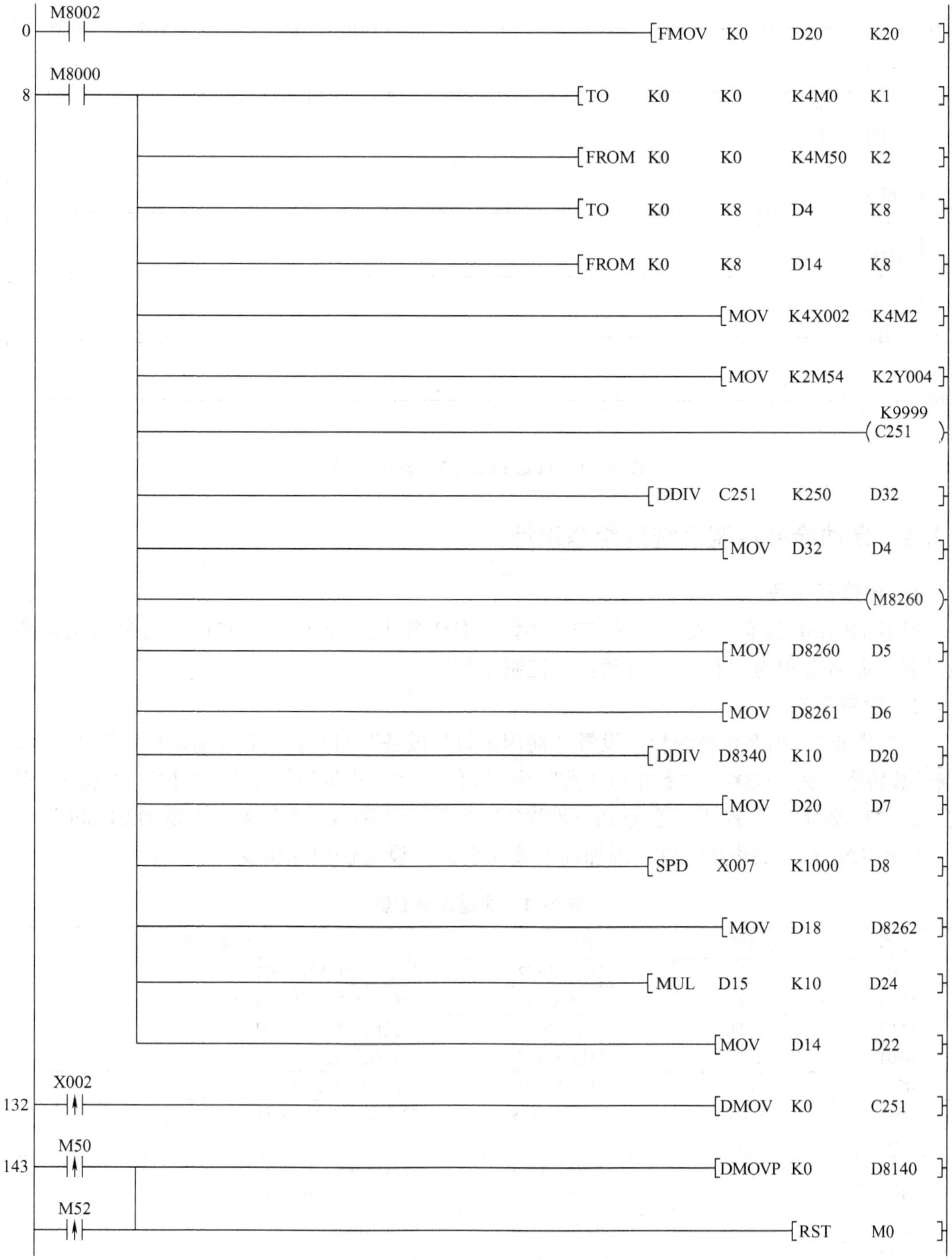

```
  M8002
0 ─┤├──────────────────────────[FMOV  K0     D20    K20 ]
  M8000
8 ─┤├──┬───────────────────────[TO    K0     K0     K4M0   K1 ]
       │
       ├───────────────────────[FROM  K0     K0     K4M50  K2 ]
       │
       ├───────────────────────[TO    K0     K8     D4     K8 ]
       │
       ├───────────────────────[FROM  K0     K8     D14    K8 ]
       │
       ├───────────────────────[MOV   K4X002         K4M2 ]
       │
       ├───────────────────────[MOV   K2M54          K2Y004 ]
       │                                             K9999
       ├──────────────────────────────────────────( C251 )
       │
       ├───────────────────────[DDIV  C251   K250   D32 ]
       │
       ├───────────────────────[MOV   D32    D4 ]
       │
       ├──────────────────────────────────────────( M8260 )
       │
       ├───────────────────────[MOV   D8260  D5 ]
       │
       ├───────────────────────[MOV   D8261  D6 ]
       │
       ├───────────────────────[DDIV  D8340  K10    D20 ]
       │
       ├───────────────────────[MOV   D20    D7 ]
       │
       ├───────────────────────[SPD   X007   K1000  D8 ]
       │
       ├───────────────────────[MOV   D18    D8262 ]
       │
       ├───────────────────────[MUL   D15    K10    D24 ]
       │
       └───────────────────────[MOV   D14    D22 ]
    X002
132─┤├──────────────────────────[DMOV  K0     C251 ]
    M50
143─┤├──┬───────────────────────[DMOVP K0    D8140 ]
    M52 │
    ─┤├─┴───────────────────────[RST   M0 ]
```

图 9-14 从站 PLC（2）程序

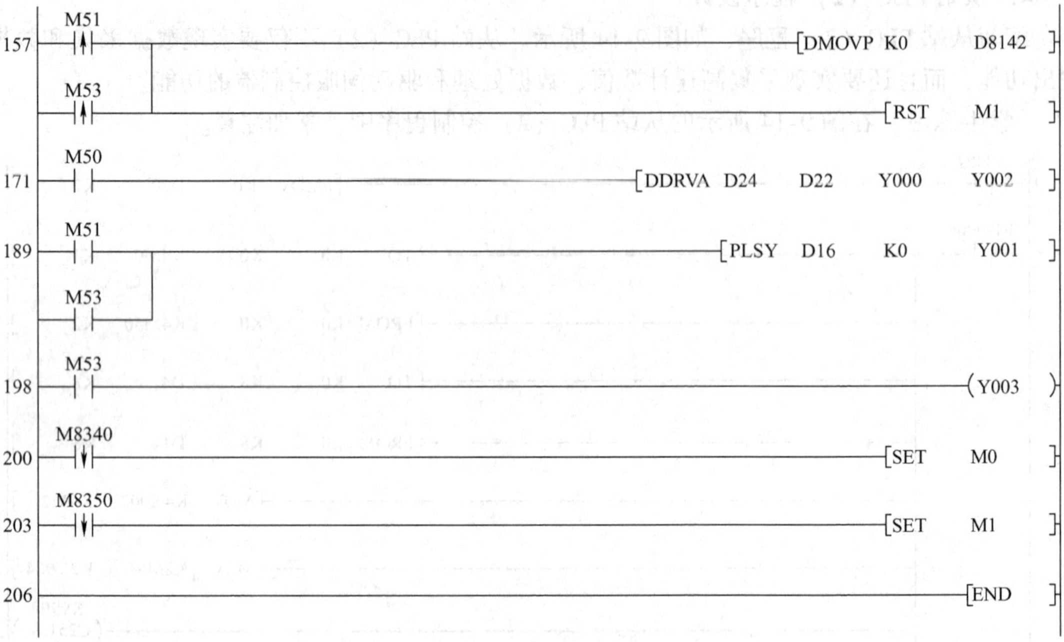

```
         M51
157 ─────┤↑├────────────────────────────────────[DMOVP  K0      D8142]

         M53
    ─────┤↑├────────────────────────────────────────────[RST    M1  ]

         M50
171 ─────┤ ├──────────────────────────[DDRVA  D24   D22    Y000  Y002]

         M51
189 ─────┤ ├────────────────────────────────[PLSY  D16    K0    Y001]
         M53
    ─────┤ ├

         M53
198 ─────┤ ├──────────────────────────────────────────────────(Y003 )

         M8340
200 ─────┤↓├────────────────────────────────────────────[SET    M0  ]

         M8350
203 ─────┤↓├────────────────────────────────────────────[SET    M1  ]

206 ─────────────────────────────────────────────────────────[END   ]
```

图9-14 从站PLC（2）程序（续）

9.2.4 自动涂装控制系统的组态设计

1. 创建新工程

打开MCGSE组态环境。选择TPC类型（本任务中选择TPC7062Ti），其余采用参数默认设置。命名工程为"任务9 自动涂装控制系统"。

2. 设备组态

参照任务7，组态设备窗口。设置"通用串口父设备"参数："串口端口号"为"COM1"、"通信波特率"为"9600"、"数据位位数"为"8位"、"停止位位数"为"1位"、"数据校验方式"为"奇校验"。设置"三菱_Q系列编程口"参数：设置PLC类型为"三菱_Q02UCPU"。

［学生练习］按照表9-11，添加通道连接变量，设置快速连接变量。

表9-11 通道连接变量

索引	连接变量	通道名称	功能说明
0001	X122	只读X0122	初始位置传感器SQ1
0002	X123	只读X0123	带状涂装位置传感器SQ2
0003	X124	只读X0124	终止位置传感器SQ3
0004	X125	只读X0125	右限位开关SQ4
0005	X126	只读X0126	左限位开关SQ5
0006	Y108	读/写Y0108	搅拌电动机M1正转
0007	Y109	读/写Y0109	空
0008	Y110	读/写Y010A	排风电动机M5低速
0009	Y111	读/写Y010B	排风电动机M5高速
0014	Y120	读/写Y0120	伺服电动机运行
0015	Y121	读/写Y0121	步进电动机正转
0016	Y122	读/写Y0122	空

(续)

索引	连接变量	通道名称	功能说明
0017	Y123	读/写 Y0123	步进电动机反转
0018	Y124	读/写 Y0124	变频电动机 M2 正转
0019	M0	读/写 M0000	调试选择按钮
0020	M1	读/写 M0001	调试标识
0021	M2	读/写 M0002	自动标识
0022	M3	读/写 M0003	自动模式按钮
0023	M4	读/写 M0004	复位按钮
0024	M5	读/写 M0005	喷涂区域设置号标识
0025	M6	读/写 M0006	设备越程标识
0026	M7	读/写 M0007	伺服电动机速度合格标识
0027	M8	读/写 M0008	步进电动机速度合格标识
0028	M9	读/写 M0009	变频电动机速度合格标识
0029	M60	读/写 M0060	调试完成标识
0030	M90	读/写 M0090	A 阀
0031	M91	读/写 M0091	B 阀
0032	M92	读/写 M0092	供料阀
0033	M93	读/写 M0093	排料阀
0034	M94	读/写 M0094	高液位标识（≥0.8m）
0035	M95	读/写 M0095	非低液位标识（>0.2m）
0036	L1	读/写 L0001	调试电动机 M1 指示
0037	L2	读/写 L0002	调试电动机 M2 指示
0038	L3	读/写 L0003	调试电动机 M3 指示
0039	L4	读/写 L0004	调试电动机 M4 指示
0040	L5	读/写 L0005	调试电动机 M5 指示
0041	D0	读/写 DWUB0000	
0042	D1	读/写 DWUB0001	工件直径/cm
0043	D2	读/写 DWUB0002	变频器给定速度/Hz
0048	D3	读/写 DWUB0003	变频器实际速度/Hz
0050	D8	读/写 DWUB0008	工件选择
0051	D104	读/写 DWB0104	编码器值，int
0052	D105	读/写 DWB0105	混合液重量，int
0053	D106	读/写 DWB0106	液位高度，int
0054	D107	读/写 DWB0107	Y0 端口输出脉冲累计（正负），int
0055	D108	读/写 DWUB0108	编码器 1s 内脉冲数
0056	D120	读/写 DWUB0120	
0057	D121	读/写 DWUB0121	
0058	D122	读/写 DWUB0122	
0059	D123	读/写 DWUB0123	
0060	D124	读/写 DWUB0124	伺服电动机速度（p/s）
0061	D125	读/写 DWUB0125	伺服电动机脉冲数
0062	D126	读/写 DWUB0126	步进电动机速度（p/s）
0063	D127	读/写 DWUB0127	
0064	D128	读/写 DWUB0128	变频器给定速度（0~4000）
0065	D150	读/写 DWB0150	起始位置/(°)
0066	D151	读/写 DWB0151	结束位置/(°)
0067	D152	读/写 DWB0152	
0068	D153	读/写 DWB0153	
0069	D154	读/写 DWB0154	起始位置（p/10）

(续)

索引	连接变量	通道名称	功能说明
0070	D155	读/写 DWB0155	结束位置（p/10）
0071	D156	读/写 DWB0156	
0072	D157	读/写 DWB0157	
0073	D158	读/写 DWB0158	
0074	D159	读/写 DWB0159	
0075	D160	读/写 DDF0160	混料罐涂料重量（kg），float
0076	D162	读/写 DDF0162	液位高度（m），float
0077	D164	读/写 DDF0164	转盘电动机速度设置/(°/s)，float
0078	D166	读/写 DDF0166	喷涂高度电动机速度设置/(°/s)，float
0079	D168	读/写 DDF0168	
0080	D170	读/写 DDF0170	
0081	D172	读/写 DDF0172	
0082	D174	读/写 DDF0174	转盘电动机速度设置（p/s），float
0083	D176	读/写 DDF0176	喷涂高度电动机速度设置（p/s），float
0084	D178	读/写 DDF0178	

3. 窗口定义

新建四个窗口。窗口 0——起动选择界面，窗口 1——调试模式界面，窗口 2——自动涂装界面，窗口 3——报警界面。

4. 组态用户登录界面

执行"工具"→"用户权限管理"命令，打开"用户管理器"对话框，如图 9-15 所示。单击图 9-15 中的"新增用户"按钮，打开"用户属性设置"对话框，如图 9-16 所示。在图 9-16 中编辑用户名称、用户描述、用户密码以及隶属用户组。用户名"Admin"及密码"123"隶属"1"用户组，用户名"User"及密码"321"隶属"2"用户组。

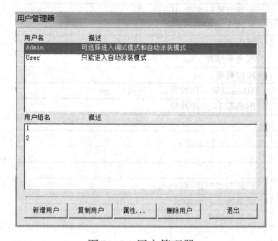

图 9-15 用户管理器

图 9-16 用户属性设置

5. 组态窗口 0

按图 9-3 所示，组态窗口 0。组态"调试模式"按钮的"操作属性"，在"按下功能"选项卡中勾选"打开用户窗口"，选择"窗口 1"。组态"自动涂装模式"按钮的"操作属性"，在"按下功能"选项卡中勾选"打开用户窗口"选择"窗口 2"。

组态窗口 0 的启动脚本如下。

```
IF！CheckUserGroup（"2"）=0 THEN    //检查当前登录的用户是否属于"2"用户组成员
用户窗口 . 窗口 2. Open（）              //若是，则打开窗口 2
ENDIF
```

执行"主控窗口"→"系统属性"→"启动属性"命令，打开"启动属性"选项卡，将"窗口 0"增加到"自动运行窗口"列表中。设置完毕后按"确认"按钮退出。

6. 组态窗口 1

（1）组态画面

按图 9-4 所示，组态窗口 1。窗口 1 控件属性设置见表 9-12。

表 9-12 窗口 1 控件属性设置一览表

控件名称	插入元件名称	连接类型	连接表达式	功能说明
搅拌电动机	指示灯 3	可见度	L1	
喷涂泵电动机	指示灯 3	可见度	L2	
喷涂高度电动机	指示灯 3	可见度	L3	
转盘电动机	指示灯 3	可见度	L4	
排风电动机	指示灯 3	可见度	L5	
调试选择按钮	按钮 82	按钮输入	M0	
自动模式按钮	按钮 82	按钮输入	M3	
		填充颜色	M60	
喷涂泵运行频率	标签	显示输出	D3	填充颜色：白色，浮点输出，1 位小数
喷涂高度电动机运行速度	标签	显示输出	D108/250	填充颜色：白色，浮点输出，1 位小数
转盘当前位置	标签	显示输出	D107/20	填充颜色：白色，浮点输出，1 位小数
工件直径	输入框	操作属性	D1	最小值 40，最大值 120
喷涂高度电动机速度设置	输入框	操作属性	D166	最小值 4，最大值 12，1 位小数
转盘电动机速度设置	输入框	操作属性	D164	最小值 6，最大值 12，1 位小数

（2）组态循环脚本

循环时间为 10ms。窗口 1 启动和循环脚本如下。

```
M1 = 1                                  //手动调试模式标识符置 1
M2 = 0                                  //自动涂装模式标识符清零
IF  D1 > =40  AND  D1 < =120  THEN      //工件直径判断
M9 = 1                                  //工件直径合格标识
IF  D1 < 60  THEN
D2 = 50                                 //变频器给定速度（频率值）
ELSE
D2 = 50 -（D1 - 60）/2
ENDIF
ELSE
D2 = 0
M9 = 0
ENDIF
```

```
IF    D166 > =4.0   AND   D166 < = 12.0   THEN        //喷涂高度（步进）电动机速度判断
M8 = 1                                                //步进速度合格标识
ELSE
M8 = 0
ENDIF

IF    D164 > = 6.0   AND   D164 < = 12.0   THEN       //转盘（伺服）电动机速度判断
M7 = 1                                                //伺服速度合格标识
ELSE
M7 = 0
ENDIF

IF    M33 = 1   THEN                                  //喷涂高度（步进）电动机第二次右行标识
D176 = D166 * 1000 * 1.5                              //喷涂高度（步进）电动机速度转换为脉冲频率
ELSE
D176 = D166 * 1000                                    //喷涂高度（步进）电动机速度转换为脉冲频率
ENDIF

D174 = D164 * 200                                     //转盘（伺服）电动机速度转换为脉冲频率

IF    Y124 = 1   THEN                                 //喷涂泵（变频）电动机运行标识
D3 = D2                                               //喷涂泵（变频）电动机运行频率
ELSE
D3 = 0
ENDIF

IF    M2 = 1   THEN                                   //自动涂装模式标识
用户窗口.窗口2.Open( )                                //打开窗口2
ENDIF

IF    M6 = 1   THEN                                   //设备越程报警标识
!OpenSubWnd (窗口3, 250, 160, 300, 150, 2)             //弹出报警子窗口。在子窗口之外单击触摸屏界
                                                      //  面任意位置，则子窗口关闭
ENDIF
```

7. 组态窗口2

（1）组态画面

按图9-5所示，组态窗口2。窗口2控件属性设置见表9-13。

表9-13 窗口2控件属性设置一览表

控件名称	插入元件名称	连接类型	连接表达式	功能说明
SQ1	常用符号：细箭头	填充颜色	X122	分段点0为灰色，分段点1为绿色
SQ2	常用符号：细箭头	填充颜色	X123	分段点0为灰色，分段点1为绿色

(续)

控件名称	插入元件名称	连接类型	连接表达式	功能说明
SQ3	常用符号：细箭头	填充颜色	X124	分段点 0 为灰色，分段点 1 为绿色
	泵 25	垂直移动	D104	偏移量：0~130；表达式值：0~(-130)
混料罐涂料重量	标签	显示输出	D160	填充颜色：白色，浮点输出，1 位小数
转盘实时位置	标签	显示输出	D107/20	填充颜色：白色，十进制，0 位小数
喷涂泵电动机运行频率	标签	显示输出	D3	填充颜色：白色，十进制，0 位小数
喷涂高度电动机速度	标签	显示输出	D108/250	填充颜色：白色，十进制，0 位小数
工件选择	组合框	ID 号关联	D8	选项设置：请选择、甲类、乙类
工件直径	输入框	操作属性	D1	最小值 40，最大值 120
起始位置	输入框	操作属性	D150	最小值 0，最大值 45
结束位置	输入框	操作属性	D151	最小值 90，最大值 360
储存罐	罐 53	大小变化	D106	百分比：0~100；表达式值：0~4000
高液位	椭圆	填充颜色	M94	分段点 0 为灰色，分段点 1 为绿色
低液位	椭圆	填充颜色	M95	分段点 0 为灰色，分段点 1 为绿色
阀门 A	指示灯 6	填充颜色	M90	分段点 0 为红色，分段点 1 为绿色
阀门 B	指示灯 6	填充颜色	M91	分段点 0 为红色，分段点 1 为绿色
供料阀	指示灯 6	填充颜色	M92	分段点 0 为红色，分段点 1 为绿色
排料阀	指示灯 6	填充颜色	M93	分段点 0 为红色，分段点 1 为绿色
搅拌电动机	指示灯 6	填充颜色	Y108	分段点 0 为红色，分段点 1 为绿色
喷涂泵电动机	指示灯 6	填充颜色	Y24	分段点 0 为红色，分段点 1 为绿色
喷涂高度电动机	指示灯 6	填充颜色	Y121 + Y123	分段点 0 为红色，分段点 1 为绿色
转盘电动机	指示灯 6	填充颜色	Y120	分段点 0 为红色，分段点 1 为绿色
排风电动机	指示灯 6	填充颜色	Y110 + Y111	分段点 0 为红色，分段点 1 为绿色
主界面	标准按钮	脚本属性		脚本程序参见下页见"主界面按钮抬起脚本"
复位	标准按钮	操作属性	M4	抬起功能的数据对象值操作：按 1 松 0

(2) 组态脚本

1)"主界面"按钮抬起脚本。

```
IF  !LogOn( ) = 0  THEN              //如果弹出登录对话框则调用成功
IF  !CheckUserGroup("1") = 0  THEN   //检查当前登录的用户是否属于"1"用户组成员
用户窗口. 窗口 0. Open( )
ELSE
IF  !CheckUserGroup("2") = 0  THEN   //检查当前登录的用户是否属于"2"用户组成员
用户窗口. 窗口 2. Open( )
ENDIF
ENDIF
ENDIF
```

2) 窗口 2 循环脚本。循环时间为 10ms。

```
M1 = 0
M2 = 1
IF   D1 > = 40   AND   D1 < = 120   THEN
M9 = 1
IF   D1 < 60   THEN
D2 = 50
ELSE
D2 = 50 – (D1 – 60)/2
ENDIF
ELSE
D2 = 0
M9 = 0
ENDIF
```

8. 组态窗口 3

在窗口 3，绘制一个凸平面，坐标为 [H:0]、[V:0]，尺寸为 [W:300]、[H:150]。添加标签，文字"报警画面，设备越程"。

报警子窗口 3 用窗口 1 的循环脚本打开，单击窗口 1 任意位置可关闭该子窗口。

9.3 自动涂装控制系统的安装与调试

9.3.1 自动涂装控制系统的安装与接线

[学生练习] 参照任务 7 ~ 任务 8，由读者根据设计图纸自行完成自动涂装控制系统的设备安装和接线。

9.3.2 自动涂装控制系统的运行调试

[学生练习] 参照任务 7 ~ 任务 8，由读者自行设计自动涂装控制系统的运行调试小卡片，并完成运行调试。

任务10 仓库分拣控制系统的安装与调试

知识目标：
- 熟悉仓库分拣控制系统的工艺要求；
- 掌握触摸屏根据开关状态从欢迎界面进入工作界面的方法；
- 不重复输入序号规则的算法；
- 二维运动轨迹的算法及显示；
- 运行模式下冲突报警的实现；
- 用两个输出信号实现星形–三角形起停控制。

能力目标：
- 能根据工艺要求设计仓库分拣控制系统的硬件电路；
- 能根据工艺要求设计仓库分拣控制系统的PLC控制程序；
- 能根据工艺要求设计仓库分拣控制系统的触摸屏程序；
- 能完成硬件接线并测试接线的正确性；
- 会根据现场信号和运行情况调试及优化控制程序；
- 会撰写本任务的运维用户使用手册。

10.1 仓库分拣控制系统的控制工艺

10.1.1 仓库分拣控制系统的工艺要求

1. 控制系统运行说明

仓库分拣系统由立体仓库区、取货小车滑台、取货小车、转运传送带、机械手装置、分拣传送带和平面存货区组成，系统俯视图如图10-1所示。

由图10-1可知，立体仓库区共有9个存储位置，每列仓位的第一层各配有一个位置检测传感器（SQ1～SQ3）。系统自动运行过程为：首先在触摸屏中立体仓库区的9个仓位随机输入取货顺序号（①～⑨，输入序号不得重复），然后取料小车按照规则行驶至相应位置取出货物并返回至原位（SQ3）；小车上推送气缸（以等待3s的时间来模拟）将货物推到SQ11；当SQ11检测到有货物时，转运传送带将货物送至SQ12位置，期间需要对货物类型进行检测；根据货物类型检测到的结果（用控制柜正面的0～10V电压模拟货物类型），将货物分成甲、乙、丙三种（0～4V为甲货，4～7V为乙货，7～10V为丙货）；之后机械手动作（以等待3s的时间来模拟）将货物搬运放置到货物传送带的SQ13位置；当SQ13检测到有货物时，分拣传送带将货物运送至甲仓、乙仓、丙仓入口（送货传送带运行的速度、时间根据运送货物的类型而变化），对应气缸动作，将货物推入对应仓位，完成放货，至此一个取货和送货流程结束。

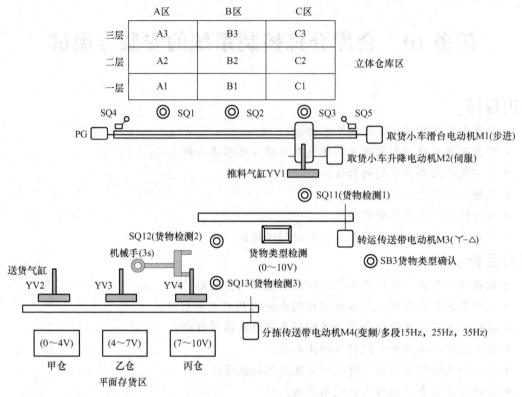

图 10-1 仓库分拣系统

仓库分拣系统由以下电气控制回路组成。

1）取货小车滑台由步进电动机 M1 驱动。步进电机参数设置为：步进电动机旋转一周需要 4000 个脉冲，已知直线导轨的螺距 P_B 为 4mm，并使用旋转编码器 PG 对小车位置进行检测。

2）取货小车的垂直运行由伺服电动机 M2 驱动。伺服电动机参数设置为：伺服电动机旋转一周需要 2000 个脉冲，每上升一层，伺服电动机正转 10 圈。

3）转运传送带由三相异步电动机 M3 驱动。要求：M3 为 Y-△ 降压起动，Y 接法与 △ 接法切换时间为 3s，并且需要有过载保护。

4）分拣传送带由三相异步电动机 M4 驱动。由变频器进行多段速控制，第一段速为 15Hz，第二段速为 25Hz，第三段速为 35Hz，加速时间 1.5s，减速时间 0.5s；可进行正反转运行。

5）其他要求。电动机旋转方向为"顺时针旋转为正向，逆时针旋转为反向"为准。转运传送带电动机 M3 控制回路中接触器 KM 需由 PLC 经中间继电器 KA 进行控制，以实现控制回路的交直流隔离。

6）系统输入应包含以下各点。

转运传送带、分拣传送带的位置传感器 SQ11~SQ13（使用控制柜正面的行程开关模拟）；取货小车滑台位置检测传感器 SQ1、SQ2、SQ3，左右极限位保护开关 SQ4 和 SQ5，编码器 PG（双相计数）；调试/自动运行模式切换开关（用控制柜正面 SA1 模拟），起动按钮 SB1、停止按钮 SB2，货物类型确认按钮 SB3（所有按钮请使用控制柜正面元件）和急停按钮（由控制柜正面的 SA2 模拟）；货物类型检测传感器（用控制柜正面的 0~10V 电压模拟）。

7）系统的输出指示灯。状态指示灯 HL1（红灯）、HL2（红灯）、HL4（绿灯）。所有的指示灯请用控制柜正面元件。

2. 控制系统设计要求

1）本系统使用三台 PLC。指定 Q00UCPU 为主站，2 台 FX_{3U} 为从站，用 CC-Link 组网。

2）MCGS 触摸屏连接到系统的主站 PLC 上（Q00UCPU 的 RS-232 端口）。

3）电机控制、I/O、HMI 与 PLC 组合分配方案见表 10-1。

表 10-1 现场 I/O 信号、HMI 及 PLC 组合分配一览表

序号	现场对象	PLC
1	HMI	Q00UCPU
2	M3、M4 SB1~SB3 HL1、HL2、HL4 SQ11~SQ14	FX_{3U}-32MR
3	M1、M2、PG SQ1~SQ3、SQ4、SQ5、SA1、SA2	FX_{3U}-32MT

4）根据本控制要求设计电气控制原理图，并将系统电气控制原理图以及各个 PLC 的 I/O 接线图绘制在标准图纸上。

5）将编程中所用到的各个 PLC 的 I/O 点、主要的中间继电器和存储器填入 I/O 分配表中。

6）根据所设计的电路图完成元器件和电气线路的安装和连接。要求从站（2）FX_{3U}-32MT 和变频器安装在正面挂板，主站和从站（1）FX_{3U}-32MR 安装在背面挂板。不得擅自更改设备中已有元器件的位置和线路。

3. 系统控制要求

仓库分拣控制系统设备具备两种工作模式。模式一：手动调试模式；模式二：自动分拣模式。两种模式通过控制柜的正面板上的转换开关 SA1 进行切换：SA1 断开（左档位）时，系统为手动调试模式；SA1 接通（右档位）时，系统为自动运行模式。

（1）欢迎界面

设备上电后触摸屏进入欢迎界面，如图 10-2 所示。触摸界面任意位置根据 SA1 状态可进入手动调试界面或者自动分拣界面。

（2）调试模式

当 SA1 位于左档位时，设备进入手动调试模式，触摸屏出现调试界面，调试界面可以参考图 10-3 进行制作。通过按下"调试选择"按钮，可依次选择需要调试的电动机 M1~M4，对应

图 10-2 欢迎界面

电动机指示灯点亮。触摸屏提示信息变化为"当前调试电动机为：××电动机"，按下起动按

钮 SB1，选中的电动机将进行调试运行。每个电动机调试完成后，对应的指示灯熄灭。

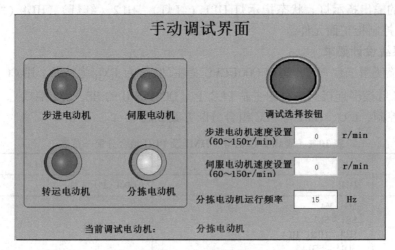

图 10-3　手动调试界面

1）取料小车滑台电动机（步进电动机）M1 调试过程。

取料小车滑台电动机（步进电动机）安装在丝杠上。其安装示意图如图 10-4 所示，其中 SQ1、SQ2、SQ3 分别为立体仓库 A、B、C 三个区的定位传感器，SQ4、SQ5 分别为左、右极限位开关。步进电动机开始调试前，先手动将取料小车移动至 SQ3 位置。首先在触摸屏中设定步进电动机的速度之后（速度范围应在 60～150r/min 之间）；按下起动按钮 SB1，取料小车开始向左运行，至 SQ2 处停止；2s 后继续向左运行，至 SQ1 处停止。然后重新设置步进电动机速度，再次按下 SB1，取料小车开始右行，至 SQ2 处停止，整个调试过程结束。调试过程中按下停止按钮 SB2，步进电动机 M1 停止，再次按下 SB1，小车从当前位置开始继续运行。调试过程中，小车运行时 HL1 灯常亮，小车停止时 HL1 灯以 2Hz 的频率闪烁；调试结束，HL1 灯熄灭。

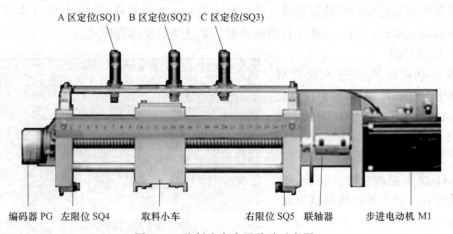

图 10-4　取料小车水平移动示意图

2）取料小车垂直移动电动机（伺服电动机）M2 调试过程。

取料小车垂直移动电动机（伺服电动机）不需要安装在丝杠上。伺服电动机开始调试前,在触摸屏中设定伺服电动机的速度之后(速度范围应在 60~150r/min 之间),按下起动按钮 SB1,伺服电动机 M2 以正转 3 圈→停 2s→反转 3 圈→停 2s 的周期一直运行,按下停止按钮 SB2,伺服电动机 M2 停止。调试过程中,HL2 灯以 0.5Hz 的频率闪烁;调试结束,HL2 灯熄灭。

3) 转运传送带电动机 M3 调试过程。

按下起动按钮 SB1 后,电动机 M3 以星形接法运行 3s→三角形接法运行 3s→停止 2s 的周期一直运行,直到按下停止按钮 SB2,电动机 M3 调试结束。调试过程中 HL1 灯常亮,调试结束时 HL1 灯熄灭。

4) 分拣传送带电动机 M4 调试过程。

按下起动按钮 SB1 后,电动机 M4 正转起动,且动作顺序为:15Hz 运行 3s→25Hz 运行 3s→35Hz 运行 3s→停止。再次按下起动按钮 SB1 后,电动机 M4 反转起动,且循环运行的顺序为:15Hz 运行 3s→25Hz 运行 3s→35Hz 运行 3s,直到按下停止按钮 SB2,电动机 M4 停止。调试过程中,HL2 灯以亮 1s、灭 0.5s 的周期闪烁,调试结束,HL2 灯熄灭。

电动机运行频率在触摸屏中显示。

在手动调试模式下,每台电动机调试完成后,可以通过调试选择按钮切换至其他电动机进行调试,也可以对单台电动机进行反复调试。

(3) 自动分拣模式

当所有电动机(M1~M4)都未运行时,可以打开 SA1(右档位),进入触摸屏的自动分拣界面,触摸屏自动分拣界面可参考图 10-5 进行设计。要求:触摸屏界面有主界面和复位按钮;有立体仓库取货区,每个仓位中可以输入不同的货物取货顺序号(①~⑨,序号不得重复),实时显示取料小车的模拟位置;有平面仓库存货区,可以显示当前仓位货物数量以及各仓位对应送货气缸的动作状态;有运行状态显示区,可以实现推送气缸的动作显示和机械手运行状态的显示,转运传送带电动机 M3 和分拣电动机 M4 的运行状态显示;有参数显示区,包括步进电动机速度、伺服电动机速度、当前送货物类型、分拣电动机 M4 运行的频率和时间显示。

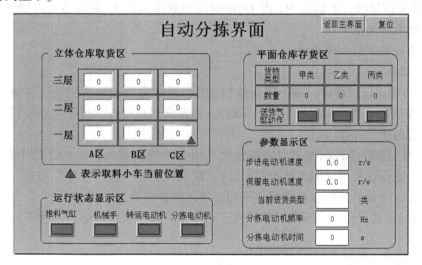

图 10-5 自动分拣模式界面

立体仓库工艺流程与控制要求：

1）系统初始化状态。

系统进入自动运行模式后，按下复位按钮，系统自动回到初始化状态（取料小车处于一层C区（C1仓位SQ3），气缸全部处于缩回状态，转运传送带和分拣传送带处于停止状态）。初始化完成后HL4灯以1Hz的频率闪烁。

2）自动分拣操作。

① 首先在触摸屏的立体仓库取货区的每个仓位中随机输入不同的货物取货顺序号（①～⑨）（系统自动运行时，触摸屏中取货顺序号不能更改）。然后按下起动按钮SB1，系统开始自动运行，指示灯HL4常亮。

② 立体仓库区取货流程。系统开始运行，取货小车将按照货物取货顺序号依次取出（①～⑨）货物，例如B2为①号取货仓位，电动机M1和M2的动作流程为：电动机M1以3r/s的速度左移到SQ2，同时电动机M2以3r/s速度正转10r到达第二层，等待2s，把货取出，然后电动机M1和电动机M2回到C1位置（速度为取货时速度的70%）。当小车回到原点C1处（SQ3），等待3s（期间推料气缸将货物推到SQ11处，触摸屏中显示推料气缸的动作情况）。至此取货完成，当机械手将货物从转运传送带搬运放置到分拣传送带后，执行下一次取货。

③ 货物转运及货物类型检测流程。当SQ11检测到货物时，转运传送带电动机M3正转降压起动（丫接法与△接法转换时间为3s）。期间经过货物类型传感器时（用控制柜正面的0～10V电压模拟货物类型），将货物分成甲、乙、丙三种（0～4V甲货，4～7V为乙货，7～10V为丙货）；按下按钮SB3可确认货物类型，并在触摸屏上显示；当SQ12检测到货物时，转运传送带电动机M3停止。

④ 平面存货区入库工作流程。当SQ12有信号后小车等待3s，期间机械手将货物从SQ12处抓起并放置到分拣传送带SQ13处。当SQ13检测到货物时，分拣电动机M4正转起动，电动机M4运行速度与时间根据货物类型调整。当货物为甲货时，电动机M4以35Hz对应的频率运送7s后停下，对应送货气缸动作2s，则甲仓位货物数量增加1；当货物为乙货时，电动机M4以25Hz对应的频率运送5s后停下，送货气缸动作2s，则乙仓位货物数量增加1；当货物为丙货时，电动机M4以15Hz对应的频率运送3s后停下，送货气缸动作2s，则丙仓位货物数量增加1。

触摸屏中应有气缸动作显示。

3）停止操作。

① 系统自动运行过程中，按下停止按钮SB2，系统完成当前货物的送货操作后停止运行（立体仓库区和平面存货区数据状态保持）。当系统停止后再次按下起动按钮SB1时，系统从上次运行的记录开始运行。

② 系统发生急停事件而按下急停按钮时（用SA2模拟实现，即SA2处于右档位），系统立即停止。急停恢复后（SA2处于左档位），按下触摸屏中的"复位"按钮，系统自动回到初始化状态（立体仓库区数据清零，平面存货区数据保持）。

4）送货过程的动作要求连贯，取货执行动作要求顺序执行，运行过程不允许出现硬件冲突。

5）系统状态灯显示。

系统处于初始化状态时绿灯HL4以1Hz的频率闪烁，系统自动运行时绿灯HL4常亮，系统停止时红灯 HL1 常亮，系统发生急停时红灯 HL1 闪烁（频率为 2Hz）。

（4）非正常情况处理

系统在手动调试模式下，当某台电动机正在调试运行时，若将 SA1 旋转至自动运行模式，则触摸屏上会自动弹出"XX 电动机正在调试"报警信息，直到该电动机调试运行结束，触摸屏中进入到自动运行界面。

10.1.2 仓库分拣控制系统的工艺流程

1. 调试模式的工艺流程

根据控制要求，调试模式的工艺流程如图 10-6 所示。

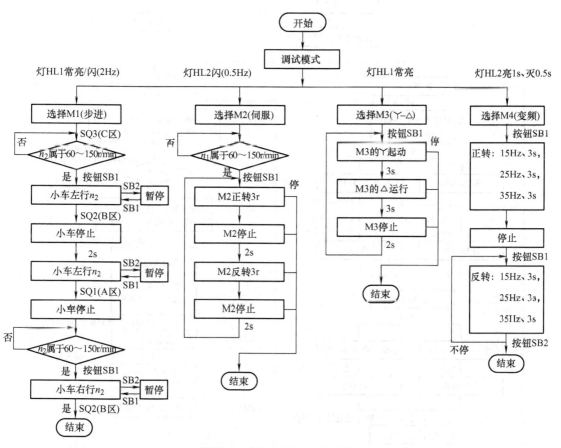

图 10-6 调试模式工艺流程图

2. 自动分拣模式的工艺流程

立体仓库自动分拣模式的工艺流程如图 10-7 所示。包括系统复位操作、取货顺序号设置操作、取货流程和分拣流程等步骤。取货号正确设置完毕，按下起动按钮 SB1，系统进入自动分拣模式。

取货流程分成四步。计算当前取货号地址步 D70.0、小车移动到取货目标地址及完成取货步 D70.1、小车返回原点地址及推料步 D70.2 和判断货物是否取完步 D70.3。每次取货结束，需判断取货完成标识是否复位，再返回 D70.0 步。执行 D70.0 步，需要判断是否有停止信号。

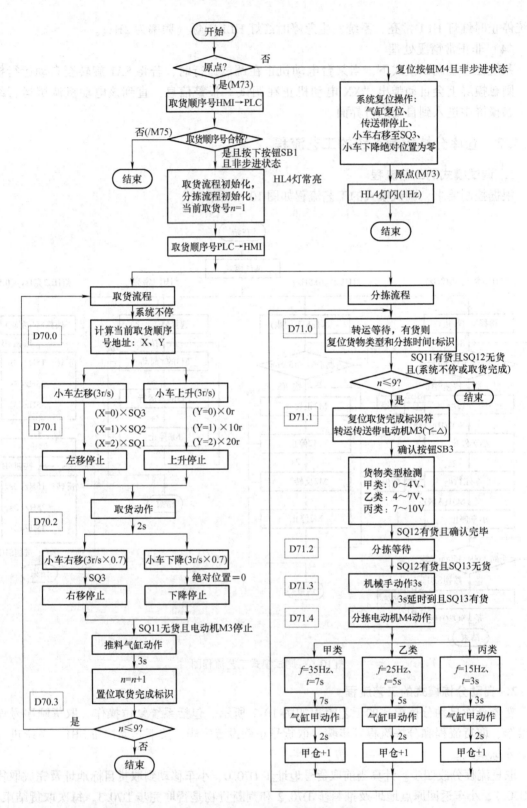

图 10-7 自动分拣模式工艺流程图

分拣流程分成五步：转运等待步 D71.0、货物转运及货物类别检测步 D71.1、分拣等待步 D71.2、机械手搬运步 D71.3 和分拣入库步 D71.4。

取货顺序号设置是否合格的算法如图 10-8 所示。合格则置位标识符 M75，不合格则复位标识符 M75。

当前取货顺序号地址的算法如图 10-9 所示。变址寄存器 Z0 除以 3 的商表示移动地址的 X 位置（即区号），余数表示移动地址的 Y 位置（即层数）。

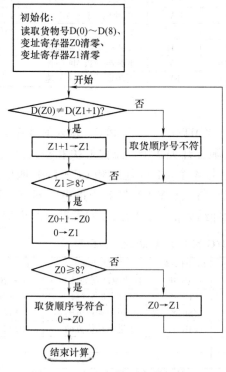

图 10-8 不重复输入序号的算法

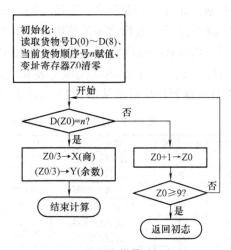

图 10-9 当前取货号地址的算法

10.2 仓库分拣控制系统的设计

10.2.1 仓库分拣控制系统的硬件设计

1. 确定地址分配

（1）主站 I/O 地址分配

根据表 10-1 及控制要求，主站选择 Q00U 系列 PLC，与 HMI 连接，没有输入/输出信号。

（2）从站 PLC（1）的 I/O 地址分配

根据表 10-1 及控制要求，从站（1）选择 FX_{3U}-32MR/ES-A 型 PLC。输入信号有 3 个按钮和 3 个货物检测开关共 6 个。输出信号有指示灯 3 个，输出信号有指示灯 3 个，还有转运传送带电动机 M3 的 2 个中间继电器 KA3、KA4，还有分拣传送带电动机 M4 的正转、反转、高速、中速和低速 5 个变频器控制信号。I/O 地址和 CC - Link 地址分配见表 10-2。

表 10-2 任务 10 中从站 PLC（1）的 I/O 地址和 CC - Link 地址分配表

输入地址	输入信号	功能说明	CC - Link	输出地址	输出信号	功能说明	CC - Link
X1	SB1	起动按钮	X101	Y1	HL1	灯 1	Y101
X2	SB2	停止按钮	X102	Y2	HL2	灯 2	Y102
X3	SB3	货物确认按钮	X103	Y4	HL4	灯 4	Y104
				Y10	STR	变频电动机 M4 反转	Y108
X11	SQ11	货物检测开关 1	X109	Y12	KA3	电动机 M3（主接）	Y10A
X12	SQ12	货物检测开关 2	X10A	Y13	KA4	电动机 M3（△/Y）	Y10B
X13	SQ13	货物检测开关 3	X10B	Y14	STF	变频电动机 M4 正转	Y10C
				Y15	RH	变频电动机 M4 高速	Y10D
				Y16	RM	变频电动机 M4 中速	Y10E
				Y17	RL	变频电动机 M4 低速	Y10F

（3）从站 PLC（2）的 I/O 地址分配

根据表 10-1 及控制要求，从站（2）选择 $FX_{3U}-32MT/ES-A$ 型 PLC。输入信号有编码器 PG 高速输入 2 个，仓库水平传感器输入 3 个，左右限位开关 2 个，急停开关和模式开关各 1 个。输出信号有控制伺服驱动器和步进驱动器的信号 4 个。I/O 地址和 CC - Link 地址分配见表 10-3。Y120/Y122 驱动伺服电动机左/右移动，Y121/Y123 驱动步进电动机正/反转。用 Y130 发送暂停信号给从站（2），X120 是 Y0 脉冲结束信号，X121 是 Y1 脉冲结束信号。

表 10-3 任务 10 中从站 PLC（2）的 I/O 和 CC - Link 地址分配表

输入地址	输入信号	功能说明	CC - Link	输出地址	输出信号	功能说明	CC - Link
X0	A	编码器 A 相	(X120)	Y0	/PULSE	伺服驱动器的脉冲	(Y120)
X1	B	编码器 B 相	(X121)	Y1	PLS -	步进驱动器的脉冲	(Y121)
X2	SQ3	右位置传感器	X122	Y2	/SIGN	伺服电动机方向	(Y122)
X3	SQ2	中位置传感器	X123	Y3	DIR -	步进电动机方向	(Y123)
X4	SQ1	左位置传感器	X124				
X5	SQ5	右限位开关	X125				
X6	SQ4	左限位开关	X126				
X7	X0	从站测速用					
X15	SA2	急停开关	X12D				
X16	SA1	模式开关	X12E			暂停标识	Y130

（4）主站内部地址分配

主站 Q00U 系列 PLC 内部地址分配见表 10-4。

表 10-4 任务 10 中主站 PLC（0）内部址分配表

内部继电器 M	功能说明	数据寄存器 D	功能说明	锁存继电器 L	功能说明
M0	调试按钮（HMI）	D0	调试选择 ID	L0	
M1	调试标识	D1		L1	选择 M1 调试
M2	自动标识	D2	变频器给定速度/Hz	L2	选择 M2 调试
M3		D3	变频器实际速度/Hz	L3	选择 M3 调试
M4	复位按钮（HMI）	D4	伺服电动机速度设定/(r/min)	L4	选择 M4 调试
M5	调试中标识	D5	伺服电动机实际速度/(r/s)		
M6		D6	步进电动机速度设定/(r/min)		
M7	伺服电动机速度合格标识	D7	步进电动机实际速度/(r/s)		

(续)

内部继电器 M	功能说明	数据寄存器 D	功能说明	锁存继电器 L	功能说明
M8	步进电动机速度合格标识	D8	当前货物类型		
M9	取货完成标识	D9	分拣时间/s		
M10	M1 调试中标识	D10	M1（步进）右行标识字		
M11	M1 左行标识	D11	M1（步进）左行标识字		
M12	M1 右行标识	D20	M2（伺服）运行标识字		
M20	M2 调试中标识	D30	标识 M3 主电路接通的字软元件		
M21	M2 正转标识	D31	标识 M3 星/三角联结的字软元件		
M22	M2 反转标识	D40			
M30	M3 调试中标识	D41	M4（15Hz）标识字		
M40	M4 调试中标识	D42	M4（25Hz）标识字		
		D43	M4（35Hz）标识字		
		D46	M4 正转标识字		
		D47	M4 反转标识字		
M70	急停标识	D50			
M71	复位标识	D61	灯 1 标识		
M72	停止标识	D62	灯 2 标识		
M73	原点标识	D63	灯 3 标识		
M75	取货顺序号符合标识	D64	灯 4 标识		
		D70	取货步进状态字		
		D71	分拣步进状态字		
		D76	水平位置区号		
		D77	垂直位置层数		
M80	亮 2s、灭 1s 标识	D80	取货步进控制字		
M88	调试标识 M1 脉冲	D81	分拣步进的控制字		
M89	自动标识 M2 脉冲	D104	编码器值		
M90	机械手	D105	货物重量（数值）		
M91	YV1 推料气缸	D106	编码器 1s 内脉冲值		
M92	YV2 送货气缸甲	D107	Y0 脉冲累计值（1/10）		
M93	YV3 送货气缸乙	D124	伺服速度（p/s）		
M94	YV4 送货气缸丙	D125	伺服脉冲值（1/10）		
		D126	步进速度（p/s）		
		D127			
		D150			
		D151-D159	A1-C3 货物编号（HMI）		
		D160	当前取货顺序号		
		D161-D169	A1-C3 货物编号（PLC）		
		D201	甲类货物数量		
		D202	乙类货物数量		
		D203	丙类货物数量		

2. 电路设计

要求从站（2）和变频器安装在正面挂板，主站和从站（1）安装在背面挂板。模拟量输入模块与从站（2）安装在一起。参照任务 7 ~ 任务 8，由读者自行完成电路图的设计。

10.2.2 仓库分拣控制系统的参数计算

1. 伺服驱动器的参数计算与选择

（1）电子齿轮比 G 的计算

工艺要求伺服电动机转一周需要 2000 个脉冲，即 PLC 的脉冲分辨率 $R_1 = 2000\text{PPR}$，又已知伺服电动机编码器分配率 $R_2 = 160000\text{PPR}$。根据式（6-1），可求得电子齿轮比为

$$G = N/M = 160/2$$

（2）PLC 输出指令脉冲数 N_1 和频率 f_1 的计算

已知伺服电动机旋转一周需要 2000 个脉冲，即 $R_1 = 2000\text{PPR}$，丝杠螺距 $P_B = 4\text{mm/r}$，根据式（8-1）可计算出伺服电动机转速 n_1，对应的 PLC 输出频率 f_1。根据式（8-2）可计算出小车垂直移动距离（即伺服电动机转动的圈数 K_1）和对应的 PLC 输出脉冲数 N_1。计算结果见表 10-5。

表 10-5　PLC 驱动伺服电动机的频率和脉冲数的计算结果

伺服电动机转速 $n_1/(\text{r/s})$	PLC 输出频率 f_1/Hz	伺服电动机转动的圈数 K_1	PLC 输出脉冲数 N_1
$n_1(\text{r/min})$	$2000 * n_1/60$	3	6000
2.1	4200	10	20000
3	6000	20	40000

2. 步进驱动器的参数计算与选择

已知步进电动机旋转一周需要 4000 个脉冲，即 PLC 的脉冲分辨率 $R_2 = 4000\text{PPR}$，步进驱动器的细分为 4000。根据式（8-1）可计算出步进电动机转速 n_2 和对应的 PLC 输出频率 f_2。计算结果见表 10-6。

表 10-6　PLC 驱动步进电动机的频率和脉冲数的计算结果

步进电动机转速 $n_2/(\text{r/s})$	PLC 输出频率 f_2/Hz	小车水平移动距离 L_2/mm	PLC 输出脉冲数 N_2
$n_2(\text{r/min})$	$4000 * n_2/60$	—	—
2.1	8400	—	—
3	12000	—	—

3. 变频器的参数设定

根据仓库分拣系统控制要求，变频器运行频率和变频器控制端子组合对应关系见表 10-7。变频器其余参数参照表 7-8 正确设置。

表 10-7　变频器运行频率和控制端子组合对应关系

变频器运行频率 f/Hz	控制端子组合
15	RL
25	RM
35	RH

4. 小车轨迹计算

由图 10-5 可知，小车（图中用▲表示）的运行轨迹由坐标（X、Y）确定。设小车在 C 区一层时，相对坐标为（0，0），小车运动到 A 区三层，相对坐标为（-160，-104）。即在触摸屏中，每区间隔 80 个像素，每层间隔 52 个像素。小车在 C 区（SQ3 点），编码器采样值 D104 清零；运动到 A 区（SQ1 点），编码器采样值 D104 为

$$D104 = \frac{L_{(SQ3-SQ1)}}{P_B} \times R = \frac{130}{4} \times 1000 = 32500$$

式中，$L_{(SQ3-SQ1)}$ 是 A 区到 C 区的距离，单位为 mm，P_B 是直线导轨螺距，单位为 mm，R 是编码器的分辨率。

小车在一层（0 圈），当前脉冲累计值 D107（1/10）为零；运动到三层（20 圈），根据表 10-5 可知，当前脉冲累计值 D107（1/10）为 4000。从站（2）PLC 的 Y0 的当前脉冲累计值 D8340/10 后，送至 D107 存放，主要是 D8340 是 32 位寄存器，而 16 位寄存器的最大值是 32767。

根据以上计算，小车运动轨迹变化范围的计算结果见表 10-8。

表 10-8　小车轨迹变化范围的计算

变化范围	水平坐标 X	水平移动表达式 D104	垂直坐标 Y	垂直移动表达式 D107
最小值	0	0	0	0
最大值	-160	32500	-104	4000

10.2.3　仓库分拣控制系统的程序设计和组态设计

[学生练习] 根据图 10-6 ~ 图 10-8 的工艺流程，以及表 10-2 ~ 表 10-4 的地址分配关系，参照任务 7 ~ 任务 8，由读者自行完成控制系统的 PLC 程序设计、通信组态和 HMI 组态设计。

10.3　仓库分拣控制系统的安装与调试

10.3.1　仓库分拣控制系统的安装与接线

[学生练习] 参照任务 7 ~ 任务 8，由读者根据设计图纸自行完成仓库分拣控制系统的设备安装和接线。

10.3.2　仓库分拣控制系统的运行调试

[学生练习] 参照任务 7 ~ 任务 8，由读者自行设计仓库分拣控制系统的运行调试小卡片，并完成运行调试。

参 考 文 献

[1] 罗庚兴. PLC 应用技术（FX_{3U} 系列）项目化教材 [M]. 北京：化学工业出版社，2017.
[2] 罗庚兴. 大中型 PLC 应用技术 [M]. 北京：北京师范大学出版社，2010.
[3] 廖常初. 跟我动手学 FX 系列 PLC [M]. 北京：机械工业出版社，2013.
[4] 汤晓华，蒋正炎. 电气控制系统安装与调试项目教程（三菱系统）[M]. 北京：高等教育出版社，2016.
[5] 马宏骞，许连阁. PLC、变频器与触摸屏技术及实践 [M]. 北京：电子工业出版社，2014.
[6] 三菱电机自动化（上海）有限公司. FX_{3S}·FX_{3G}·FX_{3GC}·FX_{3U}·FX_{3UC} 系列微型可编程控制器编程手册 [Z]，2014.
[7] 三菱电机自动化（中国）有限公司. FX_{3U} 系列微型可编程控制器用户手册：硬件篇 [Z]，2010.
[8] 三菱电机自动化（中国）有限公司. FX_{3U}·FX_{3UC} 系列微型可编程控制器用户手册：模拟量控制篇 [Z]，2006.
[9] 三菱电机自动化（中国）有限公司. 三菱可编程控制器快速入门指南 MELSEC Q 系列 [Z]，2006.
[10] 三菱电机自动化（中国）有限公司. Q 系列 CC-Link 网络系统用户参考手册 [Z]，2000.
[11] 三菱电机自动化（中国）有限公司. 三菱 FX_{2N}-32CCL-用户手册 [Z]，2003.
[12] 三菱电机自动化（中国）有限公司. 三菱通用变频器 FR-E700 使用手册：基础篇 [Z]，2007.
[13] 三菱电机自动化（中国）有限公司. 三菱通用变频器 FR-E700 使用手册：应用篇 [Z]，2007.
[14] 北京昆仑通态自动化软件科技有限公司. MCGS 嵌入版用户手册 [Z]，2010.
[15] 上海步科自动化有限公司. Kinco 步进电机（步进驱动器）[Z]，2019.
[16] 中达电通股份有限公司. ASDA-B2 系列伺服驱动器应用技术手册 [Z]，2011.
[17] 欧姆龙自动化（中国）有限公司. E5CC-800 温控器使用手册 [Z]，2013.
[18] GZ-2018047 现代电气控制系统安装与调试赛项样题 [EB/OL]. http://www.chinaskills-jsw.org/content.jsp?id=2c9080b46254d2d101625f5257810081&classid=de7bd19628f54879be3fb10f40de8767.
[19] 罗庚兴，宁玉珊. 基于 PLC 的步进电动机控制 [J]. 机电工程技术，2007，36（10）：66-67.
[20] 罗庚兴. 基于编码识别和变频器控制技术的自动定位系统的研究 [J]. 制造技术与机床，2012（11）：84-87.
[21] 罗庚兴，冯安平. 柔性生产线机器人组装单元设计 [J]. 制造技术与机床，2016（04）：51-54.
[22] 冯安平，罗庚兴. 柔性生产线自动冲压加工单元设计 [J]. 机床与液压，2016，44（15）：33-36.
[23] 罗庚兴，冯安平. 立体仓库自动控制系统的设计及应用 [J]. 煤矿机械，2016，37（02）：22-25.
[24] 肖剑兰，易铭，罗庚兴. 生产线搬运机械手电气控制系统的设计 [J]. 机电工程技术，2019，48（03）：20-23.
[25] 罗庚兴. 基于 N:N 网络的模块化生产系统教学设备通信控制的设计 [J]. 工业控制计算机，2012，25（02）：23-24.